高等院校电子信息类应用型人才培养新形态信息化教材

信号与系统简明教程

U0169429

主　编　　郭铁梁

副主编　　张文祥　　吕美妮　　李炳槐

西南交通大学出版社

·成　都·

内容简介

本教程主要讲述确定信号通过线性时不变系统的时域分析、频域分析及复频域分析，并从时域和变换域分别阐述信号与系统的描述与特性。本教程按照连续与离散并行，先信号再系统，先时域再频域的逻辑体系，对知识进行结构化与系统化安排，重点体现课程内容的简明性与专业实用性，并结合 MATLAB 实现方法解决工程实际问题。全书共8章，包括概述部分、信号的时域分析、系统的时域分析、信号的频域分析、系统的频域分析、信号的复频域分析、系统的复频域分析及信号与系统的 MATLAB 仿真补充练习。本书配套仿真程序源代码、课后习题并附参考解答。

本书可作为电子信息工程、通信工程、微电子科学与技术、机器人工程、自动化、光电工程、计算机工程等专业的应用型本科生"信号与系统"课程教材，也可供相关科研及工程技术人员学习和参考。

图书在版编目（CIP）数据

信号与系统简明教程 / 郭铁梁主编. 一成都：西南交通大学出版社，2022.10（2024.6 重印）
高等院校电子信息类"十四五"应用型人才培养新形态信息化教材
ISBN 978-7-5643-8909-3

Ⅰ. ①信… Ⅱ. ①郭… Ⅲ. ①信号系统－高等学校－教材 Ⅳ. ①TN911.6

中国版本图书馆 CIP 数据核字（2022）第 165480 号

高等院校电子信息类应用型人才培养新形态信息化教材

Xinhao yu Xitong Jianming Jiaocheng
信号与系统简明教程

主编　郭铁梁

责任编辑	梁志敏
封面设计	何东琳设计工作室

出版发行	西南交通大学出版社
	（四川省成都市金牛区二环路北一段 111 号
	西南交通大学创新大厦 21 楼）
邮政编码	610031
发行部电话	028-87600564　028-87600533
网址	http://www.xnjdcbs.com
印刷	四川森林印务有限责任公司

成品尺寸	185 mm × 260 mm
印张	14.25
字数	358 千
版次	2022 年 10 月第 1 版
印次	2024 年 6 月第 2 次
定价	42.00 元
书号	ISBN 978-7-5643-8909-3

课件咨询电话：028-81435775

信号与系统是通信工程、电子信息工程、自动化、计算机等专业的重要专业基础课程。信号与系统主要研究确定性信号和线性时不变系统的基本概念与基本理论、信号的频谱分析以及确定性信号经线性时不变系统传输与处理的基本分析方法。本课程的先修课程包括电路、复变函数与积分变换、微积分和线性代数等，是后续进一步学习数字信号处理、通信原理、信号检测等课程的必要基础。

作为一本简明教程，本书在理论方面重点对物理意义进行讲解，不作数学意义上的广泛展开。教材删除了后续课程特别是数字信号处理要重点讲述的内容，避免不必要的重复，将有限的学时用于课程中重点内容的学习。

教材编写过程中，对体系和内容进行了科学组织，力求体系结构循序渐进，内容叙述深入浅出，使之更加符合学习的认知过程。下面从三个方面介绍本书的知识体系结构特点：第一，先进行信号分析再进行系统分析，因为信号分析是系统分析的基础，只有通过信号分析，确定信号的特征，并对其进行有效的表示，才能够正确选择和设计相应的系统，对信号进行有效处理；第二，连续与离散并行，将连续与离散并列在同一章中，先介绍连续再介绍离散，这样可以避免连续与离散脱节，便于比较连续与离散的特点，加深其理解；第三，先进行时域分析再进行变换域分析，在深刻理解时域分析的理论和方法并了解其优缺点之后，再进行频域和复频域分析，从而发现时域分析与变换域分析的相互关系和各自的适用范畴。

在工程应用方面，体现经典与现代、信号与系统的辩证关系，适当反映信息技术的新理论和新技术。特别在变换域分析中，突出 Fourier 变换、Laplace 变换及 z 变换的工程概念，锻炼学生分析问题与解决问题的能力。书中还增加了一定量的工程例题与习题，在辅助工具上注重计算仿真软件 MATLAB 的应用，除了在每一章后面有 MATLAB 实现及应用小节以外，本书的第 8 章又额外提供了

MATLAB 仿真补充练习的内容，包括如何对实际问题建立数学模型，如何用适当的数学工具对数学模型进行分析和求解等，以加强学生应用所学知识的能力。

另外，每一章后面的阅读材料也是本书的一大特色，主要包括科学家简介、相关历史背景知识介绍以及典型工程应用等，从而为达到进一步贯彻落实高校思想政治工作的新精神和新要求，加快思想政治工作体系建立的目标，发挥本课程的作用。

全书共包括 8 章，包括概述部分、信号的时域分析、系统的时域分析、信号的频域分析、系统的频域分析、信号的复频域分析、系统的复频域分析及信号与系统的 MATLAB 仿真补充训练等。本书 1~4 章由郭铁梁编写，第 5、6 章由张文祥编写，第 7 章由吕美妮编写、第 8 章由李炳槐编写，全书由郭铁梁主编和统稿。

本教程在编写过程中参考了相关文献资料，得到了部分文献和教材编著者的帮助和支持，其中主要参考了北京交通大学陈后金教授主编的《信号与系统》教材中部分例题与图表公式，在此表示诚挚的谢意。另外，本书还得到了梧州学院相关部门以及西南交通大学出版社的大力支持，在此一并表示衷心的感谢。

鉴于作者水平有限，本书难免存在疏漏与欠妥之处，恳请读者批评指正。

编 者

2024 年 5 月于广西梧州

目录

数字资源目录

序号	资源名称	资源类型	页码	资源位置	序号	资源名称	资源类型	页码	资源位置
1	信号与系统概述	视频	001	第 1 章	9	系统的频域分析	视频	124	第 5 章
2	信号与系统概述	PPT	001		10	系统的频域分析	PPT	124	
3	信号的时域分析	视频	014	第 2 章	11	信号的复频域分析	视频	142	第 6 章
4	信号的时域分析	PPT	014		12	信号的复频域分析	PPT	142	
5	系统的时域分析	视频	041	第 3 章	13	系统的复频域分析	视频	164	第 7 章
6	系统的时域分析	PPT	041		14	系统的复频域分析	PPT	164	
7	信号的频域分析	视频	077	第 4 章					
8	信号的频域分析	PPT	077						

第 1 章
信号与系统概述

1.1 信号的描述与分类

1.1.1 信号的描述与表示

视频：信号与系统概述

PPT：信号与系统概述

人们除了使用语言或文字直接传递信息（information）以外，还可利用信号（signal）传递信息，人类最早使用的信号是光信号与声信号，例如烽火狼烟、击鼓鸣金及灯塔旗语等。信号作为信息的载体，对信息的高效可靠传输有着至关重要的作用。信号可以广义地定义为随一些参数变化的某种物理量，根据所采用的物理量的不同，除了光信号、声信号以外，还有温度信号、压力信号及电信号等。在上述诸多信号中，电信号是一种最便于产生、传递、存储、控制和处理的信号形式。许多非电信号可以通过相应的传感器转换为电信号，这里的电信号一般用随时间变化的电压或电流表示。本书中的信号一般情况下均指仅随时间变化的一维电信号。在数学上，信号可以表示为一个或多个变量的函数，描述信号的基本方法是写出它的数学表达式，对于信号来说，此表达式是时间的函数，绘出函数的图象称为信号的波形，为了便于讨论，本书中的"信号"与"函数"两个名词是通用的。除了时间函数表达式与波形这两种直观的描述方法以外，随着学习的深入，还需要用频谱等其他方式对信号进行分析和描述。

1.1.2 信号的分类

信号有很多种分类方法，本书根据信号和自变量的特性，可以从不同的角度对信号进行分类。

1. 确定信号与随机信号

按在某一时刻信号是否具有确定值来划分，信号可分为确定信号与随机信号。确定信号是指能够用确定的时间函数表示的信号，如图 1-1（a）所示的正弦信号就是典型的确定信号。随机信号又称为不确定信号，是指无法用确定的时间函数来表达的信号。因此随机信号是不能用确定的数学关系式来描述的，不能预测其未来的瞬时值，任何一次观测只代表其在变动范围中可能产生的结果之一，它不是时间的确定函数，在定义域内的任意时刻没有确定的函数值。但是，随机信号幅值的变化服从统计规律，例如，通信中的某些噪声信号就是随机信号，如图 1-1（b）所示。由于随机信号的规律比较复杂，本书重点学习和研究确定信号。

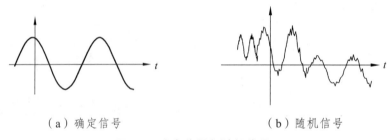

（a）确定信号　　　　　　　（b）随机信号

图 1-1　确定信号与随机信号

2．连续时间信号与离散时间信号

根据信号在时间上的取值是否连续，可以将信号分为连续时间信号和离散时间信号。除个别不连续点外，如果信号在所讨论的时间段内的任意时间点都有确定的函数值，则称此类信号为连续时间信号，简称连续信号，通常以 $f(t)$ 表示，如图 1-2（a）所示。连续信号的幅值可以是连续的，也可以是离散的。另外，只在一系列离散的时间点上才有确定幅值，而在其他的时间点上无定义的信号就是离散时间信号，通常以 $f[k]$ 表示，如图 1-2（b）所示。离散时间信号在时间上是不连续的序列，因此也称离散时间信号为序列。

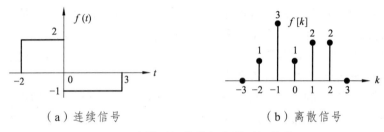

（a）连续信号　　　　　　　（b）离散信号

图 1-2　连续时间信号与离散时间信号

3．周期信号与非周期信号

从是否具有周期性的角度对信号进行分类，可将信号分为周期信号与非周期信号。连续周期信号 $f(t)$ 和离散周期信号 $f[k]$ 的数学表达式分别为

$$f(t) = f(t+T), \ \text{-}\infty < t < \infty \tag{1-1}$$

$$f[k] = f[k+N], \ -\infty < k < \infty, \ k \ \text{为整数} \tag{1-2}$$

满足上述关系的最小正数 T（或最小正整数 N）称为该信号的周期，不具有周期性的信号称为非周期信号。

【例 1-1】　判断离散正弦信号 $f[k] = \sin(\omega_0 k)$ 是否为周期信号，如果是周期信号，其周期是多少？

解：根据离散周期信号的定义，如果下式成立：

$$\sin[\omega_0(k+N)] = \sin(\omega_0 k)$$

则 $f[k]$ 是周期信号，进而有下式

$$\sin[\omega_0(k+N)] = \sin(\omega_0 k + \omega_0 N)$$

要想使上式成立，则有

$$\omega_0 N = 2m\pi \,(m\,为正整数) \quad 或 \quad \frac{\omega_0}{2\pi} = \frac{m}{N} = 有理数$$

因此，只有在 $\omega_0/2\pi$ 为有理数时，$f[k] = \sin(\omega_0 k)$ 才是一个周期信号，当 m/N 为最简整数比时，正整数 N 称为 $f[k]$ 的最小正周期，这里的 ω_0 称为离散正弦信号的数字角频率。

4. 能量信号与功率信号

按连续时间信号的可积性或离散时间信号求和的有限性，信号可以分为能量信号与功率信号。判断一个信号是能量信号还是功率信号，首先需要计算其归一化能量和归一化功率。如果信号 $f(t)$ 表示的是随时间变化的电流或电压，则当信号 $f(t)$ 通过 $1\,\Omega$ 电阻时，信号在时间 $(-\infty,\infty)$ 内所消耗的能量称为归一化能量，用式（1-3）表示。

$$E = \lim_{T\to\infty}\int_{-T/2}^{T/2} |f(t)|^2 \, \mathrm{d}t \qquad\qquad (1\text{-}3)$$

而在时间 $(-\infty,\infty)$ 内所消耗的平均功率称为归一化功率，用式（1-4）表示

$$P = \lim_{T\to\infty}\frac{1}{T}\int_{-T/2}^{T/2} |f(t)|^2 \, \mathrm{d}t \qquad\qquad (1\text{-}4)$$

对于离散时间信号 $f[k]$，其归一化能量与归一化功率的定义分别如式（1-5）、（1-6）表示：

$$E = \lim_{N\to\infty}\sum_{-N}^{N} |f[k]|^2 \qquad\qquad (1\text{-}5)$$

$$P = \lim_{N\to\infty}\frac{1}{2N+1}\sum_{-N}^{N} |f[k]|^2 \qquad\qquad (1\text{-}6)$$

如果信号的归一化能量为非零有限值，并且其归一化功率为零，即 $0 < E < \infty$，$P = 0$，则该信号为能量信号；如果信号的归一化能量为无穷大，并且其归一化功率为非零有限值，即 $E \to \infty$，$0 < P < \infty$，则该信号为功率信号。

【例 1-2】 判断下列信号是能量信号还是功率信号。

（1）$f(t) = 2\sin\left(3t + \dfrac{\pi}{3}\right)$

（2）$f(t) = 3\mathrm{e}^{-5t}$

（3）$f[k] = (0.2)^k,\ k \geqslant 0$

解：（1）$f(t)$ 为周期信号，周期为 $T = \dfrac{2\pi}{3}$，先计算一个周期内的归一化能量

$$E_0 = \int_{-T/2}^{T/2} |f(t)|^2 \, \mathrm{d}t = \int_{-T/2}^{T/2} 4\sin^2\left(3t + \frac{\pi}{3}\right)\mathrm{d}t$$

$$= 4\int_{-T/2}^{T/2} \frac{1}{2}\left[1 - \cos 2\left(3t + \frac{\pi}{3}\right)\right]\mathrm{d}t = 2T = \frac{4\pi}{3}$$

由于 $f(t)$ 有无限个周期，所以其归一化总能量为无穷大，即 $E \to \infty$。

再计算 $f(t)$ 的归一化功率

$$P = \lim_{T \to \infty} \frac{1}{T} \int_{-T/2}^{T/2} |f(t)|^2 \, \mathrm{d}t = \lim_{T \to \infty} \frac{1}{T} \cdot 2T = 2$$

由于 $E \to \infty$，$0 < P < \infty$，所以 $f(t)$ 是功率信号。

（2）$f(t)$ 的归一化能量与归一化功率分别为

$$E = \lim_{T \to \infty} \int_{-T/2}^{T/2} |f(t)|^2 \, \mathrm{d}t = \lim_{T \to \infty} \int_{-T/2}^{T/2} 9\mathrm{e}^{-10t} \mathrm{d}t = \lim_{T \to \infty} \left[-\frac{9}{10}(\mathrm{e}^{-5T} - \mathrm{e}^{5T}) \right] = \infty$$

$$P = \lim_{T \to \infty} \frac{1}{T} \int_{-T/2}^{T/2} |f(t)|^2 \, \mathrm{d}t = \lim_{T \to \infty} \frac{1}{T} \left[-\frac{9}{10}(\mathrm{e}^{-5T} - \mathrm{e}^{5T}) \right] = \lim_{T \to \infty} \frac{9\mathrm{e}^{5T}}{10T} = \lim_{T \to \infty} \frac{9\mathrm{e}^{5T}}{2} = \infty$$

由于 $f(t)$ 的归一化能量为无穷大，归一化功率也为无穷大，因此 $f(t)$ 既不是能量信号也不是功率信号。

（3）由式（1-5）和式（1-6）分别计算得如下两式

$$E = \lim_{N \to \infty} \sum_{k=-N}^{N} |f[k]|^2 = \sum_{k=0}^{\infty} (0.2)^{2k} = \frac{1}{1 - 0.04} = 1.04$$

$$P = \lim_{N \to \infty} \frac{1}{2N+1} \sum_{k=-N}^{N} |f[k]|^2 = 0$$

$f[k]$ 满足 $0 < E < \infty$，$P = 0$，因此是能量信号。

综上，对于能量信号，由于其能量是有限的，其功率在无限大时间区间内的平均值一定为零，故只能从能量的角度去研究。同样，对于功率信号，由于其在无限大时间区间上存在有限功率，其能量必定为无穷大，故只能从功率的角度去研究。应该注意的是，一般情况下，直流信号和周期信号都是功率信号。一个信号不可能既是能量信号又是功率信号，还有一些信号，可能既不是能量信号，也不是功率信号，如例 1-2 中第（2）小题所表达的指数衰减信号。

1.2 系统的描述与分类

1.2.1 系统的描述与数学模型

对信号进行加工处理，需要由系统（system）来完成。系统是指由若干相互关联的单元组成的具有特定功能的有机整体。从广义的角度讲，系统的种类繁多，如通信系统、计算机系统、生物系统、社会系统及经济系统等。本书所讨论的系统主要指狭义的电系统，因为大多数非电系统可以用电系统来模拟或仿真，所以在各种系统中，电系统具有重要作用。

系统的基本作用是对输入信号进行分析、计算、变换及综合等处理工作，以达到提取有用信息或便于利用的目的。因此，信号与系统是相互依存的，信号不可能离开系统而孤立存在，系统离开信号就失去了存在的意义。通常情况下，系统存在输入和输出，系统的输入信号也称为激励，输出信号也称为系统的响应。系统可以多输入，也可以多输出，本书仅讨论单输入单输出系统，如图1-3的系统框图所示，图中$T[\cdot]$表示系统对于输入信号的加工处理作用，即系统的输入输出关系可以表示为

$$y(t) = T[f(t)] \qquad （1-7）$$

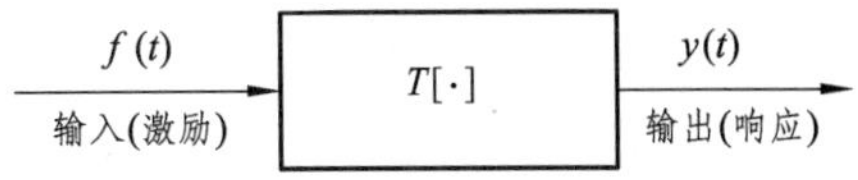

注意，式（1-7）所表达的关系不是函数关系，而是系统对输入信号的作用或变换关系。

图 1-3　单输入单输出系统框图

系统一般使用系统模型来描述，系统模型是对实际系统基本特性的一种抽象描述。根据不同的需要，可以建立和使用不同类型的系统模型。系统模型可以是由物理部件组成的结构图，也可是由基本单元构成的模拟框图或信号流图，还可以是由输入、输出变量组成的数学方程。通常可以采用输入输出描述法或状态空间描述法建立系统模型。输入输出描述法着眼于系统输入与输出的关系，适用于单输入单输出系统。状态空间描述法着眼于系统内部的状态变量，既可以用于单输入单输出系统，也可用于多输入多输出系统。本书重点讨论单输入单输出系统的输入输出描述法。

下面以电路系统为例说明系统模型的建立过程和不同的描述方法，图1-4所示的电路系统由电阻R、电感线圈L串联构成，若把电压源作为系统的输入信号$f(t)$，把回路电流作为系统的输出信号$y(t)$，根据电路理论可以建立如下的微分方程：

$$L\frac{\mathrm{d}y(t)}{\mathrm{d}t} + Ry(t) = f(t) \qquad （1-8）$$

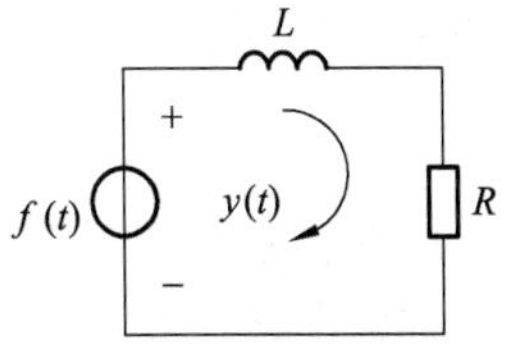

图 1-4　RL 电路系统

这就是描述该系统输入输出关系的数学模型。

系统的模型还可以用方框图或信号流图来表示，系统框图无论多么复杂，都是由三种基本单元方框图通过不同的联结方式构成的。对于处理连续时间信号的系统，由加法器、乘法器和积分器三个基本单元构成，如图1-5所示；对于处理离散时间信号的系统，由加法器、乘法器和单位延时器三个基本单元构成，如图1-6所示。

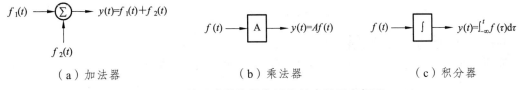

（a）加法器　　　　　　　　（b）乘法器　　　　　　　　（c）积分器

图 1-5　处理连续信号的系统基本单元方框图

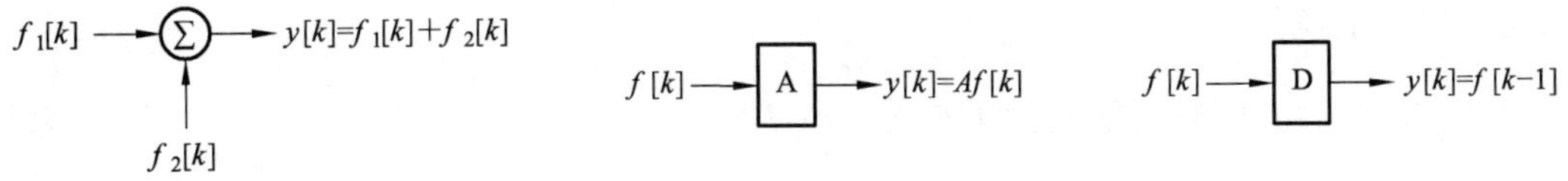

（a）加法器　　　　　　　　（b）乘法器　　　　　　　（c）单位延时器

图 1-6　处理离散信号的系统基本单元方框图

式（1-8）所描述的电路系统可以利用加法器、乘法器和积分器进行相应的联结而得到系统框图，如图1-7所示。

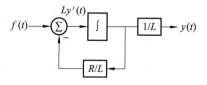

图 1-7　*RL* 电路系统方框图

1.2.2　系统的分类

系统的分类非常复杂，本书中主要考虑其数学模型的差异来划分不同的类型。

1．连续时间系统与离散时间系统

如果系统的输入（激励）与输出（响应）都为连续时间信号，则这样的系统就是连续（时间）系统；如果系统的输入与输出都为离散时间信号，则该系统称为离散（时间）系统。图 1-4 所示的电路系统就是连续系统，计算机系统就是典型的离散系统。连续系统中的连续时间变量为 t，而离散系统中的时间变量为整数 k。描述连续系统的数学模型常用微分方程，而描述离散系统的数学模型常用差分方程。

2．线性系统与非线性系统

线性系统指具有线性特性的系统，线性特性包括均匀性与叠加性。不满足线性特性的系统称为非线性系统。所谓均匀性是指当系统输入信号乘以某常数时，输出信号也倍乘相同的常数；而叠加性说的是当几个激励信号同时作用于系统时，总的响应等于每个激励单独作用该系统所产生的响应之和。均匀性与叠加性可用下面的数学语言进行描述。

对于连续时间系统，设系统输入为 $f(t)$，输出为 $y(t)$，如果

$$y_1(t) = T[f_1(t)] , \quad y_2(t) = T[f_2(t)]$$

则系统为线性的条件为

$$\alpha y_1(t) + \beta y_2(t) = T[\alpha f_1(t) + \beta f_2(t)] \tag{1-9}$$

式（1-9）中，α、β 为非零常数。

同样，对于离散系统，设系统输入为 $f[k]$，输出为 $y[k]$，如果

$$y_1[k] = T[f_1[k]] , \quad y_2[k] = T[f_2[k]]$$

则系统为线性的条件为

$$\alpha y_1[k] + \beta y_2[k] = T[\alpha f_1[k] + \beta f_2[k]] \tag{1-10}$$

式（1-10）中，α、β 为非零常数。

【例 1-3】　分别判断积分器与单位延时器是否为线性系统。

解：（1）积分器为连续时间系统的基本组成单元之一，可利用式（1-9）判断其是否为线性系统。

设 $f(t) = \alpha f_1(t) + \beta f_2(t)$，则

$$y(t) = T[f(t)] = \int_{-\infty}^{t} [\alpha f_1(\tau) + \beta f_2(\tau)] \mathrm{d}\tau$$

$$= \alpha \int_{-\infty}^{t} f_1(\tau) \mathrm{d}\tau + \beta \int_{-\infty}^{t} f_2(\tau) \mathrm{d}\tau = \alpha y_1(t) + \beta y_2(t)$$

因此积分器为连续时间线性系统。

（2）差分器为离散时间系统的基本组成单元之一，可利用式（1-10）判断其是否为线性系统。

设 $f[k] = \alpha y_1[k] + \beta y_2[k]$，则

$$y[k] = T[f[k]] = T[\alpha f_1[k] + \beta f_2[k]] = \alpha f_1[k-1] + \beta f_2[k-1] = \alpha y_1[k] + \beta y_2[k]$$

因此差分器为离散时间线性系统。

实际上，许多系统是含有初始状态的，在判断系统是否具有线性时，同时也要考虑由系统初始状态所产生的响应（零输入响应）是否具有线性的问题，对于含有初始状态系统的线性问题的判断，本书不做详细讨论，感兴趣的读者可以参考其他教材资料。

3．时不变系统与时变系统

对于时不变系统，由于系统参数本身不随时间改变，在零初始状态之下，系统响应与激励施加于系统的时刻无关。如图 1-8 所示，系统的时不变特性表明，当激励延迟 t_0 的时间，其输出响应也同样延迟 t_0 的时间，信号的波形形状不变，否则为时变系统。

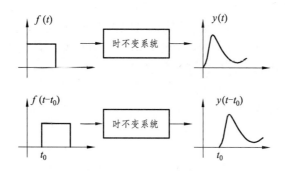

图 1-8　系统时不变特性图示

对于连续时间时不变系统，用 $y_\mathrm{f}(t)$ 表示系统没有初始状态时的响应（零状态响应），若

$$y_\mathrm{f}(t) = T[f(t)]$$

则

$$y_\mathrm{f}(t - t_0) = T[f(t - t_0)]$$

同样，对于离散的时不变系统，用 $y_\mathrm{f}[k]$ 表示系统的零状态响应，若

$$y_\mathrm{f}[k] = T[f[k]]$$

则

$$y_f[k-k_0] = T[f[k-k_0]]$$

【例 1-4】 分别判断积分器与单位延时器是否为时不变系统。

解：（1）由于系统的时不变特性不涉及系统的初始状态，因此在判断系统的时不变特性时，只考虑系统的零状态响应，由积分器的输入输出关系可得

系统作用关系 $\quad T[f(t)] = \int_{-\infty}^{t} f(\tau)\mathrm{d}\tau \Rightarrow T[f(t-t_0)] = \int_{-\infty}^{t} f(\tau-t_0)\mathrm{d}\tau = \int_{-\infty}^{t-t_0} f(\lambda)\mathrm{d}\lambda$

函数关系 $\quad y_f(t) = \int_{-\infty}^{t} f(\tau)\mathrm{d}\tau \Rightarrow y_f(t-t_0) = \int_{-\infty}^{t-t_0} f(\tau)\mathrm{d}\tau$

所以 $\quad T[f(t-t_0)] = y_f(t-t_0)$

可见，系统作用关系与函数关系相等，积分器为时不变系统。

（2）由单位延时器的输入输出关系可得

系统作用关系 $\quad T[f[k]] = f[k-1] \Rightarrow T[f[k-k_0]] = f[k-1-k_0]$

函数关系 $\quad y_f[k] = f[k-1] \Rightarrow y_f[k-k_0] = f[k-k_0-1] = f[k-k_0-1]$

所以 $\quad T[f[k-k_0]] = y_f[k-k_0]$

可见，系统作用关系与函数关系相等，延时器为时不变系统。

结合例 1-3 和例 1-4 结果可知，连续时间系统的积分器和离散时间系统的延时器，均是线性时不变（Linear Time-Invariant，LTI）系统。

4．因果系统与非因果系统

如果把系统的激励视为引起响应的原因，而把响应视为激励作用于系统的结果，那么，系统在任何时刻的响应只与该时刻及该时刻之前的激励有关，而与之后的激励无关，这样的系统就是因果系统，否则，就是非因果系统。

【例 1-5】 判断下列系统的因果性。

（1）$y_f(t) = 2f(t)$，$t > 0$

（2）$y_f(t) = 3f(t-1)$，$t > 1$

（3）$y_f[k] = 5f[k+1]$，$k > 0$

解：（1）该系统的激励 $f(t)$ 与零状态响应 $y_f(t)$ 同时，故为因果系统。

（2）该系统的零状态响应 $y_f(t)$ 不超前于输入 $f(t)$，故为因果系统。

（3）该系统的零状态响应 $y_f[k]$ 超前于输入 $f[k]$，故为非因果系统。

5．稳定系统与非稳定系统

如果对于任何有界的输入，系统的输出也是有界的，这样的系统就称为稳定系统，反之，如果系统对于有界的激励，系统的响应为无界的，这样的系统就称为非稳定系统。

除了以上几种系统分类方式以外，还可以按照系统的性质将它们划分为集总参数系统与分布参数系统、可逆系统与不可逆系统、记忆系统与非记忆系统，等等。在上述诸多系统中，线性时不变系统的分析具有重要意义。因为实际应用中的大部分系统属于或可近似地看作是线性时不变系统，并且线性时不变系统的分析方法已有比较完善的理论。因此，本书重点学习和讨论的系统都是线性时不变系统。

1.3 信号与系统基本内容及分析方法

1.3.1 信号与系统的基本内容

信号与系统主要包括信号分析与系统分析两部分内容，信号分析的核心内容是信号的表达，即用不同的方式将复杂信号表达为一些基本信号的线性组合，通过研究基本信号的特性来研究一般复杂信号的规律。系统分析的核心内容是系统的描述，即从不同的角度对系统进行描述，以达到对系统进行全面有效分析的目的。信号表达与系统描述是相互关联的，特别是对于系统的描述是通过信号来完成的，只有通过系统对信号的作用才能得到系统激励与响应的关系，信号与系统课程的主要内容及知识体系如图1-9所示。

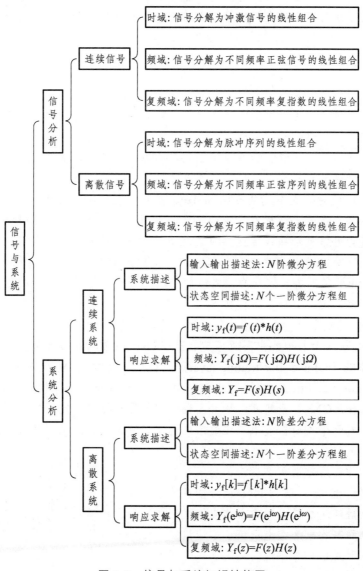

图 1-9　信号与系统知识结构图

1.3.2　信号与系统的主要分析方法

信号与系统的分析方法主要采用时域分析法、频域分析和复频域分析法。信号时域分析通过信号的分解与组合分析信号随时间变化的波形规律。系统时域分析揭示信号作用于系统的原理，给出输入、输出和系统之间的时域关系及系统的时域描述。信号频域分析的基本原理是通过傅里叶（Fourier）变换把信号分解为不同频率基本信号的叠加，观察信号所包含的各频率分量的幅值和相位，得到信号的频谱特性。系统频域分析是观察系统对不同频率激励信号的响应，得到系统的频率响应特性。信号和系统分析还有复频域分析方法：对于连续信号和系统，基于拉普拉斯（Laplace）变换，称为 s 域分析；对于离散信号和系统，基于 z 变换，称为 z 域分析。基于复频域分析，能够分析系统的频率响应特性和系统稳定性等；复频域分析也能简化系统分析，将在时域分析中需要进行的微分或差分运算简化为复频域中的代数运算。

阅读材料

人们利用信号的历史可以追溯至很久以前。我国古代利用烽火传送边疆战事，古希腊人也以火炬的位置表示字母符号。另外，人们还利用击鼓鸣金的声响报送时刻或传递战斗命令等，之后又出现了信鸽、旗语、驿站等传送消息的方法。然而，这些方法无论在消息传递的距离、速度或可靠性与有效性方面都存在严重的不足。19世纪初，人们开始研究如何利用电信号传送消息。1837年，莫尔斯（F. B. Morse）发明了电报，他用点、划、空适当组合的代码表示字母和数字，这种代码称为莫尔斯电码。1876年，贝尔（A. G. Bell）发明了电话，直接将声信号转变为电信号沿导线传送。19世纪末，人们又致力于研究用电磁波传送无线电信号。为实现这一理想，德国的赫兹（H. Hertz）、俄国的波波夫（А. С. Попов）、意大利的马可尼（G. Marconi）实现了电信号的无线传输。从此以后，传送电信号的通信方式得以迅速发展，无线电广播、超短波通信、广播电视、雷达及无线电导航等相继出现，并有了广泛的应用前景。如今，无线电信号的传输不仅能够飞越高山海洋，而且可以遍及全球并通向宇宙。例如，以卫星通信技术为基础的中国北斗导航系统（Beidou Navigation Satellite System，BDS）、美国全球定位系统（Global Positioning System，GPS）、俄罗斯格洛纳斯定位系统（Global Orbiting Navigation Satellite System，GLONASS）、欧洲的伽利略导航系统（Galileo Satellite Navigation System，GNS）等都可以利用无线电信号的传输，测定地球表面和周围空间任意目标的位置。而对于个人通信技术，在通信网覆盖区域内基本上可以实现与任何人、任何时间、任何地点的通信。

信号与系统的应用范围极其广泛，从某种意义上说，事物之间都是通过信号和系统相互联系、相互作用、相互依存。例如，生命体就是一个复杂的多输入多输出系统，通过感官获取外部信号，然后经过加工处理输出相应的反应或动作。随着现代信息技术的发展，信号与系统的基本理论和基本概念在电子信息等领域得到了广泛的应用，下面分别从通信、信号处理及控制三个方面对信号与系统的应用加以简单的介绍。

在通信系统中，许多信号不能直接进行传输，需要根据实际情况对信号进行适当的调制，以提高信号的传输质量或传输效率。信号的调制有多种形式，如信号的幅度调制、频率调制和相位调制，都是基于信号与系统的基本理论。信号的正弦幅度调制可以实现频分复用，信号的脉冲幅度调制可以实现时分复用，复用技术可以极大地提高信号的传输效率，有效地利用信道资源。信号的频率调制和相位调制可以增强信号的抗干扰能力，提高其传输质量。此外，离散信号的调制还可以实现信号的加密、多媒体信号的综合传输等。由此可见，信号与系统的理论和方法在通信领域有着广泛的应用。

在信号处理领域中，信号与系统的时域分析和变换域分析理论与方法为信号处理奠定了必要的理论基础。在信号的时域分析中，信号的卷积与解卷积理论可以实现信号的恢复和信号去噪，信号相关理论可以实现信号检测和谱分析等。在信号的变换域分析中，信号的 Fourier 变换可以实现信号的频谱分析，连续信号的 Laplace 变换和离散信号的 z 变换可以实现系统的变换域描述等，信号的变换域分析拓展了信号时域分析的范畴，为信号的分析和处理提供了一种新的途径。信号与系统分析的理论也是现代信号处理的基础，如信号的自适应处理、时频分析及小波分析等。

在控制系统中，系统的传输特性和稳定性是描述系统的重要属性。信号与系统分析中的系统函数可以有效地描述连续时间系统与离散时间系统的传输特性和稳定性。一方面通过分析系统的系统函数，可以清楚地确定系统的时域特性、频域特性，以及系统的稳定性等；另一方面在使用系统函数分析系统特性的基础上，可以根据实际需要调整系统函数以实现所需要的系统特性，如通过分析系统函数的零极点分布，可以了解系统是否稳定，若不稳定，可以通过反馈等方法调整系统函数实现系统的稳定。系统函数在控制系统的分析与设计中有着重要的作用。

习 题

一、单项选择题

1. 下列有关信号的说法错误的是（　　）。
   - A. 信号是消息的表现形式
   - B. 信号都可以用一个确定的时间函数来描述
   - C. 声音和图像都是信号
   - D. 信号可以分为周期信号和非周期信号

2. 按照信号自变量取值的连续性划分，信号可分为（　　）。
   - A. 确定信号和随机信号
   - B. 连续时间信号和离散时间信号
   - C. 周期信号和非周期信号
   - D. 能量信号和功率信号

3. 离散信号 $f[k]$ 是指（　　）。
   - A. k 的取值是连续的，$f[k]$ 的取值是任意的
   - B. k 的取值是连续的，$f[k]$ 的取值是离散的
   - C. k 的取值是离散的，$f[k]$ 的取值是连续的
   - D. k 的取值是离散的，$f[k]$ 的取值是任意的

4. 下列说法正确的是（　　）。
   - A. 周期信号 $x(t)$、$y(t)$ 的和 $x(t)+y(t)$ 一定是周期信号

B. 周期信号 $x(t)$、$y(t)$ 的周期分别为 2 和 $\sqrt{2}$，其和信号 $x(t)+y(t)$ 是周期信号

C. 周期信号 $x(t)$、$y(t)$ 的周期分别为 2 和 π，其和信号 $x(t)+y(t)$ 是周期信号

D. 周期信号 $x(t)$、$y(t)$ 的周期分别为 2 和 3，其和信号 $x(t)+y(t)$ 是周期信号

5. 周期序列 $2\cos(1.5\pi k+\pi/4)$ 的周期等于（　　　）。

    A. 1   B. 2   C. 3   D. 4

6. 下列说法正确的是（　　　）。

    A. 一般周期信号为功率信号   B. 非周期信号为能量信号

    C. e^{-t} 是功率信号   D. e^{-t} 是能量信号

7. 有界输入有界输出的系统称之为（　　　）。

    A. 因果系统   B. 稳定系统   C. 时不变系统   D. 线性系统

8. 已知系统的激励 $f(t)$ 与响应 $y(t)$ 的关系为 $y(t)=f(1-t)$，则该系统为（　　　）。

    A. 线性时不变系统   B. 线性时变系统

    C. 非线性时不变系统   D. 非线性时变系统

9. 已知系统的激励 $f(t)$ 与响应 $y(t)$ 的关系为 $y(t)=f^2(t)$，则该系统为（　　　）。

    A. 线性时不变系统   B. 线性时变系统

    C. 非线性时不变系统   D. 非线性时变系统

10. 已知系统响应 $y(t)$ 与激励 $f(t)$ 的关系为 $y(t)=f(t-1)-f(1-t)$，则该系统为（　　　）。

    A. 线性非时变非因果   B. 非线性非时变因果

    C. 线性时变非因果   D. 线性时变因果

二、填空题

1. 信号 $\cos 2\pi t+\sin 5\pi t$ 的周期为_____。

2. 序列 $f[k]=\cos(0.5\pi k)$ 的基本周期是_____。

3. 线性性质包含两个内容分别是_____。

4. 已知系统输出为 $y(t)$，输入为 $f(t)$，$y(t)=f(2t)$，则该系统为_____（时变或非时变）和_____（因果或非因果）系统。

5. 组成连续系统的三种基本单元分别是_____。

三、判断题

1. 信号是消息的表现形式，消息是信号的具体内容。（　　　）

2. 某个信号可能既不是能量信号也不是功率信号。（　　　）

3. 序列 $f[k]=\cos(\omega_0 k)$ 是周期序列，其周期为 $2\pi/\omega_0$。（　　　）

4. 连续时间系统是指输入是连续时间信号的系统。（　　　）

5. 线性特性中的均匀特性也称比例性或齐次性。（　　　）

四、综合题

1. 设 $f_1(t)$ 和 $f_2(t)$ 是基本周期分别为 T_1 和 T_2 的周期信号，证明 $f(t)=f_1(t)+f_2(t)$ 是周期为 T 的周期信号的条件为 $mT_1=nT_2=T$，m、n 为正整数。

2. 已知虚指数信号 $f(t)=e^{j\Omega_0 t}$，其角频率为 Ω_0，基本周期为 $T=2\pi/\Omega_0$，如果对 $f(t)$ 以抽样间隔 T_s 进行均匀抽样得离散时间序列 $f[k]=f(kT_s)=e^{j\Omega_0 kT_s}$，试求出使 $f[k]$ 为周期信号的抽样间隔 T_s。

3. 下列系统是否为线性系统，为什么？其中 $y(t)$、$y[k]$ 为系统的响应，$f(t)$、$f[k]$ 为系统的激励.

（1）$y(t) = \lg f(t)$ 　　　　　　（2）$y(t) = \int_0^t f(\tau)\mathrm{d}\tau$

（3）$y(t) = 3t^2 f(t)$ 　　　　　　（4）$y[k] = f[k]f[k-1]$

4. 下列系统是否为时不变系统，为什么？其中 $f(t)$、$f[k]$ 为输入信号，$y(t)$、$y[k]$ 为零状态响应。

（1）$y(t) = g(t)f(t)$ 　　　　　　（2）$y(t) = Kf(t) + f^2(t)$

（3）$y(t) = t \cdot \cos t \cdot f(t)$ 　　　　　　（4）$y[k] = f^2[k]$

第 2 章

信号的时域分析

2.1　连续时间信号的时域分析

视频：信号与系统的
时域分析

PPT：信号与系统的
时域分析

在连续时间信号的分析中，许多信号都可以用常见的基本信号以及它们的变化形式来表示。因此，这些基本信号的时域定义和特性，以及相互之间的关系是信号与系统分析的基础。连续时间基本信号可以分为两大类：一类称为普通信号，这类信号本身及其高阶导数不存在间断点；另一类称为奇异信号，这类信号本身或其高阶导数存在间断点。

2.1.1　典型普通连续时间信号

1．正弦信号

连续时间正弦信号的数学表达式为

$$f(t) = A\sin(\Omega_0 t + \varphi) \tag{2-1}$$

式（2-1）中，A 为振幅，Ω_0 为该正弦信号的模拟角频率，φ 为初相位，正弦信号的波形如图 2-1 所示。

正弦信号作为一种重要的基本信号，除了周期性以外，还具备另外两个主要特性：首先，正弦信号对时间的微分和积分仍然是同频率的正弦信号；另外，在一定条件下，某一连续时间信号可以分解为一系列不同幅度、频率和相位的正弦信号的叠加。这些知识会在本书的后面章节中陆续进行讲解。

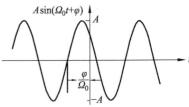

图 2-1　正弦信号波形

2．指数信号

连续时间指数信号的一般表达形式为

$$f(t) = Ae^{st} \tag{2-2}$$

式（2-2）中，$s = \sigma + j\Omega_0$，根据 s 的不同，可分为三种不同情况。

（1）$\Omega_0 = 0$，即 $s = \sigma$，则 $f(t)$ 为实指数信号，即 $f(t) = Ae^{\sigma t}$，其波形如图 2-2 所示。当 $\sigma > 0$ 时，$f(t)$ 随时间按指数增长；当 $\sigma < 0$ 时，$f(t)$ 随时间按指数衰减；当 $\sigma = 0$ 时，$f(t)$ 等于常数 A。

（2）$\sigma = 0$，即 $s = \mathrm{j}\Omega_0$，则 $f(t)$ 为虚指数信号，根据欧拉（Euler）公式得

$$f(t) = A\mathrm{e}^{\mathrm{j}\Omega_0 t} = A(\cos\Omega_0 t + \mathrm{j}\sin\Omega_0 t) \tag{2-3}$$

$f(t)$ 的实部和虚部都是角频率为 Ω_0 的正弦信号，因此，虚指数信号是周期信号，其周期表示为

$$f(t) = f(t+T) = \mathrm{e}^{\mathrm{j}\Omega_0 t} = \mathrm{e}^{\mathrm{j}\Omega_0 (t+T)} \tag{2-4}$$

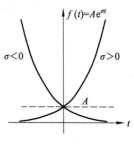

图 2-2　实指数信号波形

最小正周期为

$$T_0 = 2\pi / |\Omega_0| \tag{2-5}$$

另外，用虚指数信号表达正弦信号的欧拉（Euler）公式为

$$\cos(\Omega_0 t) = \frac{1}{2}(\mathrm{e}^{\mathrm{j}\Omega_0 t} + \mathrm{e}^{-\mathrm{j}\Omega_0 t}) \tag{2-6}$$

$$\sin(\Omega_0 t) = \frac{1}{2\mathrm{j}}(\mathrm{e}^{\mathrm{j}\Omega_0 t} - \mathrm{e}^{-\mathrm{j}\Omega_0 t}) \tag{2-7}$$

（3）$\sigma \neq 0$，$\Omega_0 \neq 0$，即 $s = \sigma + \mathrm{j}\Omega_0$，则 $f(t)$ 为复指数信号，得

$$f(t) = A\mathrm{e}^{st} = A\mathrm{e}^{(\sigma + \mathrm{j}\Omega_0)t} = A\mathrm{e}^{\sigma t}(\cos\Omega_0 t + \mathrm{j}\sin\Omega_0 t) \tag{2-8}$$

复指数信号 $f(t)$ 的实部与虚部都是振幅按指数规律变化的正弦信号，如图 2-3 所示。

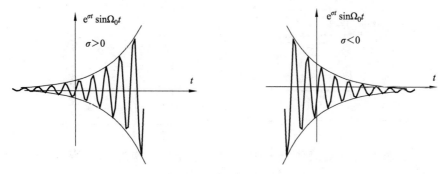

图 2-3　复指数信号波形图

3．抽样信号

抽样信号用 $\mathrm{Sa}(t)$ 表示，其定义为

$$\mathrm{Sa}(t) = \sin t / t \tag{2-9}$$

抽样信号的波形如图 2-4 所示，抽样信号具有如下性质
（1）$\mathrm{Sa}(0) = 1$
（2）$\mathrm{Sa}(k\pi) = 0, k = \pm 1, \pm 2 \cdots$

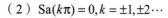

图 2-4　抽样信号波形图

（3）$\int_{-\infty}^{\infty} \mathrm{Sa}(t)\mathrm{d}t = \pi$

与 $\mathrm{Sa}(t)$ 信号类似的是 $\mathrm{sinc}(t)$ 函数，其定义为：$\mathrm{sinc}(t) = \sin(\pi t)/(\pi t)$。

2.1.2 典型奇异连续时间信号

奇异信号是另一类基本信号，这类信号本身或其导数或其高阶导数出现奇异值（趋于无穷）。

1. 单位斜坡信号

单位斜坡信号以符号 $r(t)$ 表示，其定义为

$$r(t) = \begin{cases} t, & t \geq 0 \\ 0, & t < 0 \end{cases} \qquad (2\text{-}10)$$

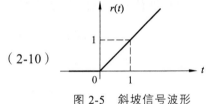

图 2-5 斜坡信号波形

其波形如图 2-5 所示。

2. 单位阶跃信号

单位阶跃信号以符号 $u(t)$ 表示，其定义为

$$u(t) = \begin{cases} 1, & t > 0 \\ 0, & t < 0 \end{cases} \qquad (2\text{-}11)$$

其波形如图 2-6 所示，单位阶跃信号通常被简称为阶跃信号。阶跃信号在 $t = 0$ 处存在间断点，因此 $u(t)$ 在时刻 0 处无定义。

另外，阶跃信号可以延时任意时刻 t_0，以符号 $u(t - t_0)$ 表示，其波形如图 2-7 所示，对应的表示式为

$$u(t - t_0) = \begin{cases} 1, & t > t_0 \\ 0, & t < t_0 \end{cases} \qquad (2\text{-}12)$$

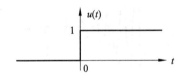
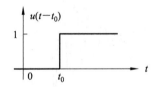

图 2-6 单位阶跃信号波形 　　　　图 2-7 有延时的阶跃信号波形

阶跃信号的物理背景是，在 $t = 0$ 时刻对某一电路接入单位电源（直流电压源或直流电流源），并且无限持续下去。容易证明，斜坡信号的导数等于阶跃信号，或者说阶跃信号的积分等于斜坡信号，即

$$\frac{\mathrm{d}r(t)}{\mathrm{d}t} = u(t) \qquad (2\text{-}13)$$

$$r(t) = \int_{-\infty}^{t} u(\tau) \cdot \mathrm{d}\tau \qquad (2\text{-}14)$$

阶跃信号的作用主要有以下两个方面。

（1）应用阶跃信号与延时阶跃信号，可以表示任意的矩形脉冲信号，例如可以用图 2-8（a）所示的情形表示图 2-8（b）的矩形信号，即

$$f(t) = u(t-T) - u(t-2T)$$

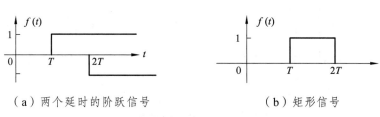

（a）两个延时的阶跃信号　　　　　　（b）矩形信号

图 2-8　用阶跃信号表示矩形信号

（2）利用阶跃信号的单边性可以表示信号的时间范围，即任意信号与阶跃信号相乘可以截断该信号，如图 2-9 所示的 4 种情形。

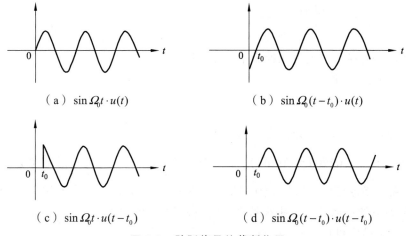

（a）$\sin \Omega_0 t \cdot u(t)$　　　　　　　　　（b）$\sin \Omega_0 (t-t_0) \cdot u(t)$

（c）$\sin \Omega_0 t \cdot u(t-t_0)$　　　　　　　（d）$\sin \Omega_0 (t-t_0) \cdot u(t-t_0)$

图 2-9　阶跃信号的截断作用

3．单位冲激信号

单位冲激信号用 $\delta(t)$ 表示，可用不同的方式来定义，其中一种重要的定义形式是狄拉克（Dirac）定义，即

$$\delta(t) = 0 , \quad t \neq 0 \ \text{且} \ \int_{-\infty}^{+\infty} \delta(t) \, \mathrm{d}t = 1 \tag{2-15}$$

单位冲激信号简称为冲激信号，如图 2-10（a）所示，冲激信号用箭头表示，无法确定其幅值，但可用强度间接表示其幅值，冲激信号的强度就是冲激信号对时间的积分值，在图中以括号注明。

单位冲激信号可以延时至任意时刻 t_0，以符号 $\delta(t-t_0)$ 表示，即

$$\delta(t-t_0) = 0 , \quad t \neq t_0 \ \text{且} \ \int_{-\infty}^{\infty} \delta(t-t_0) \, \mathrm{d}t = 1 \tag{2-16}$$

其图形如图 2-10（b）所示。

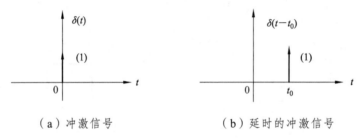

（a）冲激信号　　　　　　　　　（b）延时的冲激信号

图 2-10　单位冲激信号

冲激信号 $\delta(t)$ 的物理背景是作用时间极短但取值极大的冲击量。例如，将 1 V 的直流电压在 0 时刻加在初能为零的电容器两端，由于电压从 0 跳变为 1，因而流过电容器的电流为

$$i(0) = \frac{C \cdot \mathrm{d}u(t)}{\mathrm{d}t}\bigg|_{t=0} = \infty$$

因此，这种情形下的极大电流可用冲激信号 $\delta(t)$ 描述。

冲激信号具有以下性质。

1）乘积特性

如果 $f(t)$ 为在 $t = 0$ 时刻连续且处处有界的信号，则

$$f(t)\delta(t) = f(0)\delta(t) \tag{2-17}$$

式（2-17）表明，$\delta(t)$ 与任一信号 $f(t)$ 相乘，由于冲激信号在 $t \neq 0$ 处皆为零，所以乘积结果是一个强度为 $f(0)$ 的冲激信号，乘积特性有时也称为筛选特性。

将式（2-17）推广可得

$$f(t)\delta(t-t_0) = f(t_0)\delta(t-t_0) \tag{2-18}$$

即 $f(t)$ 与冲激信号 $\delta(t-t_0)$ 相乘时，$f(t)$ 只有在 t_0 时的函数值 $f(t_0)$ 对冲激信号 $\delta(t-t_0)$ 有影响，如图 2-11 所示。

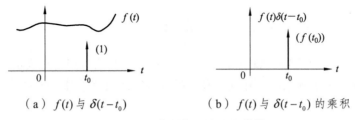

（a）$f(t)$ 与 $\delta(t-t_0)$　　　　　（b）$f(t)$ 与 $\delta(t-t_0)$ 的乘积

图 2-11　冲激信号的乘积特性

2）取样特性

如果某个普通信号 $f(t)$ 在 $t-t_0$ 处连续，则 $\delta(t)$ 的取样特性可表示为

$$\int_{-\infty}^{\infty} f(t)\delta(t-t_0)\mathrm{d}t = f(t_0) \tag{2-19}$$

式（2-19）表明，一个连续时间信号 $f(t)$ 与冲激信号 $\delta(t-t_0)$ 相乘，并在 $(-\infty, +\infty)$ 时间域上积

分，其结果为信号 $f(t)$ 在 t_0 时的函数值 $f(t_0)$ 。

证明：利用乘积特性，有

$$\int_{-\infty}^{\infty} f(t)\delta(t-t_0)\mathrm{d}t = \int_{-\infty}^{\infty} f(t_0)\delta(t-t_0)\mathrm{d}t = f(t_0)\int_{-\infty}^{\infty} \delta(t-t_0)\mathrm{d}t$$

由于

$$\int_{-\infty}^{\infty} \delta(t-t_0)\mathrm{d}t = 1$$

所以

$$\int_{-\infty}^{\infty} f(t)\delta(t-t_0)\mathrm{d}t = f(t_0)$$

3）展缩特性

$$\delta(at) = \frac{1}{|a|}\delta(t), \ \ a \neq 0 \tag{2-20}$$

由积分变量代换和 $\delta(t)$ 的取样特性可得如下两式：

$$\int_{-\infty}^{\infty} g(t)\delta(at)\mathrm{d}t \underline{\underline{at=x}} \int_{-\infty}^{\infty} g\left(\frac{x}{a}\right)\delta(x)\frac{\mathrm{d}x}{|a|} = \frac{g(0)}{|a|}$$

$$\int_{-\infty}^{\infty} g(t)\frac{\delta(t)}{|a|}\mathrm{d}t = \frac{g(0)}{|a|}$$

考虑到上面两式右边相等，因而左边也相等，故式（2-20）成立。

由展缩特性可得如下推论，冲激信号具有偶对称性，取 $a = -1$，即得

$$\delta(-t) = \delta(t) \tag{2-21}$$

4）卷积特性

信号 $f(t)$ 与 $g(t)$ 的卷积积分定义为

$$f(t) * g(t) = \int_{-\infty}^{\infty} f(\tau)g(t-\tau)\mathrm{d}\tau \tag{2-22}$$

如果信号 $f(t)$ 是一个任意连续时间函数，则有

$$f(t) * \delta(t-t_0) = f(t-t_0) \tag{2-23}$$

证明：根据卷积的定义式（2-22），有

$$f(t) * \delta(t-t_0) = \int_{-\infty}^{\infty} f(\tau)\delta(t-\tau-t_0)\mathrm{d}\tau$$

利用 $\delta(t)$ 的偶对称性和取样特性，可得

$$f(t) * \delta(t-t_0) = \int_{-\infty}^{\infty} f(\tau)\delta(\tau-(t-t_0))\mathrm{d}\tau = f(t-t_0)$$

另外，由冲激信号与阶跃信号的定义，可以推出冲激信号与阶跃信号存在微积分关系为

$$\frac{\mathrm{d}u(t)}{\mathrm{d}t} = \delta(t) \qquad\qquad (2\text{-}24)$$

$$\int_{-\infty}^{t} \delta(\tau)\mathrm{d}\tau = \begin{cases} 1, & t > 0 \\ 0, & t < 0 \end{cases} = u(t) \qquad\qquad (2\text{-}25)$$

这表明冲激信号是阶跃信号的一阶导数，阶跃信号是冲激信号的时间积分。从它们的波形可见，阶跃信号 $u(t)$ 在 $t = 0$ 处有间断点，对其求导后，即产生冲激信号 $\delta(t)$。所以学习冲激信号之后，再对信号求导时，在信号的不连续点处的导数就可以用冲激信号或延时的冲激信号表示，冲激信号的强度就是不连续点处的跳变值。

【例 2-1】 利用冲激信号的定义及性质，计算下列各式的值。

（1）$\int_{-\infty}^{+\infty} \sin(t) \cdot \delta\left(t - \frac{\pi}{4}\right)\mathrm{d}t$ 　　　　（2）$\int_{-2}^{+3} \mathrm{e}^{-5t} \cdot \delta(t-1)\mathrm{d}t$

（3）$\int_{-4}^{+6} \mathrm{e}^{-2t} \cdot \delta(t+8)\mathrm{d}t$ 　　　　（4）$\mathrm{e}^{-2t}u(t) \cdot \delta(t+1)$

解：（1）利用冲激信号的取样特性，可得

$$\int_{-\infty}^{+\infty} \sin(t) \cdot \delta\left(t - \frac{\pi}{4}\right)\mathrm{d}t = \sin\left(\frac{\pi}{4}\right) = \sqrt{2}/2$$

（2）利用取样特性，考虑到 $\delta(t-1)$ 在积分区间内，可得

$$\int_{-2}^{+3} \mathrm{e}^{-5t} \cdot \delta(t-1)\mathrm{d}t = \mathrm{e}^{-5\times 1} = 1/\mathrm{e}^5$$

（3）由于冲激信号 $\delta(t+8)$ 在 $t \neq -8$ 时都为零，所以在区间 $[-4,6]$ 上的积分为零，即

$$\int_{-4}^{+6} \mathrm{e}^{-2t} \cdot \delta(t+8)\mathrm{d}t = 0$$

（4）利用冲激信号的乘积特性和阶跃信号的性质，可得

$$\mathrm{e}^{-2t}u(t) \cdot \delta(t+1) = \mathrm{e}^{-2\times(-1)}u(-1) \cdot \delta(t+1) = 0 \times \delta(t+1) = 0$$

4．冲激偶信号

冲激信号 $\delta(t)$ 的时间导数即为冲激偶信号，其定义为

$$\delta'(t) = \frac{\mathrm{d}\delta(t)}{\mathrm{d}t} \qquad\qquad (2\text{-}26)$$

冲激偶信号也有强度，其波形如图 2-12 所示。由式（2-25）可知，冲激偶信号对时间的积分可得到冲激信号，即

$$\int_{-\infty}^{t} \delta'(\tau)\mathrm{d}\tau = \delta(t) \qquad\qquad (2\text{-}27)$$

与冲激信号相似，冲激偶信号具有如下性质。

1）乘积特性

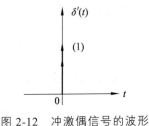

图 2-12　冲激偶信号的波形

$$f(t)\delta'(t) = f(0)\delta'(t) - f'(0)\delta(t) \qquad\qquad (2\text{-}28)$$

2）取样特性

$$\int_{-\infty}^{\infty} f(t)\delta'(t)\mathrm{d}t = -f'(0) \tag{2-29}$$

3）奇对称性

$$\delta'(-t) = -\delta'(t) \quad 或 \quad \int_{-\infty}^{\infty} \delta'(t)\mathrm{d}t = 0 \tag{2-30}$$

4）卷积特性

$$f(t) * \delta'(t) = f'(t) \tag{2-31}$$

综上所述，连续时间基本信号可分为普通信号和奇异信号。普通信号以复指数信号加以概括，复指数信号的几种特例派生出直流信号、指数信号、正弦信号等，这些信号的共同特性是指对它们求导或积分后形式不变；而奇异信号以冲激信号为基础，取其积分或二重积分而派生出阶跃信号、斜坡信号，取其导数而派生出冲激偶信号。因此，在基本信号中，复指数信号与冲激信号是两个核心信号，它们在信号与系统分析中起着十分重要的作用。

2.1.3　连续时间信号的基本运算

连续时间信号的基本运算包括信号的相加和相乘，信号的翻转、平移与尺度变换，信号的微分和积分等。

1．信号的相加和相乘

两个信号相加，其和信号在任意时刻的信号值等于两信号在该时刻的信号值之和，即

$$f(t) = f_1(t) + f_2(t) \tag{2-32}$$

图 2-13 所示。

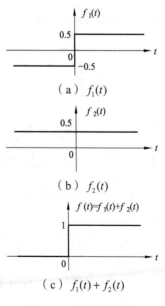

（a）$f_1(t)$

（b）$f_2(t)$

（c）$f_1(t) + f_2(t)$

图 2-13　信号的相加

两个信号相乘，其积信号在任意时刻的信号值等于两信号在该时刻的信号值之积，即

$$f(t) = f_1(t) \cdot f_2(t) \tag{2-33}$$

如图 2-14 所示。

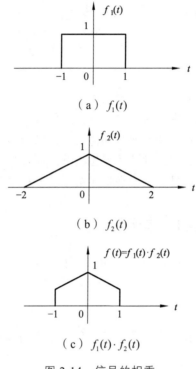

（a）$f_1(t)$

（b）$f_2(t)$

（c）$f_1(t) \cdot f_2(t)$

图 2-14　信号的相乘

2．信号的翻转、平移与尺度变换

信号的翻转就是将 $f(t)$ 以纵轴为中心作 180° 翻转，对连续时间信号进行翻转可表示为

$$f(t) \to f(-t) \tag{2-34}$$

相当于将时间变量 t 用 $-t$ 代替，如图 2-15 所示。

图 2-15　信号的翻转

对连续时间信号 $f(t)$ 进行平移，可表示为

$$f(t) \to f(t-t_0) \tag{2-35}$$

当 $t_0 > 0$ 时，$f(t)$ 右移 t_0；当 $t_0 < 0$ 时，$f(t)$ 左移 $|t_0|$。可将信号 $f(t)$ 的自变量 t 用 $t-t_0$ 代替，如图 2-16 所示。

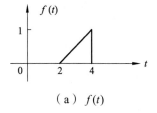
（a）$f(t)$

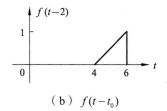
（b）$f(t-t_0)$

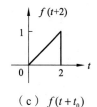
（c）$f(t+t_0)$

图 2-16　信号的平移

对连续时间信号进行尺度变换可表示为

$$f(t) \to f(at),\ a > 0 \tag{2-36}$$

相当于将自变量 t 用 at 代替，当 $a > 1$ 时，$f(at)$ 表示将 $f(t)$ 波形沿 t 轴压缩为原来的 $1/a$；当 $0 < a < 1$ 时，$f(at)$ 表示将 $f(t)$ 波形沿 t 轴展宽至原来的 $1/a$ 倍，如图 2-17 所示。

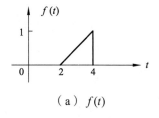
（a）$f(t)$

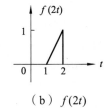
（b）$f(2t)$

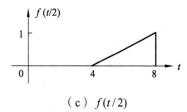
（c）$f(t/2)$

图 2-17　信号的尺度变换

3．信号的积分和微分

对连续时间信号 $f(t)$ 进行积分，可表示为

$$y(t) = \int_{-\infty}^{t} f(\tau) \cdot \mathrm{d}\tau = f^{-1}(t) \tag{2-37}$$

如图 2-18 所示的是信号积分的例子。

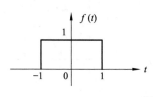
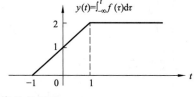

图 2-18　信号的积分

对连续时间信号进行微分，可表示为

$$y(t) = \mathrm{d}f(t)/\mathrm{d}t = f'(t) \tag{2-38}$$

如图 2-19 所示的是信号微分的例子。

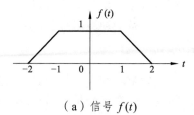

（a）信号 $f(t)$

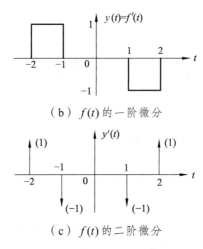

（b）$f(t)$ 的一阶微分

（c）$f(t)$ 的二阶微分

图 2-19　信号的微分

对于信号的微分，要注意不连续点，如图 2-19（b）中所示的信号有 4 个不连续点，将该信号微分后得到图 2-19（c）所示的信号，4 个不连续点的微分会对应得到 4 个冲激信号，冲激信号的强度由不连续点的跳变情况决定。

【例 2-2】　已知 $f(t)$ 的波形如图 2-20 所示，试画出 $f(6-2t)$ 的波形。

图 2-20　例 2-2 图 1

解： 先对信号 $f(t)$ 进行压缩，再翻转，最后做平移，即可以按以下顺序进行处理

$$f(t) \xrightarrow{\text{缩2}} f(2t) \xrightarrow{\text{翻转}} f(-2t) \xrightarrow{\text{右移3}} f(-2(t-3))$$

$f(2t)$、$f(-2t)$ 和 $f(-2(t-3))$ 的波形如图 2-21 所示。

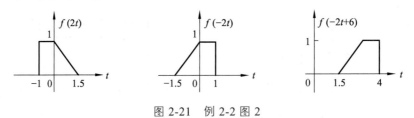

图 2-21　例 2-2 图 2

2.1.4　确定连续时间信号的时域分解

在信号分析中，常常需要将信号分解为不同的分量，以有利于分析信号中不同分量的特性。信号从不同角度分析，可分解为直流分量与交流分量、奇分量与偶分量、实部分量与虚部分量等，最为重要的是信号还可以分解为冲激信号的线性组合。

1．信号分解为直流分量与交流分量

信号可以分解为直流分量与交流分量之和。信号的直流分量是指信号在其定义区间上的平均值，其对应于信号中不随时间变化的稳定分量。信号除去直流分量后的部分称为交流分

量。用 $f_D(t)$ 表示直流分量，$f_A(t)$ 表示交流分量，对于任意连续时间信号则有

$$f(t) = f_D(t) + f_A(t) \qquad （2-39）$$

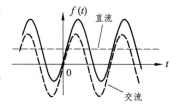

图 2-22　信号分解为直流
分量与交流分量

式（2-39）中

$$f_D(t) = \frac{1}{b-a} \int_a^b f(t) \mathrm{d}t \qquad （2-40）$$

式（2-40）中，(a,b) 为信号 $f(t)$ 的定义区间，图 2-22 给出了连续时间信号交直流分解的实例。

2. 信号分解为奇分量与偶分量

连续时间信号 $f(t)$ 可以分解为奇分量 $f_o(t)$ 与偶分量 $f_e(t)$ 之和，即

$$f(t) = f_e(t) + f_o(t) \qquad （2-41）$$

式（2-41）中

$$f_e(t) = \frac{1}{2}[f(t) + f(-t)], \quad f_e(t) = f_e(-t) \qquad （2-42）$$

$$f_o(t) = \frac{1}{2}[f(t) - f(-t)], \quad f_o(t) = -f_o(-t) \qquad （2-43）$$

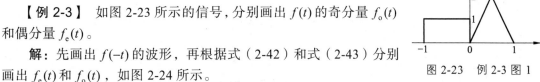

图 2-23　例 2-3 图 1

【例 2-3】　如图 2-23 所示的信号，分别画出 $f(t)$ 的奇分量 $f_o(t)$ 和偶分量 $f_e(t)$。

解： 先画出 $f(-t)$ 的波形，再根据式（2-42）和式（2-43）分别画出 $f_e(t)$ 和 $f_o(t)$，如图 2-24 所示。

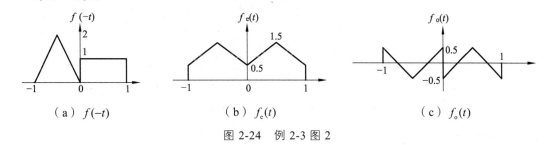

（a）$f(-t)$　　　　　　（b）$f_e(t)$　　　　　　（c）$f_o(t)$

图 2-24　例 2-3 图 2

3. 信号分解为实部分量与虚部分量

虽然现实中的信号都是实信号，但在信号分析中，为了简化运算或其他目的，常借助复信号来研究某些实信号问题，例如通常用复指数信号等价表示正弦信号。

任意复信号都可以用其实部分量与虚部分量表示。对于连续时间复信号可以表示为

$$f(t) = f_r(t) + \mathrm{j} \cdot f_i(t) \qquad （2-44）$$

式（2-44）中，$f_r(t)$、$f_i(t)$ 都是实信号，分别表示实部分量与虚部分量。若用 $f^*(t)$ 表示 $f(t)$ 的共轭信号，即

$$f^*(t) = f_r(t) - \mathrm{j} \cdot f_i(t) \qquad （2-45）$$

则 $f_r(t)$ 与 $f_i(t)$ 可别表示为

$$f_r(t) = \frac{1}{2}[f(t) + f^*(t)] \tag{2-46}$$

$$f_i(t) = \frac{1}{2j}[f(t) - f^*(t)] \tag{2-47}$$

4．信号分解为冲激信号的线性组合

在信号分析与系统分析过程中，常将信号表示为基本信号的加权叠加，这种信号表示有利于将满足一定约束条件的一般信号用基本信号来表达，从而将这些一般信号的分析转变为对基本信号的分析，进而使信号与系统分析的物理过程更加清晰。信号可以表示为不同类型的基本信号，分别对应信号不同域的表示。在信号与系统课程中，重点介绍如何将信号表示为冲激信号、虚指数信号（正弦信号）和复指数信号，分别对应信号的时域表示、频域表示和复频域表示。本章首先介绍信号的时域表示。

任意连续时间信号 $f(t)$ 可分解为窄脉冲信号的叠加，其极限情况就是冲激信号的加权叠加，即 $f(t)$ 可以表示为冲激信号的线性组合。

如图 2-25 所示，先将信号 $f(t)$ 近似地表达为窄矩形脉冲信号的叠加。设 τ 时刻，矩形脉冲分量的幅值为 $f(\tau)$，宽度为 $\Delta\tau$，其面积表达式为 $f(\tau)[u(t-\tau) - u(t-\tau-\Delta\tau)]$，当 τ 在 $(-\infty,\infty)$ 区间内变化时，$f(t)$ 的近似表达式为

$$f(t) \approx \sum_{\tau=-\infty}^{\infty} f(\tau)[u(t-\tau) - u(t-\tau-\Delta\tau)]$$

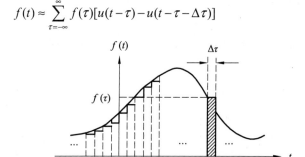

图 2-25　将信号分解为冲激信号的叠加

当 $\Delta\tau \to 0$ 时，可得

$$f(t) = \lim_{\Delta\tau \to 0} \sum_{\tau=-\infty}^{\infty} f(\tau)[u(t-\tau) - u(t-\tau-\Delta\tau)]$$

$$= \lim_{\Delta\tau \to 0} \sum_{\tau=-\infty}^{\infty} \frac{f(\tau)[u(t-\tau) - u(t-\tau-\Delta\tau)]}{\Delta\tau}\Delta\tau$$

$$= \int_{-\infty}^{\infty} f(\tau)\delta(t-\tau)\mathrm{d}\tau \tag{2-48}$$

式（2-48）实际上就是前面讨论过的冲激信号的卷积特性，卷积特性将在后面的章节中重点讨论，这里要说明的是任意信号可以表示为冲激信号的线性组合，这是非常重要的结论。因为它表明不同的信号 $f(t)$ 都可以表示为冲激信号的加权和，不同的只是它们的强度不同。这

样，当求解信号 $f(t)$ 通过连续时间线性时不变系统产生的响应时，只需求解冲激信号 $\delta(t)$ 通过该系统产生的响应，然后利用系统的线性时不变特性，即可求得信号 $f(t)$ 产生的响应。因此，任意信号 $f(t)$ 表示为冲激信号的线性组合是连续时间系统时域分析的基础。

2.2 离散时间信号的时域分析

离散时间信号简称离散信号，也称为序列，它是只在一系列离散的时间点上给出函数值，而在其他时间没有定义的函数。多数情况下，可以对连续时间信号 $f(t)$ 以等间隔 T_s 进行抽样，得到以 kT_s 为时间变量的离散时间信号，即 $f(kT_s)$。为了简便表示，可以将常数 T_s 省略，写为 $f[k]$。在离散时间信号与系统分析中，常用的基本信号包括正弦序列、指数序列、单位脉冲序列、单位阶跃序列、单位矩形序列、斜坡序列等。需要注意的是，基本离散信号不存在奇异性，都属于普通信号，这一点与连续信号不同。离散时间信号的基本运算规律与前面讲述的连续时间信号有相似之处，可以借助连续信号来理解离散信号。

2.2.1 典型离散时间信号

1．正弦序列

正弦序列的一般形式为

$$f[k] = A\cos(\omega_0 k + \varphi) \tag{2-49}$$

式（2-49）中，A、ω_0、φ 分别为正弦序列的振幅、数字角频率和初相位。

当正弦序列是通过对连续时间正弦信号等间隔抽样获得时，设连续正弦信号 $\cos\Omega_0 t$ 的周期为 T_0，抽样间隔为 T_s，则经过抽样得到的正弦序列可表示为

$$f[k] = \cos(\Omega_0 t + \varphi)|_{t=kT_s} = \cos\left(\frac{2\pi}{T_0} kT_s + \varphi\right) = \cos(\omega_0 k + \varphi)$$

上式中，$\Omega_0 = \dfrac{2\pi}{T_0}$，称为模拟角频率；$\omega_0 = \dfrac{2\pi}{T_0} T_s$，称为数字角频率。所以 ω_0 与 Ω_0 的关系如下

$$\omega_0 = \Omega_0 T_s \quad \text{或} \quad \omega_0 = \Omega_0 / f_s \tag{2-50}$$

式（2-50）中，f_s 表示抽样频率。式（2-50）表明，数字角频率是模拟角频率对抽样频率的归一化。需要注意一个重要问题，与连续时间正弦信号不同，正弦序列不一定是周期序列，详细的判断方法请参考例 1-1。

2．指数序列

1）实指数序列

实指数序列可表示为

$$f[k] = Ar^k, \quad k = 0, \pm 1, \pm 2, \cdots \tag{2-51}$$

式（2-51）中，A、r 均为实数，图 2-26 表示 r 不同取值时实指数序列的情形。

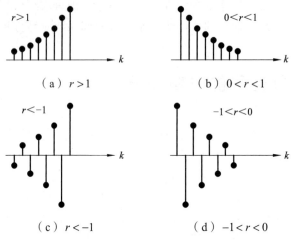

图 2-26　实指数序列

2）虚指数序列

虚指数序列可以表示为

$$f[k] = Ae^{j\omega_0 k} \qquad\qquad (2\text{-}52)$$

通过前面的学习已经知道，连续时间虚指数信号 $e^{j\Omega_0 t}$ 是周期信号。然而，离散时间虚指数序列 $e^{j\omega_0 k}$ 只有满足一定条件时才是周期的，否则为非周期的。根据欧拉公式，式（2-52）可写成

$$Ae^{j\omega_0 k} = A\cos\omega_0 k + jA\sin\omega_0 k \qquad\qquad (2\text{-}53)$$

可见，$e^{j\omega_0 k}$ 的实部和虚部都是正弦序列，只有其实部和虚部同时为周期序列时，才能保证 $e^{j\omega_0 k}$ 是周期的。只有满足 $2\pi/\omega_0$ 为有理数时，虚指数序列 $e^{j\omega_0 k}$ 才是周期序列。

另外，需要注意的是，不管虚指数序列是否具有周期性，但数字角频率一定具有周期性，其最小正周期为 2π，如下式

$$e^{j(\omega_0 + n2\pi)k} = e^{j\omega_0 k}e^{j2\pi n k} = e^{j\omega_0 k}, \ n \in \mathbf{Z} \qquad\qquad (2\text{-}54)$$

因此，在研究虚指数序列（或正弦序列）时，数字角频率只在一个 2π 间隔内取值即可。实际中常将数字角频率 ω 限制在区间 $[-\pi,\pi]$ 或 $[0,2\pi]$ 内，数字角频率 ω 在 0 或 2π 附近为低频，在 π 附近为高频，这涉及到频谱分析的知识，这里暂时不做详细讨论。

3）复指数序列

复指数序列可以表示为

$$f[k] = Ae^{(\alpha + j\omega_0)k} = Ae^{\alpha k}e^{j\omega_0 k} = Ar^k e^{j\omega_0 k} = Az^k \qquad\qquad (2\text{-}55)$$

式（2-55）中，$z = re^{j\omega_0}$，当 A 为实数时，利用欧拉公式展开式（2-55）得

$$Ar^k e^{j\omega_0 k} = Ar^k \cos(\omega_0 k) + jAr^k \sin(\omega_0 k) \qquad\qquad (2\text{-}56)$$

式（2-56）表明，一个复指数信号可以分解为实部、虚部两部分。实部、虚部分别为幅度按指数规律变化的正弦信号。若 $r<1$，为衰减正弦序列，波形如图 2-27（a）所示；若 $r>1$，为增幅正弦序列，波形如图 2-27（b）所示；若 $r=1$，为等幅正弦序列；若 $\omega_0=0$，则复指数序列成为一般的实指数序列；若 $r=1$ 且 $\omega_0=0$，复指数信号的实部、虚部均与时间无关，成为直流信号。

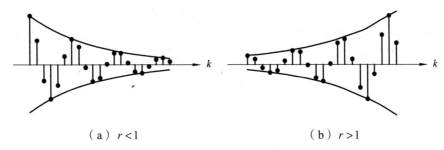

（a）$r<1$ （b）$r>1$

图 2-27　复指数序列波形

3．单位脉冲序列

单位脉冲序列用 $\delta[k]$ 表示，其定义为

$$\delta[k]=\begin{cases}1, & k=0 \\ 0, & k\neq 0\end{cases} \qquad (2-57)$$

$$\delta[k-n]=\begin{cases}1, & k=n \\ 0, & k\neq n\end{cases} \qquad (2-58)$$

$\delta[k]$ 在 $k=0$ 时有确定的幅值 1，这与 $\delta(t)$ 在 $t=0$ 时情况不同。单位脉冲序列和移位的单位脉冲序列如图 2-28（a）和（b）所示，它们统称为脉冲序列或脉冲信号。

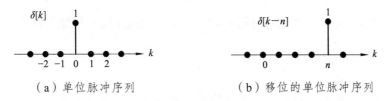

（a）单位脉冲序列   （b）移位的单位脉冲序列

图 2-28　脉冲序列

4．单位阶跃序列

如图 2-29 所示，单位阶跃序列用 $u[k]$ 表示，其定义为

$$u[k]=\begin{cases}1, & k\geqslant 0 \\ 0, & k<0\end{cases} \qquad (2-59)$$

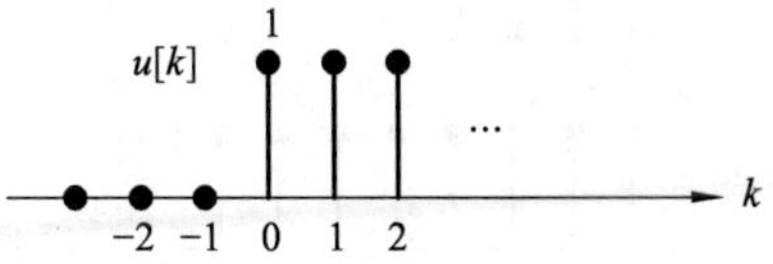

图 2-29　单位阶跃序列

单位脉冲序列与单位阶跃序列的关系如下：

$$u[k] = \sum_{n=-\infty}^{k} \delta[n] \qquad (2\text{-}60)$$

$$\delta[k] = u[k] - u[k-1] \qquad (2\text{-}61)$$

式（2-60）表示对 $\delta[k]$ 求和可得 $u[k]$，式（2-61）表示对 $u[k]$ 求差分可得 $\delta[k]$。

【例 2-4 】 用单位脉冲序列和单位阶跃序列表示单位矩形序列 $R_N[k]$ 和斜坡序列 $r[k]$。

解： 如图 2-30 所示，$R_N[k]$ 和 $r[k]$ 分别做如下的计算：

$$R_N[k] = \begin{cases} 1, & 0 \leqslant k \leqslant N-1 \\ 0, & k \text{ 取其他值} \end{cases} = u[k] - u[k-N] = \sum_{n=0}^{N-1} \delta[k-n] \qquad (2\text{-}62)$$

$$r[k] = ku[k] = \sum_{n=0}^{\infty} n\delta[k-n] \qquad (2\text{-}63)$$

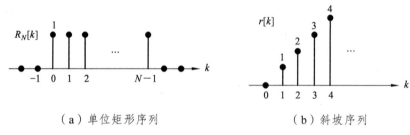

（a）单位矩形序列　　　　　　　　（b）斜坡序列

图 2-30　矩形序列和斜坡序列

2.2.2　离散时间信号的基本运算

与连续时间信号类似，离散时间信号的基本运算包括序列的相加与相乘，翻转、移位与尺度变换，求和与差分等。

1．序列的相加与相乘

序列的相加是指将若干离散序列序号相同的数值相加，可表示为

$$y[k] = f_1[k] + f_2[k] \qquad (2\text{-}64)$$

如图 2-31 所示为两个序列相加的示例。

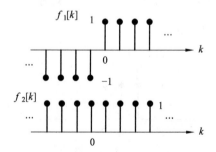

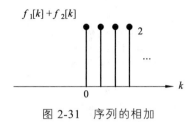

图 2-31　序列的相加

序列的相乘是指若干离散序列序号相同的数值相乘，可表示为

$$y[k] = f_1[k] \cdot f_2[k] \tag{2-65}$$

如图 2-32 所示为两个序列相乘的示例。

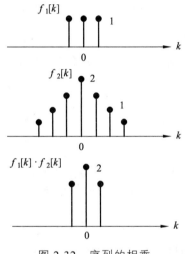

图 2-32　序列的相乘

2. 序列的翻转、移位、尺度变换

序列的翻转是指将信号 $f[k]$ 变化为 $f[-k]$ 的运算，即将 $f[k]$ 以纵轴为对称轴作 $180°$ 翻转，如图 2-33 所示。

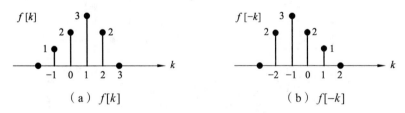

（a）$f[k]$　　　　　　　　（b）$f[-k]$

图 2-33　序列的翻转

序列的移位是指将信号 $f[k]$ 变化为信号 $f[k \pm n]$（其中 $n > 0$）的运算，$f[k+n]$ 表示将 $f[k]$ 左移 n 个单位。$f[k-n]$ 表示将 $f[k]$ 右移 n 个单位。如图 2-34 所示。

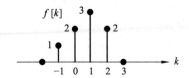

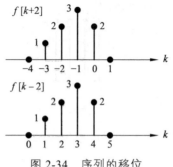

图 2-34 序列的移位

序列的尺度变换是指将原序列样本个数减少或增加的运算，分别称为序列的抽取和内插。序列 M 倍抽取（decimation）定义为

$$f[k] \to f[Mk] \qquad (2\text{-}66)$$

式（2-66）中，M 为正整数，表示在序列 $f[k]$ 中每隔 $M-1$ 点抽取 1 点，如图 2-35 所示。

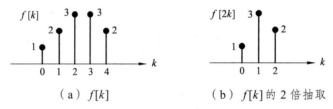

（a）$f[k]$ 　　　　（b）$f[k]$ 的 2 倍抽取

图 2-35 序列的抽取

序列 M 倍内插（interpolation）定义为

$$f[k] \to f[k/M] \qquad (2\text{-}67)$$

式（2-67）中，$f[k/M]$ 表示在序列 $f[k]$ 中每两点之间插入 $M-1$ 个 0 点后得到的序列，如图 2-36 所示。

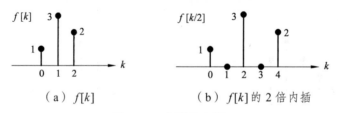

（a）$f[k]$ 　　　　（b）$f[k]$ 的 2 倍内插

图 2-36 序列的内插

3．序列的差分与求和

序列的差分与连续信号的微分相对应，可表示为

$$\nabla f[k] = f[k] - f[k-1] \qquad (2\text{-}68)$$

或　　　　　　　$$\Delta f[k] = f[k+1] - f[k] \qquad (2\text{-}69)$$

式（2-68）称为一阶后向差分，式（2-69）称为一阶前向差分。以此类推，二阶和 n 阶差分可分别表示为

$$\nabla^2 f[k] = \nabla\{\nabla f[k]\} = f[k] - 2f[k-1] + f[k-2] \qquad (2\text{-}70)$$

$$\Delta^2 f[k] = \Delta\{\Delta f[k]\} = f[k+2] - 2f[k+1] + f[k] \qquad (2\text{-}71)$$

$$\nabla^n f[k] = \nabla\{\nabla^{n-1} f[k]\} \qquad (2\text{-}72)$$

$$\Delta^n f[k] = \Delta\{\Delta^{n-1} f[k]\} \qquad (2\text{-}73)$$

单位脉冲序列 $\delta[k]$ 可用单位阶跃序列 $u[k]$ 的差分表示，见式（2-61），即

$$\delta[k] = u[k] - u[k-1]$$

序列在 $(-\infty, k)$ 区间上求和与连续信号的积分相对应，可表示为

$$y[k] = \sum_{n=-\infty}^{k} f[n] \qquad (2\text{-}74)$$

如图 2-37 所示为序列求和的示例。

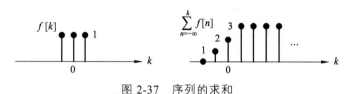

图 2-37　序列的求和

单位阶跃序列可用单位脉冲序列的求和表示，即

$$u[k] = \sum_{n=-\infty}^{k} \delta[n]$$

2.2.3　确定离散时间信号的时域分解

确定离散时间信号的时域分解与连续时间信号的分解规律类似。

1．信号分解为直流分量与交流分量

对于序列 $f[k]$，存在下式：

$$f[k] = f_{\mathrm{D}}[k] + f_{\mathrm{A}}[k] \qquad (2\text{-}75)$$

式（2-75）中，$f_{\mathrm{D}}[k]$ 表示序列 $f[k]$ 的直流分量，$f_{\mathrm{A}}[k]$ 表示序列 $f[k]$ 的交流分量，且有

$$f_{\mathrm{D}}[k] = \frac{1}{N_2 - N_1 + 1} \sum_{k=N_1}^{N_2} f[k] \qquad (2\text{-}76)$$

式（2-76）中，(N_1, N_2) 为序列 $f[k]$ 的定义区间。

2．信号分解为奇分量与偶分量

对于序列 $f[k]$，存在下式

$$f[k] = f_{\mathrm{e}}[k] + f_{\mathrm{o}}[k] \qquad (2\text{-}77)$$

式（2-77）中，偶分量 $f_e[k]$ 定义为

$$f_e[k] = \frac{1}{2}\{f[k] + f[-k]\} \qquad (2\text{-}78)$$

奇分量 $f_o[k]$ 定义为

$$f_o[k] = \frac{1}{2}\{f[k] - f[-k]\} \qquad (2\text{-}79)$$

3．信号分解为实部分量与虚部分量

对于序列 $f[k]$，存在下式：

$$f[k] = f_r[k] + j \cdot f_i[k] \qquad (2\text{-}80)$$

式（2-80）中，$f_r[k]$ 表示 $f[k]$ 的实部，$f_i[k]$ 表示 $f[k]$ 的虚部。

4．信号分解为脉冲信号的线性组合

与任意连续时间信号可以利用冲激信号的线性组合表示类似，任意序列可以利用单位脉冲序列的移位加权和表示

$$f[k] = \cdots + f[-1]\delta[k+1] + f[0]\delta[k] + f[1]\delta[k-1] +$$
$$\cdots + f[n]\delta[k-n] + \cdots \qquad (2\text{-}81)$$

【例 2-5】 请用单位脉冲序列的移位加权和表示图 2-38 所示的序列。

解： $f[k] = 3\delta[k+1] + \delta[k] + 2\delta[k-1] + 2\delta[k-2]$。

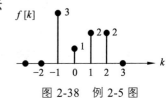

图 2-38 例 2-5 图

2.3 MATLAB 实现及应用

2.3.1 利用 MATLAB 画出正弦信号

1．连续时间正弦信号的波形

给出 $f(t) = \sin(100\pi t)$ 的波形，程序代码：

```
t=-0.06:0.001:0.06;
f=50;
f=sin(2*pi*f*t);
plot(t*1000,f,'k')
xlabel('t / ms')
ylabel('f(t)')
title('f(t)=sin(2*pi*50*t)')
```

仿真结果如图 2-39 所示。

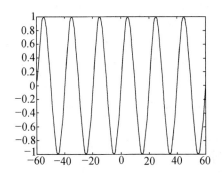

图 2-39　正弦信号 MATLAB 仿真波形

2. 正弦序列的波形

给出 $f[k]=\sin(\omega_0 k)$ 的波形，分别取不同的 ω_0，理解正弦序列的周期性。程序代码：

```
w=pi/10; % w=1/5;
k=0:50;
fk=sin(w.*k);
stem(k,fk,'filled','k');
axis([0 50 -1.2 1.2]);
grid on;
title('正弦序列 ω=π/10'); % title('正弦序列 ω=1/5')
```

仿真结果如图 2-40 所示。

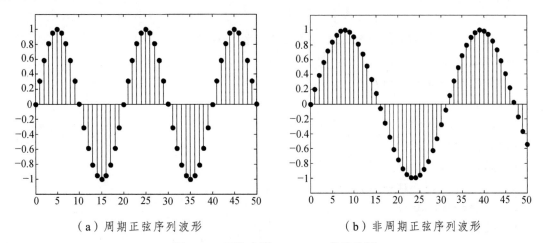

（a）周期正弦序列波形　　　　　　　　　　（b）非周期正弦序列波形

图 2-40　正弦序列 MATLAB 仿真波形

从图 2-40 中可以看出，当 $\omega_0=\pi/10$ 时，周期 $N=2\pi/\omega_0=20$，此时正弦序列是周期的，如图 2-40（a）所示；当 $\omega_0=1/5$ 时，周期 $N=2\pi/\omega_0=10\pi$，此时正弦序列是非周期的，如图 2-40（b）所示。

2.3.2 利用 MATLAB 进行微分和积分运算

1. 三角波脉冲信号波形，程序代码：

```
t=-2:0.001:2;
ft=tripuls(t,2,0.3);
plot(t,ft)
```

仿真结果如图 2-41 所示。

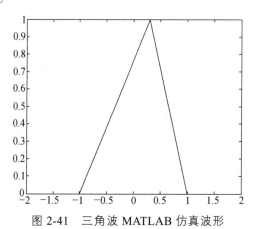

图 2-41　三角波 MATLAB 仿真波形

2. 对三角波脉冲进行微分与积分，并给出相应的波形。程序代码：

```
%在 MATLAB 中定义一个函数,函数名为 triwave
function yt=triwave(t)
yt=tripuls(t,2,0.3);
%利用 MATLAB 自带的 diff 和 quad 函数来实现微分和积分
h=0.001;t= -2:h:2;
y1=diff(triwave(t))/h;
subplot(311)
plot(t,triwave(t))
title('x(t)')
subplot(312)
plot(t(1:length(t)-1),y1)
title('dx(t)/dt')
t= -2:0.1:2;
for x=1:length(t)
y2(x)=quad('triwave(t)', 0,t(x));
end
subplot(313)
plot(t,y2)
title('integral of x(t)')
```

仿真结果如图 2-42 所示。

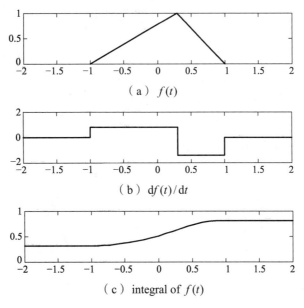

（a）$f(t)$

（b）$\mathrm{d}f(t)/\mathrm{d}t$

（c）integral of $f(t)$

图 2-42　信号微分与积分的 MATLAB 仿真波形

阅读材料

　　冲激信号在数学中称之为冲激函数，关于冲激函数的定义方式有很多，其中最为常见且应用最为广泛的是狄拉克定义。狄拉克（Paul Dirac，1902—1984），英国理论物理学家，量子力学的奠基者之一，并对量子电动力学早期的发展做出了重要贡献。因为提出了量子力学的基本方程（薛定谔-狄拉克方程），狄拉克和薛定谔（Erwin Schrödinger，1887—1961）共同获得了 1933 年的物理学诺贝尔奖。

狄拉克（Paul Dirac，1902—1984）

　　狄拉克曾经表示其电子工程的背景使其可以在理论物理中勇敢地发明和使用一些强大的数学方法，而先不去理会数学上的合法性。最为有名的一个例子是狄拉克的 δ 函数，即冲激函数，δ 函数是狄拉克 1935 年在研究量子力学的连续谱问题时提出的，它是从某些物理现象中抽象出来的数学模型，如力学中瞬间作用的冲击力，原子弹、氢弹的爆炸等。也可用于描写物理学中的一切点量，如点质量、点电荷、脉冲等，这些物理现象有个共同特点，即作用时间极短，但作用强度极大，因而 δ 函数在近代物理学中有着广泛的应用。1950

年，法国数学家施瓦茨（laurent Schwartz，1915—2002）通过广义函数理论，从数学上证明了其正确性，δ 函数可以当作普通函数一样进行运算，并且可以为处理数学物理问题带来极大的便利。

冲激信号除了狄拉克定义方式以外，还可以利用矩形脉冲、三角脉冲、指数函数、抽样函数取极限的方式加以定义。下面以矩形脉冲和三角脉冲为例加以说明，如图 2-43 所示，图中的矩形脉冲和三角脉冲的面积均为 1，宽度均为 2Δ，当保持面积不变，脉冲宽度趋于零时，脉冲幅值必趋于无穷大，此极限情况即为单位冲激函数，可用下式表示

$$\delta(t) = \lim_{\Delta \to 0} f_\Delta(t) = \lim_{\Delta \to 0} g_\Delta(t)$$

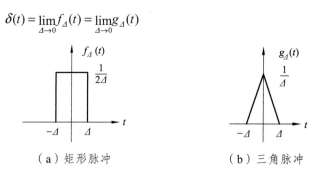

（a）矩形脉冲　　　　（b）三角脉冲

图 2-43　冲激信号的极限模型

总之，单位冲激信号是信号与系统课程中非常重要的一种典型奇异信号，线性时不变系统的时域分析就是以冲激信号为基本信号展开讨论的。因此，思考如何更好地理解其表达式内容和性质非常重要。

习　题

一、单项选择题

1. 下列信号不属于奇异信号的是（　　　）。

　A. 抽样信号　　　B. 阶跃信号　　　　C. 冲激信号　　　　D. 斜坡信号

2. 关于信号翻转运算，正确的操作是（　　　）。

　A. 将原信号的波形按横轴进行对称翻转

　B. 将原信号的波形向左平移一个单位

　C. 将原信号的波形按纵轴进行对称翻转

　D. 将原信号的波形向右平移一个单位

3. 设当 $t < 3$ 时，$f(t) = 0$，则使 $f(t/3) = 0$ 的 t 值为（　　　）。

　A. $t > 3$　　　　B. $t = 0$　　　　C. $t < 9$　　　　D. $t = 3$

4. 已知 $f(t)$，下列哪种运算顺序可求得结果 $f(t_0 - at)$（式中 t_0、a 都是正值，且 $a > 1$）？
（　　　）

　A. $f(t)$ 翻转后压缩 a 倍，再右移 t_0 / a

　B. $f(t)$ 翻转左移 t_0 后，再压缩 a 倍

　C. $f(t)$ 压缩 a 倍后翻转，再右移 t_0

D. $f(t)$ 压缩 a 倍后翻转，再左移 t_0

5. 离散信号 $f[3k+6]$ 是下面哪个运算的结果？（　　　）

   A. $f[3k]$ 右移 2　　　　　　　　B. $f[3k]$ 左移 2

   C. $f[3k]$ 左移 6　　　　　　　　D. $f[3k]$ 右移 6

6. 下列关于冲激信号性质的表达式不正确的是（　　　）。

   A. $f(t)\delta(t) = f(0)\delta(t)$　　　　　　B. $\delta(-2t) = -\dfrac{1}{2}\delta(t)$

   C. $\displaystyle\int_{-\infty}^{t}\delta(\tau)\,\mathrm{d}\tau = u(t)$　　　　　　D. $\delta(-t) = \delta(t)$

7. $\displaystyle\int_{-\infty}^{\infty}\delta\left(t-\dfrac{1}{4}\right)\sin(\pi t)\mathrm{d}t = $（　　　）。

   A. 0　　　　　　B. 1　　　　　　C. $\sqrt{2}$　　　　D. $\sqrt{2}/2$

8. 根据卷积定义式 $f(t)*g(t) = \displaystyle\int_{-\infty}^{\infty}f(\tau)g(t-\tau)\mathrm{d}\tau$，计算 $f(t)*\delta(t-t_0)$ 的结果为（　　　）。

   A. $f(t)$　　　　B. $f(t-t_0)$　　　　C. $\delta(t)$　　　　D. $\delta(t-t_0)$

9. 抽样信号的积分 $\displaystyle\int_{-\infty}^{0}\mathrm{Sa}(t)\mathrm{d}t = $（　　　）。

   A. $\pi/2$　　　　B. π　　　　　　C. 1　　　　　D. ∞

10. 对信号 $f(t)$ 进行积分运算，下列表达式正确的是（　　　）。

   A. $f^{-1}(t) = \displaystyle\int_{-\infty}^{\infty}f(t)\mathrm{d}t$　　　　　　B. $f^{-1}(t) = \displaystyle\int_{-\infty}^{t}f(t)\mathrm{d}t$

   C. $f^{-1}(t) = \displaystyle\int_{-\infty}^{\infty}f(\tau)\mathrm{d}\tau$　　　　　　D. $f^{-1}(t) = \displaystyle\int_{-\infty}^{t}f(\tau)\mathrm{d}\tau$

二、填空题

1. 序列和 $\displaystyle\sum_{k=-\infty}^{\infty}\delta[k]$ 等于＿＿＿＿＿＿＿＿＿＿。

2. 虚指数信号 $\mathrm{e}^{j\Omega_0 t}$ 展开欧拉公式为＿＿＿＿＿＿＿＿＿＿＿＿。

3. $u(t-2)*u(t+3) = $＿＿＿＿＿＿＿＿＿＿＿。

4. 如图 2-44 所示波形可用单位阶跃函数表示为＿＿＿＿＿＿＿＿＿＿。

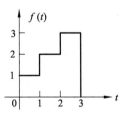

图 2-44　习题 4 图

5. 单位脉冲序列 $\delta[k]$ 与单位阶跃序列 $u[k]$ 的关系为＿＿＿＿＿＿＿＿＿＿。

三、判断题

1. $f(t)*\delta(t-1) = f(1)\delta(t-1)$。（　　　）

2. $\mathrm{Sa}(t)$ 函数是奇函数。（　　　）

3. 连续时间信号可以分解为单位冲激信号的线性组合。（　　　）

4. 离散序列可以分解为单位脉冲序列的线性组合。（　　　）

5. 离散信号的差分与连续信号的微分相对应，求和与积分相对应。(   )

四、综合题

1. 定性绘出下列信号的波形，其中 $-\infty < t < +\infty$。

（1）$f(t) = u(t) - 2u(t-1)$

（2）$f(t) = u(t+1) - 2u(t) + u(t-1)$

（3）$f(t) = \delta(t-1) - 2\delta(t-2) + 3\delta(t-3)$

（4）$f(t) = r(t+2) - r(t+1) - r(t-1) + r(t-2)$

2. 计算下列各式的值。

（1）$\sin t \cdot \delta(t - \pi/2)$ （2）$\mathrm{e}^{-2t} \cdot \delta(-t)$

（3）$\int_{-\infty}^{\infty} \delta(t-2)\mathrm{e}^{-2t}u(t)\mathrm{d}t$ （4）$\int_{-\infty}^{\infty} \delta(t-a)u(t-b)\mathrm{d}t$；$a > b$

3. 画出下列信号及其一阶导数的波形，其中 T 为常数。

（1）$f(t) = u(t) - u(t-T)$ （2）$f(t) = t[u(t) - u(t-T)]$

4. 已知序列 $f[k] = \begin{cases} \left(\dfrac{3}{2}\right)^k, & -2 \leqslant k \leqslant 3, \\ 0, & k < -2, \ k > 3。 \end{cases}$

（1）利用阶跃序列的截取特性表示 $f[k]$。

（2）利用单位脉冲序列的移位加权和表示 $f[k]$。

（3）试画出 $f[k]$ 波形。

第 3 章

系统的时域分析

3.1 连续时间系统的 时域分析

视频：系统的时域分析　PPT：系统的时域分析

连续时间系统处理连续时间信号，通常用微分方程来描述，也就是系统的输入输出关系通过它们的时间函数及其对时间的各阶导数的线性组合联系起来。系统分析的任务是对给定的系统模型和输入信号求系统的输出响应。分析系统的方法很多，其中时域分析法不通过任何变换，直接求解系统的微分方程，系统的分析与计算全部在时间变量域内进行。这种方法直观，物理概念清楚，是学习各种变换域分析方法的基础。

连续系统时域分析法包含两方面内容：一是微分方程的直接求解；二是已知系统单位冲激响应，将冲激响应与输入信号进行卷积积分，求出系统的输出响应。

3.1.1 连续时间线性时不变系统的数学描述及经典法求解

既具有线性特性又具有时不变性的系统称为线性时不变系统，简称 LTI 系统。线性时不变系统是本书讨论的重点，它也是系统理论的核心与基础。描述连续时间系统的数学模型是微分方程，而描述连续时间 LTI 系统的数学模型是 n 阶线性常系数微分方程，如

$$y^{(n)}(t) + a_{n-1}y^{(n-1)}(t) + \cdots + a_1 y'(t) + a_0 y(t)$$
$$= b_m f^{(m)}(t) + b_{m-1}f^{(m-1)}(t) + \cdots + b_1 f'(t) + b_0 f(t) \tag{3-1}$$

为了分析信号通过连续时间 LTI 系统的响应，可以采用经典的微分方程求解法，也可利用线性特性将系统的响应分为零状态响应和零输入响应。对于由系统初始状态产生的零输入响应，通过求解微分方程的齐次解得到。而对于只与系统输入激励有关的零状态响应的求解，则可以通过基于信号表示的卷积积分的方法来求解。

经典的时域分析方法，是根据高等数学中介绍的微分方程求解方法得到系统的输出。微分方程的全解由齐次解 $y_h(t)$ 和特解 $y_p(t)$ 组成，即

$$y(t) = y_h(t) + y_p(t) \tag{3-2}$$

齐次解是齐次微分方程

$$y^{(n)}(t) + a_{n-1}y^{(n-1)}(t) + \cdots + a_1 y'(t) + a_0 y(t) = 0 \tag{3-3}$$

的解，式（3-3）所对应的特征根方程为

$$s^n + a_{n-1}s^{n-1} + \cdots + a_1 s + a_0 = 0 \tag{3-4}$$

解特征根方程可求得特征根 $s_i(i=1,2,\cdots,n)$，由特征根可写出齐次解的形式如下。

（1）特征根是不等实根 s_1，s_2，$\cdots$，s_n 时，

$$y_h(t) = K_1 e^{s_1 t} + K_2 e^{s_2 t} + \cdots + K_n e^{s_n t} \tag{3-5}$$

（2）特征根是相等实根 $s_1 = s_2 = \cdots = s_n$ 时，

$$y_h(t) = K_1 e^{s t} + K_2 t e^{s t} + \cdots + K_n t^{n-1} e^{s t} \tag{3-6}$$

（3）特征根是成对共轭复根 $s_i = \sigma_i \pm j\Omega_i$，$i = n/2$ 时，

$$y_h(t) = e^{\sigma_1 t}(K_1 \cos \Omega_1 t + K_2 \sin \Omega_1 t) + \cdots + e^{\sigma_i t}(K_{n-1} \cos \Omega_i t + K_n \sin \Omega_i t) \tag{3-7}$$

式（3-5）～（3-7）中的 K_i 为待定系数，由系统的初始条件确定。

特解的形式与激励信号的形式有关。将特解与激励信号代入原微分方程，求出特解表示式中的待定系数，即得特解。常用激励信号所对应的特解如表 3-1 所示。

表 3-1　常用激励信号对应的特解

输入信号	特解
K	A
Kt	$A + Bt$
Ke^{-at}（特征根 $s \neq -a$）	Ae^{-at}
Ke^{-at}（特征根 $s = -a$）	Ate^{-at}
$K\sin\Omega_0 t$ 或 $K\cos\Omega_0 t$	$A\sin\Omega_0 t + B\cos\Omega_0 t$
$Ke^{-at}\sin\Omega_0 t$ 或 $Ke^{-at}\cos\Omega_0 t$	$Ae^{-at}\sin\Omega_0 t + Be^{-at}\cos\Omega_0 t$

得到齐次解的表示式和特解后，将两者相加可得全解的表示式。利用已知的初始条件，即可求得齐次解表示式中的待定系数，从而得到微分方程的全解。下面通过例题来说明经典时域分析方法。

【例 3-1】　已知某二阶线性时不变连续时间系统的动态（微分）方程为

$$y''(t) + 6y'(t) + 8y(t) = f(t), \ t > 0$$

初始条件 $y(0) = 1$，$y'(0) = 2$，输入信号 $f(t) = e^{-t}u(t)$，求系统的完全响应 $y(t)$。

解：（1）求齐次方程 $y''(t) + 6y'(t) + 8y(t) = 0$ 的齐次解 $y_h(t)$。

特征方程为

$$s^2 + 6s + 8 = 0$$

解特征方程，得特征根为

$$s_1 = -2, \ s_2 = -4$$

故齐次解 $y_h(t)$ 为

$$y_h(t) = K_1 e^{-2t} + K_2 e^{-4t}$$

（2）求非齐次方程 $y''(t) + 6y'(t) + 8y(t) = f(t)$ 的特解 $y_p(t)$。

由输入 $f(t)$ 的形式，查表 3-1，设方程的特解为

$$y_p(t) = K_3 e^{-t}$$

将特解带入原微分方程即可求得常数 $K_3 = 1/3$，因而微分方程的特解为

$$y_p(t) = \frac{1}{3} e^{-t}$$

（3）求方程的全解。

$$y(t) = y_h(t) + y_p(t) = K_1 e^{-2t} + K_2 e^{-4t} + \frac{1}{3} e^{-t}$$

由初始条件确定待定系数 K_1 和 K_2

$$y(0) = K_1 + K_2 + \frac{1}{3} = 1$$

$$y'(0) = -2K_1 - 4K_2 - \frac{1}{3} = 2$$

解得 $K_1 = 5/2$，$K_2 = -11/6$，微分方程的全解即为系统的完全响应

$$y(t) = \frac{5}{2} e^{-2t} - \frac{11}{6} e^{-4t} + \frac{1}{3} e^{-t}, \quad t \geq 0$$

从上面例题可以看出，常系数线性微分方程的全解由齐次解和特解组成。齐次解的形式与系统的特征根有关，仅依赖于系统本身的特性，而与激励信号的形式无关，因此称为系统的固有响应。而特解的形式是由激励信号确定的，称为强迫响应。

采用经典法分析系统响应具有局限性：若微分方程右边激励项较复杂，则难以处理；若激励信号发生变化，则须全部重新求解；若初始条件发生变化，则须全部重新求解。这种方法是一种纯数学方法，无法突出系统响应的物理概念。

3.1.2　连续时间线性时不变系统的零输入响应与零状态响应

在系统的时域分析方法中可以将系统的初始状态也作为一种输入激励，这样，根据系统的线性特性，可将系统的响应看作是初始状态与输入激励分别单独作用于系统而产生的响应叠加。其中，由初始状态单独作用于系统产生的输出称为零输入响应，记作 $y_x(t)$；而由输入激励单独作用于系统产生的输出称为零状态响应，记作 $y_f(t)$。因此，系统的完全响应 $y(t)$ 为

$$y(t) = y_x(t) + y_f(t) \tag{3-8}$$

1．连续时间 LTI 系统的零输入响应

系统的零输入响应是输入信号为零，仅由系统的初始状态单独作用而产生的输出响应。其数学模型为

$$y^{(n)}(t)+a_{n-1}y^{(n-1)}(t)+\cdots+a_1y'(t)+a_0y(t)=0 \tag{3-9}$$

则零输入响应与系统微分方程齐次解的形式一致。具体求解方法是根据微分方程的特征根确定零输入响应的形式，再由初始条件确定待定系数。

【例 3-2】 已知某线性时不变系统的动态方程式为

$$\frac{\mathrm{d}^2y(t)}{\mathrm{d}t^2}+5\frac{\mathrm{d}y(t)}{\mathrm{d}t}+6y(t)=4\frac{\mathrm{d}f(t)}{\mathrm{d}t}+3f(t)$$

系统的初始状态为 $y(0^-)=1$，$y'(0^-)=3$，求系统的零输入响应 $y_x(t)$。

解：系统的特征方程为

$$s^2+5s+6=0$$

系统的特征根为

$$s_1=-2,\ s_2=-3$$

故系统的零输入响应为

$$y_x(t)=K_1\mathrm{e}^{-2t}+K_2\mathrm{e}^{-3t}$$

代入初始状态，有

$$y(0^-)=y_x(0^-)=K_1+K_2=1$$
$$y'(0^-)=y'_x(0^-)=-2K_1-3K_2=3$$

解得，$K_1=6,\ K_2=-5$，因此，系统的零输入响应为

$$y_x(t)=6\mathrm{e}^{-2t}-5\mathrm{e}^{-3t},t\geqslant 0$$

【例 3-3】 已知某线性时不变系统的动态方程式为

$$\frac{\mathrm{d}^2y(t)}{\mathrm{d}t^2}+4\frac{\mathrm{d}y(t)}{\mathrm{d}t}+4y(t)=2\frac{\mathrm{d}f(t)}{\mathrm{d}t}+3f(t)$$

系统的初始状态为 $y(0^-)=2$，$y'(0^-)=-1$，求系统的零输入响应 $y_x(t)$。

解：系统的特征方程为

$$s^2+4s+4=0$$

系统的特征根为

$$s_1=s_2=-2$$

故系统的零输入响应为

$$y_x(t) = K_1 e^{-2t} + K_2 t e^{-2t}$$

代入初始状态，有

$$y(0^-) = y_x(0^-) = K_1 = 2$$
$$y'(0^-) = y'_x(0^-) = -2K_1 + K_2 = -1$$

解得，$K_1 = 2$，$K_2 = 3$，因此，系统的零输入响应为

$$y_x(t) = 2e^{-2t} + 3te^{-2t}, \ t \geqslant 0$$

【例 3-4】 已知某线性时不变系统的动态方程式为

$$\frac{d^2 y(t)}{dt^2} + 2 \frac{dy(t)}{dt} + 5y(t) = 4 \frac{df(t)}{dt} + 3f(t)$$

系统的初始状态为 $y(0^-) = 1$，$y'(0^-) = 3$，求系统的零输入响应 $y_x(t)$。

解：系统的特征方程为

$$s^2 + 2s + 5 = 0$$

系统的特征根为

$$s_1 = -1 + 2j, \ s_2 = -1 - 2j$$

故系统的零输入响应为

$$y_x(t) = e^{-t}(K_1 \cos 2t + K_2 \sin 2t)$$

代入初始状态，有

$$y(0^-) = y_x(0^-) = K_1 = 1$$
$$y'(0^-) = y'_x(0^-) = -K_1 + 2K_2 = 3$$

解得，$K_1 = 1$，$K_2 = 2$，因此，系统的零输入响应为

$$y_x(t) = e^{-t}(\cos 2t + 2 \sin 2t), \ t \geqslant 0$$

2．连续时间 LTI 系统的零状态响应

当系统的初始状态为零时，由系统的外部激励 $f(t)$ 产生的响应称为系统的零状态响应，用 $y_f(t)$ 表示。求解系统的零状态响应方法主要有两种：一是直接求解初始状态为零的微分方程；二是利用卷积的方法。这里重点介绍一下卷积法，对于线性时不变系统，卷积法是将任意信号 $f(t)$ 表示为单位冲激信号的线性组合，计算单位冲激信号在系统上的零状态响应，然后利用线性时不变系统的特性，从而解得系统在 $f(t)$ 激励下的零状态响应。

单位冲激信号作用在 LTI 系统上的零状态响应称为系统的单位冲激响应，即

$$T[\delta(t)] = h(t) \qquad\qquad\qquad (3\text{-}10)$$

式（3-10）中，$h(t)$ 表示系统的单位冲激响应，简称冲激响应。对于 LTI 系统，有下列关系成立。

由时不变特性

$$T[\delta(t-\tau)] = h(t-\tau)$$

由均匀特性

$$T[f(\tau)\delta(t-\tau)] = f(\tau)h(t-\tau)$$

由叠加特性

$$T[\int_{-\infty}^{+\infty} f(\tau) \cdot \delta(t-\tau)\mathrm{d}\tau] = \int_{-\infty}^{+\infty} f(\tau) \cdot h(t-\tau)\mathrm{d}\tau$$

因而，连续时间 LTI 系统零状态响应等于输入激励 $f(t)$ 与系统的单位冲激响应 $h(t)$ 的卷积积分，即

$$y_f(t) = \int_{-\infty}^{+\infty} f(\tau) \cdot h(t-\tau)\mathrm{d}\tau = f(t) * h(t) \tag{3-11}$$

式（3-11）揭示了信号作用于连续时间 LTI 系统的内在原理，给出了系统输入、系统输出、系统单位冲激响应三者之间的相互关系。由此可见，求解零状态响应首先需要分析或已知系统的冲激响应，然后经过卷积计算即可得到系统的零状态响应。

【例 3-5】 已知某 LTI 系统的动态方程式为 $y'(t) + 3y(t) = 2f(t)$，系统的冲激响应 $h(t) = 2\mathrm{e}^{-3t}u(t)$，$f(t) = 3u(t)$，试求系统的零状态响应 $y_f(t)$。

解： 利用式（3-11）可得

$$\begin{aligned}
y_f(t) &= f(t) * h(t) = \int_{-\infty}^{+\infty} f(\tau) \cdot h(t-\tau)\mathrm{d}\tau \\
&= \int_{-\infty}^{+\infty} 3u(\tau) \cdot 2\mathrm{e}^{-3(t-\tau)}u(t-\tau)\mathrm{d}\tau \\
&= \begin{cases} \int_0^t 3 \cdot 2\mathrm{e}^{-3(t-\tau)}\mathrm{d}\tau, & t > 0 \\ 0, & t < 0 \end{cases} \\
&= \begin{cases} 2(1-\mathrm{e}^{-3t}), & t > 0 \\ 0, & t < 0 \end{cases} \\
&= 2(1-\mathrm{e}^{-3t})u(t)
\end{aligned}$$

另外，对于线性时不变系统，当输入信号为单位阶跃信号 $u(t)$ 时，系统的零状态响应定义为单位阶跃响应，简称阶跃响应，记为 $g(t)$。由于单位冲激信号 $\delta(t)$ 和单位阶跃信号 $u(t)$ 存在微分和积分的关系，对于线性时不变系统，$h(t)$ 和 $g(t)$ 也存在微积分的关系，即

$$h(t) = \frac{\mathrm{d}g(t)}{\mathrm{d}t} \tag{3-12}$$

$$g(t) = \int_{-\infty}^{t} h(\tau)\mathrm{d}\tau \tag{3-13}$$

【例 3-6】 已知某一连续时间 LTI 系统的单位冲激响应为 $h(t) = 2\mathrm{e}^{-3t}u(t)$，求该系统的单位阶跃响应 $g(t)$。

解： 利用式（3-13）可得

$$g(t) = \int_{-\infty}^{t} 2e^{-3\tau} u(\tau) d\tau = \int_{0}^{t} 2e^{-3\tau} d\tau = \frac{2}{3}(1 - e^{-3t}) u(t)$$

3.1.3 卷积积分及其性质

1．卷积积分的定义

卷积积分是时域分析的基本方法，设 $f_1(t)$ 和 $f_2(t)$ 是定义在 $(-\infty, \infty)$ 区间上的两个连续时间信号，用下式定义 $f_1(t)$ 和 $f_2(t)$ 的卷积积分，简称卷积，即

$$f_1(t) * f_2(t) = \int_{-\infty}^{\infty} f_1(\tau) f_2(t - \tau) d\tau \tag{3-14}$$

若待卷积的两个信号能用函数式表达，则可以利用定义式直接计算。也可以利用图解的方法计算卷积，利用图形可以把抽象的概念形象化，更直观地理解卷积的计算过程。下面首先通过例题利用式（3-14）直接计算卷积。

【例 3-7】 利用卷积公式直接计算两个阶跃信号的卷积 $u(t) * u(t)$。

解： 根据卷积积分的定义，可得

$$u(t) * u(t) = \int_{-\infty}^{\infty} u(\tau) u(t - \tau) d\tau = \begin{cases} \int_{0}^{t} d\tau, & t > 0 \\ 0, & t \leqslant 0 \end{cases} = \begin{cases} t, & t > 0 \\ 0, & t \leqslant 0 \end{cases} = r(t)$$

【例 3-8】 已知 $f_1(t) = e^{-3t} u(t)$，$f_2(t) = e^{-5t} u(t)$，试利用卷积的定义直接计算卷积 $f_1(t) * f_2(t)$。

解： 根据卷积积分的定义，可得

$$f_1(t) * f_2(t) = \int_{-\infty}^{\infty} f_1(\tau) f_2(t - \tau) d\tau$$

$$= \int_{-\infty}^{\infty} e^{-3\tau} u(\tau) \cdot e^{-5(t-\tau)} u(t - \tau) d\tau$$

$$= \begin{cases} \int_{0}^{t} e^{-3\tau} \cdot e^{-5(t-\tau)} d\tau, & t > 0 \\ 0, & t \leqslant 0 \end{cases}$$

$$= \begin{cases} \dfrac{1}{2}(e^{-3t} - e^{-5t}), & t > 0 \\ 0, & t \leqslant 0 \end{cases}$$

$$= \frac{1}{2}(e^{-3t} - e^{-5t}) u(t)$$

下面再介绍一下卷积的图解计算过程。根据式（3-14），信号 $f_1(t)$ 和 $f_2(t)$ 的卷积运算可通过以下几个步骤来完成：

第 1 步，将信号的积分变量 t 改为 τ，再分别画出 $f_1(\tau)$ 和 $f_2(\tau)$ 的波形。

第 2 步，将 $f_2(\tau)$ 波形翻转得到 $f_2(-\tau)$ 波形。

第 3 步，将 $f_2(-\tau)$ 平移 t，变为 $f_2(t-\tau)$。当 t 由小变大时，$f_2(-\tau)$ 向右移。

第 4 步，将 $f_1(\tau)$ 与 $f_2(t-\tau)$ 相乘。

第 5 步，对第 4 步中的乘积在 $(-\infty,\infty)$ 区间内积分，最终得到卷积信号，它是时间变量 t 的函数。

【例 3-9】 已知信号 $f(t)=u(t)$，$h(t)=\mathrm{e}^{-t}u(t)$，计算卷积 $y(t)=f(t)*h(t)$。

解：（1）将信号的自变量由 t 改为 τ，如图 3-1（a）与图 3-1（b）所示。

（2）将 $h(\tau)$ 翻转得到 $h(-\tau)$，如图 3-1（c）所示。

（3）将 $h(-\tau)$ 平移 t，根据 $f(\tau)$ 与 $h(t-\tau)$ 的重叠情况，分段讨论：

当 $t<0$ 时，$f(\tau)$ 与 $h(t-\tau)$ 图形没有重叠，如图 3-1（d）所示，这时

$$y(t)=f(t)*h(t)=\int_{-\infty}^{\infty}f(\tau)h(t-\tau)\mathrm{d}\tau=0$$

当 $t>0$ 时，$f(\tau)$ 与 $h(t-\tau)$ 图形有重叠，而且随着 t 的增加，其重合区间增大，两个信号的重合区间为 $(0,t)$，如图 3-1（e）所示，故

$$y(t)=f(t)*h(t)=\int_{-\infty}^{\infty}f(\tau)h(t-\tau)\mathrm{d}\tau=\int_{0}^{t}\mathrm{e}^{-(t-\tau)}\mathrm{d}\tau=1-\mathrm{e}^{-t},\quad t\geqslant 0$$

最后的卷积结果如图 3-1（f）所示。

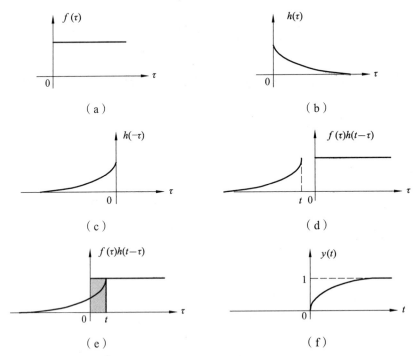

图 3-1　阶跃信号与指数信号的卷积

从以上图形卷积的计算过程可知，图解法进行卷积积分包括信号的翻转、平移、相乘和相加 4 个过程，在此过程中关键是确定积分区间与被积函数表达式。卷积结果 $y(t)$ 的起点等于 $f(t)$ 与 $h(t)$ 的起点之和；$y(t)$ 的终点等于 $f(t)$ 与 $h(t)$ 的终点之和。此外，翻转信号时，尽可能翻转较简单的信号，以简化运算过程。

2. 卷积积分的性质

1）卷积代数运算

（1）交换律：

$$f_1(t) * f_2(t) = f_2(t) * f_1(t) \tag{3-15}$$

（2）分配律：

$$[f_1(t) + f_2(t)] * f_3(t) = f_1(t) * f_3(t) + f_2(t) * f_3(t) \tag{3-16}$$

（3）结合律：

$$[f_1(t) * f_2(t)] * f_3(t) = f_1(t) * [f_2(t) * f_3(t)] \tag{3-17}$$

2）卷积的微分和积分

设有 $y(t) = f_1(t) * f_2(t)$，则有如下结论。

（1）微分：

$$y^{(1)}(t) = f_1^{(1)}(t) * f_2(t) = f_1(t) * f_2^{(1)}(t) \tag{3-18}$$

（2）积分：

$$y^{(-1)}(t) = f_1^{(-1)}(t) * f_2(t) = f_1(t) * f_2^{(-1)}(t) \tag{3-19}$$

（3）微积分：

$$y(t) = f_1(t) * f_2(t) = f_1^{(1)}(t) * f_2^{(-1)}(t) = f_1^{(-1)}(t) * f_2^{(1)}(t) \tag{3-20}$$

3）奇异信号的卷积

信号 $f(t)$ 与冲激信号 $\delta(t)$ 的卷积等于 $f(t)$ 本身，即

$$f(t) * \delta(t) = f(t) \tag{3-21}$$

进一步有

$$f(t) * \delta(t - T) = f(t - T) \tag{3-22}$$

利用卷积的微分与积分特性，可得到

$$f(t) * \delta'(t) = f'(t) \tag{3-23}$$

$$f(t) * u(t) = \int_{-\infty}^{t} f(\tau)\mathrm{d}\tau = f^{(-1)}(t) \tag{3-24}$$

4）卷积的位移特性

设有 $f_1(t) * f_2(t) = y(t)$，则

$$f_1(t - t_1) * f_2(t - t_2) = y(t - t_1 - t_2) \tag{3-25}$$

证明： 利用卷积的定义，有

$$f_1(t-t_1) * f_2(t-t_2) = \int_{-\infty}^{\infty} f_1(\tau-t_1) f_2(t-\tau-t_2) \mathrm{d}\tau$$

$$\underline{\tau - t_1 = x} \int_{-\infty}^{\infty} f_1(x) f_2(t-t_1-t_2-x) \mathrm{d}x = y(t-t_1-t_2)$$

【例 3-10】 如图 3-2（a）与图 3-2（b）所示，利用位移特性及 $u(t)*u(t) = r(t)$ ，计算 $y(t) = f(t) * h(t)$ ，并画出相应的波形。

解： 利用位移特性，有

$$y(t) = f(t) * h(t) = [u(t) - u(t-1)] * [u(t) - u(t-2)]$$

$$= u(t)*u(t) - u(t-1)*u(t) - u(t)*u(t-2) + u(t-1)*u(t-2)$$

$$= r(t) - r(t-2) - r(t-1) + r(t-3)$$

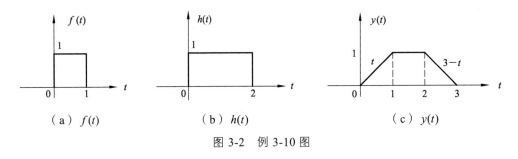

（a）$f(t)$　　　　　（b）$h(t)$　　　　　（c）$y(t)$

图 3-2　例 3-10 图

卷积结果 $y(t)$ 的波形如图 3-2（c）所示。

3.1.4　单位冲激响应表示的系统特性

线性时不变系统的稳定性、因果性及互联性质都可以完全由系统的单位冲激响应来表征。

1．稳定性

在时域中，系统的稳定性是指系统为有界输入且有界输出。一个连续线性时不变稳定系统的充要条件是其单位冲激响应满足绝对可积，即

$$\int_{-\infty}^{\infty} |h(t)| \mathrm{d}t < \infty \qquad\qquad (3-26)$$

【例 3-11】 已知一因果连续 LTI 系统的单位冲激响应为 $h(t) = \mathrm{e}^{\alpha t} u(t)$ ，判断该系统是否稳定。

解： 由于

$$\int_{-\infty}^{\infty} |h(t)| \mathrm{d}t = \int_{0}^{\infty} \mathrm{e}^{\alpha t} \mathrm{d}t = \frac{1}{\alpha} \mathrm{e}^{\alpha t} \bigg|_{0}^{\infty}$$

当 $\alpha < 0$ 时，有

$$\int_{-\infty}^{\infty} |h(t)| \, dt = \frac{1}{\alpha}$$

此时系统稳定。

当 $\alpha \geqslant 0$ 时，有

$$\int_{-\infty}^{\infty} |h(t)| \, dt = \infty$$

此时系统不稳定。

2．因果性

因果系统是指系统 t_0 时刻的输出只与 t_0 时刻及此时刻以前的输入信号有关，即系统的输出不可能超前于输入。用单位冲激响应表征 LTI 系统因果性的充要条件是

$$h(t) = 0, \quad t < 0 \tag{3-27}$$

式（3-27）表明，一个因果系统的单位冲激响应在冲激信号出现之前必须为零，这也与因果性的直观概念一致。

3．互联性

实际系统的基本联结方式一般有两种，级联和并联。

1）系统的级联

两个连续 LTI 系统的级联如图 3-3（a）所示，若两个子系统的冲激响应分别为 $h_1(t)$ 和 $h_2(t)$，则信号通过第一个子系统的输出为

$$x(t) = f(t) * h_1(t)$$

将第一个子系统的输出作为第二个子系统的输入，则可求出该级联系统的输出为

$$y(t) = x(t) * h_2(t) = f(t) * h_1(t) * h_2(t)$$

根据卷积的结合律和交换律可知

$$y(t) = f(t) * h_1(t) * h_2(t) = f(t) * [h_1(t) * h_2(t)] = f(t) * [h_2(t) * h_1(t)] = f(t) * h(t) \tag{3-28}$$

式（3-28）中，$h(t) = h_1(t) * h_2(t) = h_2(t) * h_1(t)$。

由此可见，两个连续 LTI 系统级联所构成的系统的冲激响应等于两个子系统冲激响应的卷积，即图 3-3（a）所示的级联系统与图 3-3（b）所示的单个系统具有等效性。另外，需要注意的是，对于一个级联 LTI 系统而言，其单位冲激响应与子系统的级联顺序无关，如图 3-3（c）所示，这一结论可以推广到任意多个线性时不变系统级联的情况。

（a）

（b）

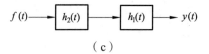

（c）

图 3-3　连续 LTI 系统的级联

2）系统的并联

两个连续 LTI 系统的并联如图 3-4（a）所示，若两个子系统的冲激响应分别为 $h_1(t)$ 和 $h_2(t)$，则信号通过两个子系统的输出分别为

$$y_1(t) = f(t) * h_1(t)，\quad y_2(t) = f(t) * h_2(t)$$

整个并联系统的输出为两个子系统输出之和，即

$$y(t) = f(t) * h_1(t) + f(t) * h_2(t)$$

利用卷积的分配律，上式可写成

$$y(t) = f(t) * [h_1(t) + h_2(t)] = f(t) * h(t) \qquad （3-29）$$

式（3-29）中，$h(t) = h_1(t) + h_2(t)$。

由此可见，两个连续 LTI 系统并联所构成的系统的冲激响应等于两个子系统冲激响应之和，即图 3-4（a）所示的并联系统与图 3-4（b）所示的单个系统具有等效性，这一结论可以推广到任意多个线性时不变系统并联的情况。

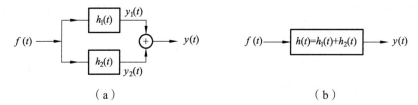

（a）　　　　　　　　　　　　　　　　　（b）

图 3-4　连续 LTI 系统的并联

【例 3-12】　求如图 3-5 所示系统的冲激响应。其中 $h_1(t) = \mathrm{e}^{-3t} u(t)$，$h_2(t) = \delta(t-1)$，$h_3(t) = u(t)$。

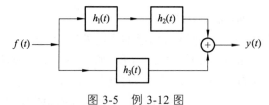

图 3-5　例 3-12 图

解：子系统 $h_1(t)$ 与 $h_2(t)$ 级联，$h_3(t)$ 支路与 $h_1(t)$、$h_2(t)$ 级联支路并联。

$$
\begin{aligned}
h(t) &= h_1(t) * h_2(t) + h_3(t) \\
&= \delta(t-1) * \mathrm{e}^{-3t} u(t) + u(t) \\
&= \mathrm{e}^{-3(t-1)} u(t-1) + u(t)
\end{aligned}
$$

3.2 离散时间系统的时域分析

从时域求解离散时间 LTI 系统的响应一般可以采用迭代法、经典法、卷积法，与连续时间 LTI 系统的情况类似，卷积法在离散时间 LTI 系统的分析中占有十分重要的地位。下面介绍离散时间 LTI 系统的数学模型及求解响应的方法。

3.2.1 离散时间线性时不变系统的数学描述及迭代法与经典法求解

离散时间 LTI 系统的数学模型是 n 阶线性常系数差分方程，一般形式为

$$\sum_{i=0}^{n} a_i y[k-i] = \sum_{j=0}^{m} b_j f[k-j] \tag{3-30}$$

由于式（3-30）是具有递推关系的代数方程，若已知初始状态和输入激励，利用迭代法可求得差分方程的数值解。即已知 n 个初始条件 $\{y[-1], y[-2], y[-3], \cdots, y[-n]\}$ 和输入 $f[k]$，由差分方程迭代出系统的输出，即

$$y[k] = -\sum_{i=1}^{n} a_i y[k-i] + \sum_{j=0}^{m} b_j f[k-j] \tag{3-31}$$

【例 3-13】 一阶线性常系数差分方程 $y[k] - 0.5y[k-1] = u[k]$，$y[-1] = 1$，用递推法求解差分方程。

解：将差分方程写成

$$y[k] = u[k] + 0.5y[k-1]$$

代入初始条件，可求得

$$y[0] = u[0] + 0.5y[-1] = 1 + 0.5 \times 1 = 1.5$$

依此类推

$$y[1] = u[1] + 0.5y[0] = 1 + 0.5 \times 1.5 = 1.75$$

$$y[2] = u[2] + 0.5y[1] = 1 + 0.5 \times 1.75 = 1.875$$

$$\vdots$$

利用迭代法求解差分方程思路清楚，便于编写计算机程序，能得到方程的数值解，但不易得到解析形式的解。

与微分方程的时域经典解类似，差分方程的全解由齐次解 $y_h[k]$ 和特解 $y_p[k]$ 组成。即

$$y[k] = y_h[k] + y_p[k] \tag{3-32}$$

其中齐次解的形式由齐次方程的特征根确定，特解的形式由方程右边激励信号的形式确定。

齐次解是齐次差分方程

$$\sum_{i=0}^{n} a_i y[k-i] = 0 \tag{3-33}$$

的解，式（3-33）所对应的特征根方程为

$$a_0 r^n + a_1 r^{n-1} + \cdots + a_{n-1} r + a_n = 0 \tag{3-34}$$

解特征方程可求得特征根 $r_i(i=1,2,\cdots,n)$，由特征根可写出齐次解的形式如下。

（1）特征根是不等实根 r_1，r_2，$\cdots$，r_n 时，

$$y_{\mathrm{h}}[k] = C_1 r_1^k + C_2 r_2^k + \cdots + C_n r_n^k \tag{3-35}$$

（2）特征根是相等实根 $r_1 = r_2 = \cdots = r_n$ 时，

$$y_{\mathrm{h}}[k] = C_1 r^k + C_2 k r^k + \cdots + C_n k^{n-1} r^k \tag{3-36}$$

（3）特征根是成对共轭复根 $r_{1,2} = a \pm jb = \rho e^{\pm j\omega_0}$ 时，

$$y_{\mathrm{h}}[k] = C_1 \rho^k \cos k\omega_0 + C_2 \rho^k \sin k\omega_0 \tag{3-37}$$

式（3-35）~（3-37）中的 C_i 为待定系数，由系统的初始条件确定。

特解的形式与激励信号的形式有关。将特解与激励信号代入原差分方程，求出特解表示式中的待定系数，即得特解。常用激励信号所对应的特解如表 3-2 所示。

表 3-2　离散 LTI 系统常用激励信号对应的特解

输入信号	特解
α^k（α 不是特征根）	$A\alpha^k$
α^k（α 是特征根）	$Ak\alpha^k$
k^n	$A_n k^n + A_{n-1} k^{n-1} + \cdots + A_1 k + A_0$
$\alpha^k k^n$	$\alpha^k (A_n k^n + A_{n-1} k^{n-1} + \cdots + A_1 k + A_0)$
$\sin k\omega_0$ 或 $\cos k\omega_0$	$A_1 \cos k\omega_0 + A_2 \sin k\omega_0$
$\alpha^k \sin k\omega_0$ 或 $\alpha^k \cos k\omega_0$	$\alpha^k (A_1 \cos k\omega_0 + A_2 \sin k\omega_0)$

得到齐次解的表示式和特解后，将两者相加可得全解的表示式。利用已知的初始条件，即可求得齐次解表示式中的待定系数，从而得到差分方程的全解。下面通过例题来说明经典时域分析方法。

【例 3-14】　已知某二阶线性时不变离散时间系统的动态方程

$$y[k] - 5y[k-1] + 6y[k-2] = f[k]$$

初始条件 $y[0] = 0$，$y[1] = -1$，输入信号 $f[k] = 2^k u[k]$，求系统的完全响应 $y[k]$。

解：（1）求齐次方程 $y[k] - 5y[k-1] + 6y[k-2] = 0$ 的齐次解 $y_{\mathrm{h}}[k]$

特征方程为

$$r^2 - 5r + 6 = 0$$

特征根为

$$r_1 = 2, \quad r_2 = 3$$

齐次解 $y_h[k]$ 为

$$y_h[k] = C_1 2^k + C_2 3^k$$

（2）求非齐次方程 $y[k] - 5y[k-1] + 6y[k-2] = f[k]$ 的特解 $y_p[k]$：

由输入 $f[k] = 2^k u[k]$，查表 3-2，设方程的特解形式为

$$y_p[k] = Ak2^k, \ k \geqslant 0$$

将特解带入原差分方程即可求得常数 $A = -2$。

（3）求方程的全解：

$$y[k] = y_h[k] + y_p[k] = C_1 2^k + C_2 3^k - k2^{k+1}, \quad k \geqslant 0$$

代入初始条件有

$$y[0] = C_1 + C_2 = 0$$

$$y[1] = 2C_1 + 3C_2 - 4 = -1$$

解得 $C_1 = -3, \ C_2 = 3$，最后得差分方程的全解为

$$y[k] = -3 \times 2^k + 3^{k+1} - k2^{k+1}, \quad k \geqslant 0$$

3.2.2 离散时间线性时不变系统的零输入响应与零状态响应

同连续时间 LTI 系统一样，对于离散 LTI 系统，由初始状态单独作用于系统产生的输出称为零输入响应，记作 $y_x[k]$；而由输入激励单独作用于系统产生的输出称为零状态响应，记作 $y_f[k]$。因此，系统的完全响应 $y[k]$ 为

$$y[k] = y_x[k] + y_f[k] \tag{3-38}$$

1．离散时间 LTI 系统的零输入响应

零输入响应是输入信号为零，仅由系统的初始状态单独作用而产生的输出响应。其数学模型与式（3-33）相同，即

$$\sum_{i=0}^{n} a_i y[k-i] = 0$$

具体求解方法是根据差分方程的特征根确定零输入响应的形式，再由初始条件确定待定系数。

【例 3-15】 已知某线性时不变系统的动态方程式为

$$y[k] + 3y[k-1] + 2y[k-2] = f[k]$$

系统的初始状态为 $y[-1] = 0$，$y[-2] = 1/2$，求系统的零输入响应 $y_x[k]$。

解： 系统的特征方程为

$$r^2 + 3r + 2 = 0$$

系统的特征根为两个不等实根

$$r_1 = -1, \ r_2 = -2$$

零输入响应的形式为

$$y_x[k] = C_1(-1)^k + C_2(-2)^k$$

代入初始条件有

$$y[-1] = -C_1 - \frac{1}{2}C_2 = 0$$

$$y[-2] = C_1 + \frac{1}{4}C_2 = \frac{1}{2}$$

解得 $C_1 = 1, \ C_2 = -2$，故系统的零输入响应为

$$y_x[k] = (-1)^k - 2(-2)^k, \ k \geqslant 0$$

【例 3-16】 已知某线性时不变系统的动态方程式为

$$y[k] + 4y[k-1] + 4y[k-2] = f[k]$$

系统的初始状态为 $y[-1] = 0, \ y[-2] = -1$，求系统的零输入响应 $y_x[k]$。

解： 系统的特征方程为

$$r^2 + 4r + 4 = 0$$

系统的特征根为两个相等实根

$$r_1 = r_2 = -2$$

零输入响应的形式为

$$y_x[k] = C_1 k(-2)^k + C_2(-2)^k$$

代入初始条件有

$$y[-1] = \frac{C_1}{2} - \frac{C_2}{2} = 0$$

$$y[-2] = -\frac{C_1}{2} + \frac{C_2}{4} = -1$$

解得 $C_1 = 4, \ C_2 = 4$，故系统的零输入响应为

$$y_x[k] = 4k(-2)^k + 4(-2)^k, \ \ k \geqslant 0$$

【例 3-17】 已知某线性时不变系统的动态方程式为

$$y[k] - 0.5y[k-1] + y[k-2] - 0.5y[k-3] = f[k]$$

系统的初始状态为 $y[-1] = 2$，$y[-2] = -1$，$y[-3] = 8$，求系统的零输入响应 $y_x[k]$。

解： 系统的特征方程为

$$r^3 - 0.5r^2 + r - 0.5 = 0$$

系统的特征根为一个实根及两个共轭复根

$$r_1 = 0.5, \quad r_{2,3} = \pm j = e^{\pm j \frac{\pi}{2}}$$

零输入响应的形式为

$$y_x[k] = C_1 \left(\frac{1}{2} \right)^k + C_2 \sin \frac{\pi}{2} k + C_3 \cos \frac{\pi}{2} k$$

代入初始条件有

$$y[-1] = 2C_1 - C_2 = 2$$

$$y[-2] = 4C_1 - C_3 = -1$$

$$y[-3] = 8C_1 + C_2 = 8$$

解得 $C_1 = 1$，$C_2 = 0$，$C_3 = 5$，故系统的零输入响应为

$$y_x[k] = \left(\frac{1}{2} \right)^k + 5 \cos \frac{\pi}{2} k, \ k \geqslant 0$$

2．离散时间 LTI 系统的零状态响应

当系统的初始状态为零时，由系统的外部激励 $f[k]$ 产生的响应称为系统的零状态响应，用 $y_f[k]$ 表示。同连续系统类似，求解离散系统的零状态响应方法主要也有两种：一是直接求解初始状态为零的差分方程，二是利用卷积的方法。对于线性时不变离散系统，卷积法是将任意信号 $f[k]$ 表示为单位脉冲信号的线性组合，通过计算单位脉冲信号在系统上的零状态响应，然后利用线性时不变系统的特性，从而解得系统在 $f[k]$ 激励下的零状态响应。

单位脉冲信号 $\delta[k]$ 作用在离散 LTI 系统上的零状态响应称为系统的单位脉冲响应，即

$$T[\delta[k]] = h[k] \tag{3-39}$$

式（3-39）中，$h[k]$ 表示离散系统的单位脉冲响应，简称脉冲响应。对于离散 LTI 系统，有下列关系成立。

由时不变特性

$$T[\delta[k-n]] = h[k-n]$$

由均匀特性

$$T[f[n]\delta[k-n]] = f[n]h[k-n]$$

由叠加特性

$$T\left[\sum_{n=-\infty}^{\infty} f[n]\delta[k-n]\right] = \sum_{n=-\infty}^{\infty} f[n]h[k-n]$$

因而，离散时间 LTI 系统零状态响应等于输入激励 $f[k]$ 与系统的单位脉冲响应 $h[k]$ 的卷积和，即

$$y_{\mathrm{f}}[k] = \sum_{n=-\infty}^{\infty} f[n]h[k-n] = f[k]*h[k] \tag{3-40}$$

式（3-40）揭示了信号作用于离散时间 LTI 系统的内在原理，给出了系统输入、系统输出、系统单位脉冲响应三者之间的相互关系。由此可见，求解零状态响应首先需要分析或已知系统的脉冲响应，然后经过卷积计算即可得到系统的零状态响应。

【例 3-18】 若描述某离散系统的差分方程为

$$y[k]+3y[k-1]+2y[k-2]=f[k]$$

已知激励 $f[k]=3\left(\dfrac{1}{2}\right)^k u[k]$，$h[k]=[-(-1)^k+2(-2)^k]u[k]$，求系统的零状态响应 $y_{\mathrm{f}}[k]$。

解： 利用式（3-40）可得

$$y_{\mathrm{f}}[k] = \sum_{n=-\infty}^{\infty} f[n]h[k-n]$$

$$= \sum_{n=-\infty}^{\infty} 3\left(\frac{1}{2}\right)^n u[n]\cdot[-(-1)^{k-n}+2(-2)^{k-n}]u[k-n]$$

$$= \begin{cases} -3(-1)^k \displaystyle\sum_{n=0}^{k}\left(-\frac{1}{2}\right)^n + 6(-2)^k \sum_{n=0}^{k}\left(-\frac{1}{4}\right)^n, & k\geqslant 0 \\ 0, & k<0 \end{cases}$$

$$= \left[-2(-1)^k+\frac{24}{5}(-2)^k+\frac{1}{5}\left(\frac{1}{2}\right)^k\right]u[k]$$

另外，对于线性时不变离散系统，当输入信号为单位阶跃序列 $u[k]$ 时，系统的零状态响应定义为单位阶跃响应，简称阶跃响应，记为 $g[k]$。由于单位脉冲序列 $\delta[k]$ 和单位阶跃序列 $u[k]$ 存在差分或求和的关系，所以对于 LTI 离散系统，$h[k]$ 和 $g[k]$ 也存在差分或求和的关系，即

$$h[k]=g[k]-g[k-1] \tag{3-41}$$

$$g[k]=\sum_{n=-\infty}^{k} h[n] \tag{3-42}$$

【例 3-19】 已知某离散 LTI 系统的单位脉冲响应为 $h[k]=[-(-1)^k+2(-2)^k]u[k]$，求系统的单位阶跃响应 $g[k]$。

解： 利用 $h[k]$ 与 $g[k]$ 的关系，可得

$$g[k] = -\sum_{n=0}^{k} (-1)^n + 2\sum_{n=0}^{k} (-2)^n$$

$$= \left[-\frac{1}{2}(-1)^k + \frac{4}{3}(-2)^k + \frac{1}{6} \right] u[k]$$

3.2.3 卷积和及其性质

通过分析离散时间 LTI 系统的零状态响应可知，LTI 系统的输出等于输入与脉冲响应的卷积和。因此，卷积和在时域分析中是非常重要的运算。下面详细介绍卷积和的计算及性质。

1．卷积和的计算

1）解析法计算卷积和

设 $f_1[k]$ 和 $f_2[k]$ 是定义在 $(-\infty,\infty)$ 区间上的两个离散时间信号，用下式定义 $f_1[k]$ 和 $f_2[k]$ 的卷积和，即

$$f_1[k] * f_2[k] = \sum_{n=-\infty}^{\infty} f_1[n] f_2[k-n] \tag{3-43}$$

【例 3-20】 已知 $f[k] = (1/3)^k u[k]$，$h[k] = (1/2)^k u[k]$，求 $f[k] * h[k]$。

解： 利用式（3-43）得

$$f[k] * h[k] = \sum_{n=-\infty}^{\infty} f[n] h[k-n]$$

$$= \sum_{n=-\infty}^{\infty} (1/3)^n u[n] \cdot (1/2)^{(k-n)} u[k-n]$$

$$= \sum_{n=0}^{k} (1/3)^n \cdot (1/2)^{(k-n)}$$

$$= (1/2)^k \sum_{n=0}^{k} (2/3)^n = 3(1/2)^k - 2(1/3)^k, \quad k \geq 0$$

2）图解法计算卷积和

根据式（3-43），卷积和的图解计算过程可通过以下几个步骤来完成。

第 1 步，将两个序列的变量 k 改为 n。

第 2 步，将 $f_2[n]$ 波形翻转得到 $f_2[-n]$ 波形。

第 3 步，将 $f_2[-n]$ 平移 k，变为 $f_2[k-n]$。当 k 由小变大时，$f_2[-n]$ 向右移。

第 4 步，将 $f_1[n]$ 与 $f_2[k-n]$ 相乘。

第 5 步，对第 4 步中的乘积在 $(-\infty,\infty)$ 区间内求和，最终得到卷积和序列，它是时间变量 k 的函数。

【例 3-21】 已知 $f[k] = u[k]$，$h[k] = a^k u[k]$，$0 < a < 1$，计算 $y[k] = f[k] * h[k]$。

解：（1）将信号的自变量由 k 改为 n，如图 3-6（a）与图 3-6（b）所示。

（2）将 $h[n]$ 翻转得到 $h[-n]$，如图 3-6（c）所示。

（3）将 $h[-n]$ 平移 k，根据 $f[n]$ 与 $h[k-n]$ 的重叠情况同，分段讨论：

$k<0$ 时，$f[n]$ 与 $h[k-n]$ 图形没有相遇，$y[k]=0$，如图 3-6（d）所示。

$k>0$ 时，$f[n]$ 与 $h[k-n]$ 图形相遇，$y[k]=\sum_{n=0}^{k}a^{k-n}$，如图 3-6（e）所示。

最终的卷积和 $y[k]$ 波形如图 3-6（f）所示。

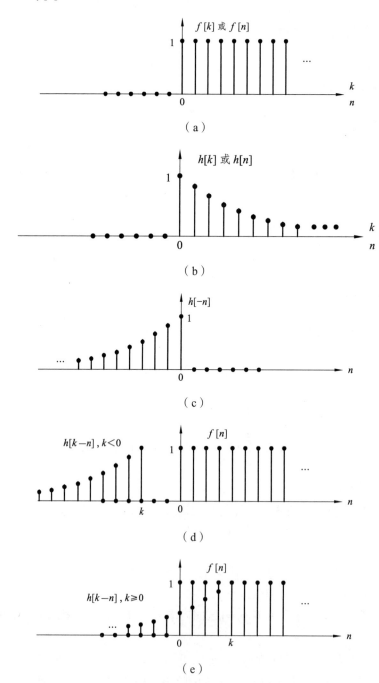

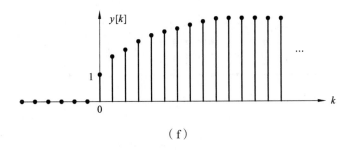

（f）

图 3-6　例 3-21 图

【例 3-22】　已知单位矩形序列 $R_N[k]$，计算 $y[k] = R_N[k] * R_N[k]$。

解：（1）将信号的自变量由 k 改为 n，如图 3-7（a）所示。

（2）将 $R_N[n]$ 翻转得到 $R_N[-n]$，如图 3-7（b）所示。

（3）将 $R_N[-n]$ 平移 k，根据 $R_N[n]$ 与 $R_N[k-n]$ 的重叠情况同，分段讨论：

$k < 0$ 时，$R_N[n]$ 与 $R_N[k-n]$ 图形没有相遇，$y[k] = 0$，如图 3-7（c）所示。

$0 \leqslant k \leqslant N-1$ 时，重合区间为 $[0, k]$，$y[k] = \sum_{n=0}^{k} 1 = k+1$，如图 3-7（d）所示。

$N-1 \leqslant k \leqslant 2N-2$ 时，重合区间为 $[-(N-1)+k, N-1]$，$y[k] = \sum_{n=k-(N-1)}^{N-1} 1 = 2N-1-k$，如图 3-7（e）所示。

$k > 2N-2$ 时，$R_N[n]$ 与 $R_N[k-n]$ 图形没有相遇，$y[k] = \sum_{n=0}^{k} a^{k-n}$，$y[k] = 0$。

最终的卷积和 $y[k]$ 波形如图 3-7（f）所示。

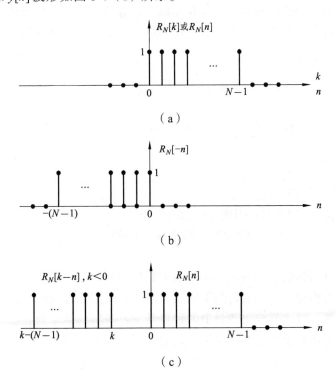

（a）

（b）

（c）

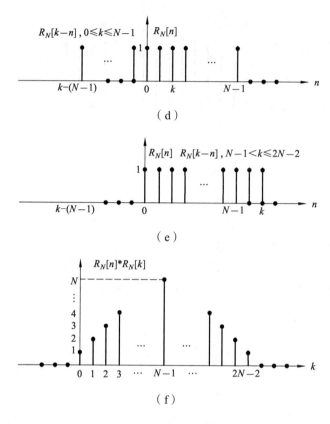

图 3-7　例 3-22 图

与卷积积分类似，图解法求卷积和也包括信号的翻转、平移、相乘和相加四个过程。卷积结果的起点等于两个序列的起点之和，卷积和的终点等于两个序列的终点之和。

3）列表法计算卷积和

对于有限长的两个序列，也可以通过列表法计算卷积和，对于因果序列 $f[k]$ 和 $h[k]$，则有

$$f[k] * h[k] = \sum_{n=0}^{k} f[n]h[k-n], \quad k \geqslant 0$$

当 $k=0$ 时，$y[0] = f[0]h[0]$

当 $k=1$ 时，$y[1] = f[0]h[1] + f[1]h[0]$

当 $k=2$ 时，$y[2] = f[0]h[2] + f[1]h[1] + f[2]h[0]$

当 $k=3$ 时，$y[3] = f[0]h[3] + f[1]h[2] + f[2]h[1] + f[3]h[0]$

⋮

以上求解过程可以归纳成列表法，将 $h[k]$ 的值顺序排成一行，将 $f[k]$ 的值顺序排成一列，行与列的交叉点记入相应 $f[k]$ 与 $h[k]$ 的乘积，如图 3-8 所示。可以看出，对角斜线上各数值就是 $f[n]h[k-n]$ 的值，对角斜线上各数值的和就是 $y[k]$ 各项的值。列表法只适用于求两个有限长序列的卷积。上述列表法虽是由因果序列的卷积推出的，但对于非因果序列的卷积同样适用。

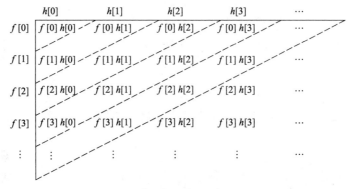

图 3-8 列表法计算序列的卷积和

【例 3-23】 用列表法计算 $f[k]=\{1,2,\overset{\downarrow}{0},3,2\}$ 与 $h[k]=\{1,\overset{\downarrow}{4},2,3\}$ 的卷积和。

解： 如图 3-9 所示，由列表法可以算出卷积和为

$$y[k]=\{1,6,10,\overset{\downarrow}{10},20,14,13,6\}$$

$y[k]$ 的左边第一个非零值的位置为 $k=(-2)+(-1)=-3$，因此零点箭头应标在幅值为"10"的位置。

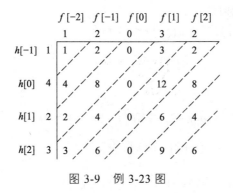

图 3-9 例 3-23 图

2．卷积和的性质

1）卷积代数运算

（1）交换律：

$$f_1[k]*f_2[k]=f_2[k]*f_1[k] \tag{3-44}$$

（2）分配律：

$$f_1[k]*\{f_2[k]+f_3[k]\}=f_1[k]*f_2[k]+f_1[k]*f_3[k] \tag{3-45}$$

（3）结合律：

$$f_1[k]*\{f_2[k]*f_3[k]\}=\{f_1[k]*f_2[k]\}*f_3[k] \tag{3-46}$$

2）卷积的差分与求和

设有 $y[k]=f_1[k]*f_2[k]$，则有如下结论。

（1）差分：

$$\nabla y[k] = \nabla f_1[k] * f_2[k] = f_1[k] * \nabla f_2[k] \qquad (3-47)$$

（2）求和：

$$\sum_{n=-\infty}^{k} y[n] = f_1[k] * \sum_{n=-\infty}^{k} f_2[n] = (\sum_{n=-\infty}^{k} f_1[n]) * f_2[k] \qquad (3-48)$$

3）位移特性

序列 $f[k]$ 与脉冲序列 $\delta[k]$ 的卷积和等于 $f[k]$ 本身，即

$$f[k] * \delta[k] = f[k] \qquad (3-49)$$

进一步有

$$f[k] * \delta[k-n] = f[k-n] \qquad (3-50)$$

若 $f[k] * h[k] = y[k]$，可得到

$$f[k-n] * h[k-l] = y[k-(n+l)] \qquad (3-51)$$

【例 3-24】 利用位移特性计算 $f[k] = \{1, 0, \overset{\downarrow}{2}, 4\}$ 与 $h[k] = \{1, \overset{\downarrow}{4}, 5, 3\}$ 的卷积和。

解： 先用单位脉冲序列的移位加权和表示 $f[k]$

$$f[k] = \delta[k+2] + 2\delta[k] + 4\delta[k-1]$$

利用位移特性

$$f[k] * h[k] = \{\delta[k+2] + 2\delta[k] + 4\delta[k-1]\} * h[k]$$

$$= h[k+2] + 2h[k] + 4h[k-1]$$

$$y[k] = f[k] * h[k] = \{1, 4, 7, \overset{\downarrow}{15}, 26, 26, 12\}$$

3.2.4 单位脉冲响应表示的系统特性

与连续系统类似，线性时不变离散系统的稳定性、因果性及互联性质都可以完全由系统的单位脉冲响应来表征。

1．稳定性

一个离散线性时不变稳定系统的充要条件是其单位脉冲响应满足绝对可和，即

$$\sum_{k=-\infty}^{\infty} |h[k]| < \infty \qquad (3-52)$$

2．因果性

用单位脉冲响应表征离散 LTI 系统因果性的充要条件是

$$h[k] = 0, \ k < 0 \qquad (3-53)$$

【例 3-25 】 $M_1 + M_2 + 1$ 点滑动平均系统的输入输出关系为

$$y[k] = \frac{1}{M_1 + M_2 + 1} \sum_{n=-M_1}^{M_2} f[k+n]$$

判断 $M_1 + M_2 + 1$ 点滑动平均系统是否是因果系统。$(M_1, M_2 \geqslant 0)$

解：系统的单位脉冲响应为

$$h[k] = \frac{1}{M_1 + M_2 + 1} \sum_{n=-M_1}^{M_2} \delta[k+n]$$

即

$$h[k] = \begin{cases} 1/(M_1 + M_2 + 1) & -M_2 \leqslant k \leqslant M_1 \\ 0 & \text{其他} \end{cases}$$

显然，只有当 $M_2 = 0$ 时，才满足 $h[k] = 0, k < 0$ 的充要条件。即当 $M_2 = 0$ 时，系统是因果的。

3．互联性

与连续系统相同，离散系统的基本联结方式也为级联和并联。

1）系统的级联

两个离散 LTI 系统的级联如图 3-10（a）所示，若两个子系统的脉冲响应分别为 $h_1[k]$ 和 $h_2[k]$，则信号通过第一个子系统的输出为

$$x[k] = f[k] * h_1[k]$$

将第一个子系统的输出作为第二个子系统的输入，则可求出该级联系统的输出为

$$y[k] = x[k] * h_2[k] = f[k] * h_1[k] * h_2[k]$$

根据卷积的结合律和交换律可知

$$y[k] = f[k] * h_1[k] * h_2[k] = f[k] * \{h_1[k] * h_2[k]\}$$

$$= f[k] * \{h_2[k] * h_1[k]\} = f[k] * h[k] \tag{3-54}$$

式（3-54）中，$h[k] = h_1[k] * h_2[k] = h_2[k] * h_1[k]$。

图 3-10（a）所示的级联系统与图 3-10（b）所示的单个系统具有等效性。单位脉冲响应与子系统的级联顺序无关，如图 3-10（c）所示。

（a）

（b）

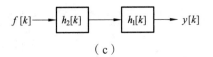

（c）

图 3-10　离散 LTI 系统的级联

2）系统的并联

两个离散 LTI 系统的并联如图 3-11（a）所示，若两个子系统的脉冲响应分别为 $h_1[k]$ 和 $h_2[k]$，则信号通过两个子系统的输出分别为

$$y_1[k] = f[k] * h_1[k],\ y_2[k] = f[k] * h_2[k]$$

整个并联系统的输出为两个子系统输出之和，即

$$y[k] = f[k] * h_1[k] + f[k] * h_2[k]$$

利用卷积的分配律，上式可写成

$$y[k] = f[k] * \{h_1[k] + h_2[k]\} \tag{3-55}$$

式（3-55）中，$h[k] = h_1[k] + h_2[k]$。

由此可见，两个离散 LTI 系统并联所构成的系统的脉冲响应等于两个子系统脉冲响应之和。即图 3-11（a）所示的并联系统与图 3-11（b）所示的单个系统具有等效性。

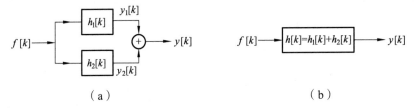

（a）　　　　　　　　　　　（b）

图 3-11　离散 LTI 系统的并联

【例 3-26】　求图 3-12 所示系统的单位脉冲响应。其中 $h_1[k] = 2^k u[k]$，$h_2[k] = \delta[k-1]$，$h_3[k] = 3^k u[k]$，$h_4[k] = u[k]$。

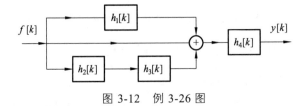

图 3-12　例 3-26 图

解：子系统 $h_2[k]$ 与 $h_3[k]$ 级联，$h_1[k]$ 支路、全通支路与 $h_2[k]$、$h_3[k]$ 级联支路并联，再与 $h_4[k]$ 级联。全通离散系统的单位脉冲响应为单位脉冲序列 $\delta[k]$，则

$$h[k] = \{h_1[k] + \delta[k] + h_2[k] * h_3[k]\} * h_4[k]$$

$$= 2(2)^k u[k] + [1.5(3)^{k-1} - 0.5]u[k-1]$$

3.3 MATLAB 实现及应用

3.3.1 利用 MATLAB 画出冲激（脉冲）响应和阶跃响应

1．求以下连续 LTI 系统的单位冲激响应和单位阶跃响应

$$y''(t) + 3y'(t) + 2y(t) = 2f'(t) + 6f(t)$$

MATLAB 提供了专门用于求 LTI 系统冲激响应和阶跃响应的函数。Impulse(b,a)用于绘制 a 和 b 定义的 LTI 系统冲激响应，step(b,a)用于绘制 a 和 b 定义的 LTI 系统阶跃响应，其中 a 和 b 表示系统方程的系数向量。

程序代码：

```
a=[1,3,2];
b=[2,6];
subplot(211)
impulse(b,a,'k');
subplot(212)
step(b,a,'k')
```

仿真结果如图 3-13 所示。

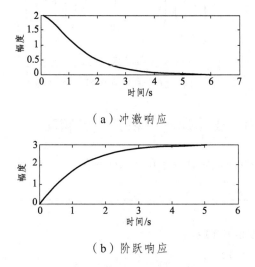

（a）冲激响应

（b）阶跃响应

图 3-13　冲激响应和阶跃响应仿真

2．求以下离散 LTI 系统的单位脉冲响应和单位阶跃响应

$$y[k] - \frac{5}{6}y[k-1] + \frac{1}{6}y[k-2] = f[k] + f[k-1]$$

dimpulse(b,a,k)用于绘制 a 和 b 定义的 LTI 系统在 $0 \sim k$ 离散时间范围内的单位脉冲响应，dstep(b,a)用于绘制 a 和 b 定义的 LTI 系统在 $0 \sim k$ 离散时间范围内的单位阶跃响应，其中 a 和 b 表示系统方程的系数向量。

程序代码：

```
b=[1,1,0];a=[1,-5/6,1/6];N=20;
hk=dimpulse(b,a,N);
k=0:N-1;
subplot(211),stem(k,hk,'filled','k');
xlabel('k');ylabel('h(k)');title('dimpulse');
subplot(212)
sk=dstep(b,a,N);stem(k,sk,'filled','k');
xlabel('k');ylabel('g(k)');title('dstep');
```

仿真结果如图 3-14 所示。

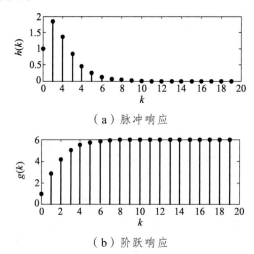

（a）脉冲响应

（b）阶跃响应

图 3-14　脉冲响应和阶跃响应仿真

3.3.2　利用 MATLAB 实现卷积积分及卷积和

1．计算信号 $f_1(t)=u(t)-u(t-1)$ 和 $f_2(t)=u(t)-u(t-2)$ 的卷积

程序代码：

```
dt=0.01;
k1=0:dt:1;    % 生成信号 f1(t)
f1=ones(1,length(k1));
k2=0:dt:2;    % 生成信号 f2(t)
f2=ones(1,length(k2));
y=dt*conv(f1,f2); % 计算卷积,conv 函数为计算卷积的函数
k0=k1(1)+k2(1);
k3=length(k1)+length(k2)-2;
k=k0:dt:(k0+k3)*dt; % 确定卷积的非零样值的时间向量
plot(k,y,'k')
```

仿真结果如图 3-15 所示。

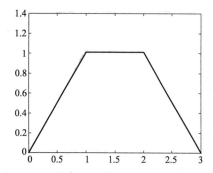

图 3-15　两个矩形脉冲的卷积积分仿真

2．已知 $f_1[k]=\sin(k),\ 0\leqslant k\leqslant 10$，$f[k]=0.8^k,\ 0\leqslant k\leqslant 15$，计算卷积 $f_1[k]*f_2[k]$

程序代码：

```
clear
k1=0:10;fk1=sin(k1);k2=0:15;fk2=0.8.^k2;
yk=conv(fk1,fk2);
subplot(311),stem(k1,fk1,'filled','k');xlabel('k');title('fk1');
subplot(312),stem(k2,fk2,'filled','k');xlabel('k');title('fk2');
k=k1(1)+k2(1):k1(end)+k2(end);
subplot(313),stem(k,yk,'filled','k');xlabel('k');title('yk');
```

仿真结果如图 3-16 所示。

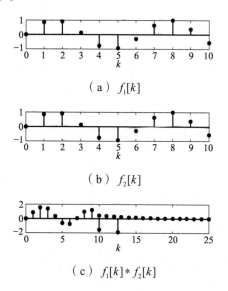

（a）$f_1[k]$

（b）$f_2[k]$

（c）$f_1[k]*f_2[k]$

图 3-16　离散系统卷积和仿真

3.3.3　利用 MATLAB 求系统的响应

1．系统的微分方程为 $y''(t)+3y'(t)+2y(t)=2f'(t)+6f(t)$，已知 $y(0^-)=2,y'(0^-)=0$，系统的激励为 $f(t)=u(t)$，求该系统的零输入响应、零状态响应和完全响应

程序代码：

```
ts=0;te=5;dt=0.01;
t=ts:dt:te;
a=[1,3,2];b=[2,6];
p=roots(a);          % 求出特征根
V=rot90(vander(p));
y0=[2,0];
C=V\y0';
for  k=1:length(p)
y_ji(k,:)=exp(p(k)*t);
end
yxt=C.'*y_ji;
figure
subplot(311)
plot(t,yxt,'k')
xlabel('t/s')
ylabel('yx(t)')
title('零输入响应')
%%%%%
sys=tf(b,a);
x=ones(1,length(t));
yft=lsim(sys,x,t);
subplot(312)
plot(t,yft,'k')
xlabel('t/s')
ylabel('yf(t)')
title('零状态响应')
yt=yxt+yft';
subplot(313)
plot(t,yt,'k')
xlabel('t/s')
ylabel('y(t)')
title('完全响应')
```

仿真结果如图 3-17 所示。

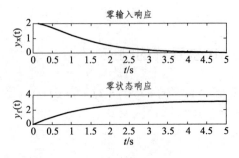

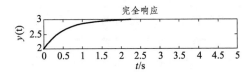

图 3-17 连续 LIT 系统输出响应仿真

2．离散 LTI 系统的差分方程为 $y[k] - \frac{5}{6}y[k-1] + \frac{1}{6}y[k-2] = f[k] + f[k-1]$，系统的激励为 $f[k] = 0.5^k u[k]$，求系统的零状态响应

MATLAB 提供了可用于求离散 LTI 系统零状态响应的函数 dlsim(b,a,x)或 filter(b,a,x)。其中，x 是系统输入信号向量，a 和 b 表示系统方程的系数向量。

程序代码：

```
b=[1,1,0];a=[1,-5/6,1/6];
N=20;k=0:N;
fk=0.5.^k;
yk1=dlsim(b,a,fk);
subplot(211),stem(n,yk1,'filled','k')
xlabel('k');ylabel('y(k) ');title('dlsim');
yk2=filter(b,a,fk);
subplot(212),stem(k,yk2,'filled','k');
xlabel('k');ylabel('y(k)');title('filter');
```

仿真结果如图 3-18 所示。

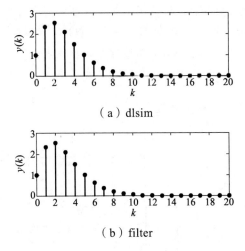

（a）dlsim

（b）filter

图 3-18 离散 LIT 系统零状态响应仿真

阅读材料

1．卷积的数学与物理意义

卷积方法最早的研究可追溯到 19 世纪初期的数学家欧拉（Leonhard Euler, 1707—1783）、

泊松（Denis Poisson，1781—1840）等人，之后又有许多科学家对此问题做了大量工作，其中，最著名的是杜阿美尔（Duhamel，1833）。近代，随着信号与系统理论研究的深入及计算机技术的发展，卷积方法得到了广泛的应用。在现代地震勘探、超声诊断、光学成像、系统识别及其他诸多信号处理领域中卷积无处不在，而且许多都是有待深入开发研究的课题。

欧拉（Leonhard Euler，1707—1783）　　　泊松（Denis Poisson，1781—1840）

对于卷积的定义式 $y(t)=\int_{-\infty}^{+\infty}f(\tau)h(t-\tau)\mathrm{d}\tau$，从直观上理解，就是 y 在 t 时刻的取值等于 f 在 τ 时刻的取值乘以它持续的时间 $\mathrm{d}\tau$，再乘以一个大小与 $t-\tau$ 这段时间间隔有关的系数 $h(t-\tau)$，最后在整个时间域上相加（积分）所得的值，这是数学解释。而在物理上通常把 $f(t)$ 看成一个外界对某一系统的作用（激励），$y(t)$ 看成这个作用对该系统的某个状态量的作用效果（响应），$h(t)$ 看成一个反映系统性质的函数，如果从这个角度再来理解这一公式，就是对于一个已有的系统，在某一时刻 τ 外界对它产生了一个作用（激励）$f(\tau)$，它的持续时间是 $\mathrm{d}\tau$，所以它的作用量（作用值乘以作用时间）等于 $f(\tau)\mathrm{d}\tau$，再乘以一个系数 $h(t-\tau)$［表示 τ 时刻激励对 t 时刻系统状态量 $y(t)$ 的影响程度，这个系数的取值是 t 与 τ 的时间间隔 $t-\tau$ 的函数］，相当于将这个激励量通过 $h(t)$ 传递过去［所以 $h(t)$ 也称为传递函数］，系统最终得到 τ 时刻激励 $f(\tau)$ 对状态量 $y(t)$ 在 t 时刻的取值的影响量 $f(\tau)h(t-\tau)\mathrm{d}\tau$，将各时刻的影响量累加起来（积分），就可得到了卷积的计算公式。简而言之，就是某一时刻的状态量取决于所有时刻的作用效果以某种方式累积起来的结果。这样就解释了卷积这一数学概念的物理意义。

2. 实际系统微分方程的建立过程

1）RLC 并联电路系统

如图 3-19 所示为 RLC 并联电路，以下为建立并联电路的端电压 $y(t)$ 与激励电流源 $f(t)$ 间的关系的过程。

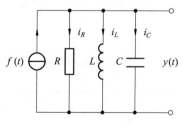

图 3-19　RLC 并联电路

根据元件的电压电流关系有：

电阻：$i_R(t) = \dfrac{1}{R} y(t)$

电感：$i_L(t) = \dfrac{1}{L} \displaystyle\int_{-\infty}^{t} y(\tau)\mathrm{d}\tau$

电容：$i_C(t) = C \dfrac{\mathrm{d}}{\mathrm{d}t} y(t)$

对于整个电路，根据基尔霍夫电流定律有

$$i_R(t) + i_L(t) + i_C(t) = f(t)$$

将以上各式合并化简得

$$Cy''(t) + \frac{1}{R} y'(t) + \frac{1}{L} y(t) = f'(t)$$

上式为常系数的线性微分方程，描述了此 RLC 并联电路系统的输入输出关系。

2）机械位移系统

如图 3-20 所示为一个简单的力学系统。系统中物体的质量为 m，弹簧的系数为 k，物体与地面的摩擦系数为 μ，物体在外力 $f(t)$ 作用下的位移为 $y(t)$，以下为建立 $y(t)$ 与 $f(t)$ 间关系的过程。

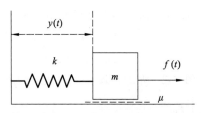

图 3-20　机械位移系统

首先对物体进行受力分析，物体在水平方向除了受到外力，还受到弹簧的弹力和摩擦力。根据牛顿第二定律，物体水平方向所受合力（惯性力）为质量乘以加速度，即

$$f_i(t) = m \frac{\mathrm{d}^2 y(t)}{\mathrm{d}t}$$

物体与地面的滑动摩擦力与速度成正比，即

$$f_f(t) = \mu \frac{\mathrm{d}y(t)}{\mathrm{d}t}$$

根据胡克定律，弹簧的弹力与位移成正比，即

$$f_k(t) = ky(t)$$

设物体在水平方向合力为零，即

$$m \frac{\mathrm{d}^2 y(t)}{\mathrm{d}t} + \mu \frac{\mathrm{d}y(t)}{\mathrm{d}t} + ky(t) = f(t)$$

上式为常系数的线性微分方程，描述了此力学系统的输入输出关系。

习 题

一、单项选择题

1. 连续线性时不变系统的零状态响应等于激励与下列哪种响应之间的卷积？（　　　）

    A. 单位冲激响应　　　　　　　　B. 单位阶跃响应

    C. 单位斜坡响应　　　　　　　　D. 零输入响应

2. 若 $y(t) = f(t)*h(t)$，则 $f(2t)*h(2t)$ 等于（　　　）。

    A. $\dfrac{1}{4}y(2t)$　　　B. $\dfrac{1}{2}y(2t)$　　　C. $\dfrac{1}{4}y(4t)$　　　D. $\dfrac{1}{2}y(4t)$

3. 已知一个线性时不变系统的阶跃响应 $g(t) = 2e^{-2t}u(t) + \delta(t)$，当输入 $f(t) = 3e^{-t}u(t)$ 时，系统的零状态响应 $y_f(t)$ 等于（　　　）。

    A. $(-9e^{-t} + 12e^{-2t})u(t)$　　　　　　B. $(3 - 9e^{-t} + 12e^{-2t})u(t)$

    C. $\delta'(t) + (-6e^{-t} + 8e^{-2t})u(t)$　　　D. $3\delta(t) + (-9e^{-t} + 12e^{-2t})u(t)$

4. 连续线性时不变系统的数学模型是（　　　）。

    A. 线性微分方程　　　　　　　　B. 微分方程

    C. 线性常系数微分方程　　　　　D. 常系数微分方程

5. 以下单位冲激响应所代表的线性时不变系统中因果稳定的是（　　　）。

    A. $h(t) = e^{t}u(t) + e^{-2t}u(t)$　　　　　B. $h(t) = e^{-t}u(t) + e^{-2t}u(t)$

    C. $h(t) = u(t)$　　　　　　　　　　D. $h(t) = e^{-t}u(-t) + e^{-2t}u(t)$

6. 信号 $f_1(t)$、$f_2(t)$ 波形如图 3-21 所示，设 $f(t) = f_1(t)*f_2(t)$，则 $f(0)$ 为（　　　）。

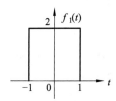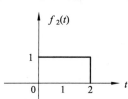

图 3-21　习题 6 图

    A. 1　　　　　　B. 2　　　　　　C. 3　　　　　　D. 4

7. 卷积积分 $e^{-2t}*\delta'(t)$ 等于（　　　）。

    A. $\delta'(t)$　　　B. $-2\delta'(t)$　　　C. e^{-2t}　　　D. $-2e^{-2t}$

8. 关于系统的稳定性，以下说法中错误的是（　　　）。

    A. 所谓稳定系统，是指对于有限激励只能产生有限响应的系统

    B. $|h(t)| < \infty$ 时，系统是稳定的

    C. 当 $\lim\limits_{t \to \infty} h(t) = 0$ 时，系统是稳定的

    D. 连续系统稳定的充分必要条件是 $\displaystyle\int_{-\infty}^{\infty} |h(t)|\,\mathrm{d}t < \infty$

9. 若 $y[k] = f[k]*h[k]$，则 $f[k-n]*h[k-l]$ 等于（　　　）。

    A. $f[k-n-l]$　　　　　　　　　B. $f[k-n+l]$

    C. $y[k-n-l]$　　　　　　　　　D. $y[k-n+l]$

10. 连续时间 LTI 系统的冲激响应是 $h(t)$，则该系统是因果系统的充分必要条件是（   ）。

A. $\int_{-\infty}^{\infty}|h(t)|\,\mathrm{d}t<\infty$　　　　　B. $\int_{-\infty}^{\infty}|h(t)|\,\mathrm{d}t>0$

C. $h(t)=0,t<0$　　　　　　　　D. $h(t)=0,t=0$

二、填空题

1. $\dfrac{\mathrm{d}}{\mathrm{d}t}[e^{-t}u(t)*u(t)]=$ _____。

2. 如果一 LTI 系统的单位冲激响应为 $h(t)$，则该系统的阶跃响应 $g(t)=$ _____。

3. 如果一 LTI 系统的单位冲激响应 $h(t)=u(t)$，则当该系统的输入信号 $f(t)=tu(t)$ 时，其零状态响应为 _____。

4. $u(t)*u(t)=$ _____。

5. 设两子系统的单位冲激响应分别为 $h_1(t)$ 和 $h_2(t)$，则由其并联组成的复合系统的单位冲激响应 $h(t)=$ _____。

三、判断题

1. 利用卷积求零状态响应只适用于线性时不变系统。（   ）

2. 若 LTI 系统的单位脉冲响应为 $h[k]=0.5u[k]$，则该系统是稳定的。（   ）

3. 若一个系统的激励为零，仅由初始状态所引起的响应称为零输入响应。（   ）

4. 若一个连续 LTI 系统是因果系统，它一定是一个稳定系统。（   ）

5. 任意信号 $f(t)$ 与阶跃信号 $u(t)$ 的卷积结果为 $f(t)$ 对时间的积分。（   ）

四、综合题

1. 计算下列信号的卷积积分或卷积和。

（1）$[u(t)-u(t-1)]*[u(t-2)-u(t-3)]$

（2）$[u(t)-u(t-1)]*e^{-2t}u(t)$

（3）$2^k u[k]*u[k-4]$

（4）$u[k]*u[k-2]$

2. 已知某线性时不变系统在阶跃信号 $u(t)$ 激励下产生的阶跃响应为 $y_1(t)=e^{-2t}u(t)$，试求系统在 $f_2(t)=e^{-3t}u(t)$ 激励下产生的零状态响应 $y_2(t)$。

3. 利用卷积积分的性质计算图 3-22 中两个信号的卷积，并画出结果波形。

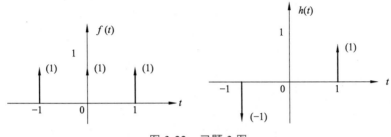

图 3-22　习题 3 图

4. 已知某线性时不变系统在 $f_1(t)$ 激励下产生的响应为 $y_1(t)$，试求系统在 $f_2(t)$ 激励下产生的响应 $y_2(t)$，$f_1(t)$、$y_1(t)$、$f_2(t)$ 的波形如图 3-23 所示。

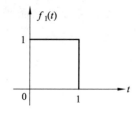 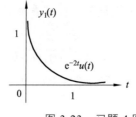 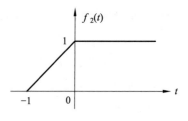

图 3-23　习题 4 图

第 4 章
信号的频域分析

信号的时域分析将信号表示为冲激信号或脉冲信号的线性组合，从时域给出了信号通过 LTI 系统时，输入、输出、系统三者之间的关系。信号的频域分析将信号表示为正弦类信号（虚指数信号）的线性组合，即通过傅里叶级数或傅里叶

视频：信号的频域分析　　PPT：信号的频域分析

变换将时域信号映射到频域，从频域诠释信号的特性，并从频域分析输入、输出、系统三者之间的关系。

4.1　连续时间周期信号的傅里叶级数

4.1.1　连续时间周期信号的傅里叶级数表达

1．指数形式的傅里叶级数

根据高等数学中连续时间傅里叶级数（Continuous Fourier Series，CFS）的理论，满足一定条件的连续周期信号 $f(t)$ 可以表示为无限项虚指数信号 $e^{jn\Omega_0 t}$ 的线性组合，即

$$f(t) = \sum_{n=-\infty}^{\infty} C_n e^{jn\Omega_0 t} \tag{4-1}$$

式（4-1）称为 $f(t)$ 的指数形式傅里叶级数表示，C_n 称为 $f(t)$ 的傅里叶系数。$\Omega_0 = 2\pi / T_0$ 表示模拟角频率，T_0 表示周期。如果用 f_0 表示周期信号的频率，则 $f_0 = 1/T_0$，$\Omega_0 = 2\pi f_0$。

下面利用虚指数信号的正交性推导傅里叶系数 C_n。首先将式（4-1）两边同乘以 $e^{-jm\Omega_0 t}$ 得

$$f(t)e^{-jm\Omega_0 t} = \sum_{n=-\infty}^{\infty} C_n e^{j(n-m)\Omega_0 t}$$

将上式两边对变量 t 在一个周期 T_0 内积分得

$$\int_0^{T_0} f(t)e^{-jm\Omega_0 t} dt = \int_0^{T_0} \sum_{n=-\infty}^{\infty} C_n e^{j(n-m)\Omega_0 t} dt$$

再将上式右边的积分与求和的次序交换，即

$$\int_0^{T_0} f(t)e^{-jm\Omega_0 t} dt = \sum_{n=-\infty}^{\infty} C_n \int_0^{T_0} e^{j(n-m)\Omega_0 t} dt$$

根据虚指数信号的正交性，即

$$\int_0^{T_0} e^{j(n-m)\Omega_0 t} dt = \begin{cases} T_0, & n=m \\ 0, & n \neq m \end{cases} = T_0 \delta[n-m]$$

可得

$$C_n = \frac{1}{T_0} \int_0^{T_0} f(t) e^{-jn\Omega_0 t} dt \qquad (4-2)$$

上述推导过程说明，如果连续时间周期信号 $f(t)$ 可以表示为傅里叶级数，则可用式（4-2）求出傅里叶系数 C_n。显然，C_n 实际上是 $n\Omega_0$ 的函数，简写为 C_n。

式（4-1）中，$n=0$ 时，$f(t)$ 表示信号中的直流分量。$n=\pm1$ 时，两项的频率均为 f_0，两项合起来称为信号的基波分量或一次谐波分量。$n=\pm2$ 时，两项的频率均为 $2f_0$，两项合起来称为信号的二次谐波分量。以此类推，$n=\pm N$ 时，两项合起来称为信号的 N 次谐波分量。

另外，若 $f(t)$ 为实函数，则指数傅里叶级数展开形式中的系数 C_n 满足

$$C_n = C_{-n}^* \qquad (4-3)$$

证明： 将 $-n$ 代入式（4-2）有

$$C_{-n} = \frac{1}{T_0} \int_0^{T_0} f(t) e^{jn\Omega_0 t} dt$$

对上式两边取共轭得

$$C_{-n}^* = \frac{1}{T_0} \int_0^{T_0} f(t) e^{-jn\Omega_0 t} dt \qquad (4-4)$$

比较式（4-2）和式（4-4）得 $C_n = C_{-n}^*$。

式（4-3）表明，当信号 $f(t)$ 为实信号时，$f(t)$ 的傅里叶系数 C_n 具有共轭偶对称性。

2．三角形式的傅里叶级数

对于实周期信号 $f(t)$，结合式（4-3），将式（4-1）展开，可得

$$f(t) = C_0 + \sum_{n=-\infty}^{-1} C_n e^{jn\Omega_0 t} + \sum_{n=1}^{\infty} C_n e^{jn\Omega_0 t} = C_0 + \sum_{n=1}^{\infty} (C_n e^{jn\Omega_0 t} + C_{-n} e^{-jn\Omega_0 t}) \qquad (4-5)$$

由于 C_n 一般为复函数，引入两个实函数 a_n 和 b_n 来表 C_n，即

$$C_n = \frac{a_n - jb_n}{2} \qquad (4-6)$$

由于 $f(t)$ 为实函数，则有

$$C_{-n} = C_n^* = \frac{a_n + jb_n}{2} \qquad (4-7)$$

由式（4-2）可知 C_0 是实数，所以 $b_0 = 0$，故

$$C_0 = \frac{a_0}{2} \qquad (4-8)$$

将式（4-6）、式（4-7）和式（4-8）代入式（4-5）中，整理后可得

$$f(t) = \frac{a_0}{2} + \sum_{n=1}^{\infty} (a_n \cos n\Omega_0 t + b_n \sin n\Omega_0 t) \qquad (4\text{-}9)$$

由式（4-2）和式（4-6）可得

$$a_n = \frac{2}{T_0} \int_0^{T_0} f(t) \cos n\Omega_0 t \mathrm{d}t \qquad (4\text{-}10)$$

$$b_n = \frac{2}{T_0} \int_0^{T_0} f(t) \sin n\Omega_0 t \mathrm{d}t \qquad (4\text{-}11)$$

另外，可将式（4-9）整理为

$$f(t) = \frac{a_0}{2} + \sum_{n=1}^{\infty} A_n \cos(n\Omega_0 t + \varphi_n) \qquad (4\text{-}12)$$

式（4-12）中，$\frac{a_0}{2}$ 称为信号的直流分量，A_n 和 φ_n 分别表示为

$$A_n = \sqrt{a_n^2 + b_n^2} \qquad (4\text{-}13)$$

$$\varphi_n = \arctan\left(-\frac{b_n}{a_n}\right) \qquad (4\text{-}14)$$

对于周期信号，既可以用指数形式的傅里叶级数表示，也可以用三角形式的傅里叶级数表示，二者的本质是相同的，可以通过欧拉公式统一起来。三角形式表达式的特点是系数 a_n 和 b_n 都是实函数，物理概念清晰。指数形式表达式的系数 C_n 虽然为复函数，但表达形式更加简洁，而且指数形式既可以表示实周期信号，也可以表示复周期信号，本书中大多采用指数形式的傅里叶级数表达式。

3. 傅里叶级数的收敛条件

根据傅里叶级数理论，并非所有的周期信号都可以展开为傅里叶级数。周期信号 $f(t)$ 的傅里叶级数表示若存在，必须满足三个基本条件。

（1）周期信号 $f(t)$ 在一个周期内绝对可积，即满足

$$\int_0^{T_0} |f(t)| \, \mathrm{d}t < \infty \qquad (4\text{-}15)$$

（2）在一个周期内只有有限个不连续点。

（3）在一个周期内只有有限个极大值和极小值。

上述条件也称为狄里赫利（Dirichlet）条件。在实际中遇见的大多数周期信号都能满足这个条件，所以都可以用一个收敛的傅里叶级数来表示。需要注意的是，上述条件（1）为充分条件但不是必要条件，条件（2）和（3）是必要条件但不是充分条件。

【例 4-1】 试计算图 4-1 所示，幅度为 A、周期为 T_0、脉冲宽度为 τ 的矩形脉冲信号的傅里叶级数展开式。

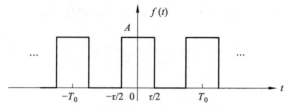

图 4-1　周期矩形脉冲信号的时域波形

解： 该周期信号 $f(t)$ 显然满足狄里赫利的三个条件，必然存在傅里叶级数展开式。利用式（4-2），有

$$C_n = \frac{1}{T_0}\int_{-\frac{T_0}{2}}^{\frac{T_0}{2}} f(t)\mathrm{e}^{-jn\Omega_0 t}\mathrm{d}t = \frac{1}{T_0}\int_{-\frac{\tau}{2}}^{\frac{\tau}{2}} A\mathrm{e}^{-jn\Omega_0 t}\mathrm{d}t = \frac{A\tau}{T_0}\mathrm{Sa}\left(\frac{n\Omega_0\tau}{2}\right)$$

因此，周期方波信号的指数形式傅里叶级数展开式为

$$f(t) = \frac{A\tau}{T_0}\sum_{n=-\infty}^{\infty}\mathrm{Sa}\left(\frac{n\Omega_0\tau}{2}\right)\mathrm{e}^{jn\Omega_0 t} \tag{4-16}$$

由于 $f(t)$ 为实信号，利用 C_n 的共轭偶对性和欧拉公式，也可将式（4-16）改写为三角形式的傅里叶级数展开式，即

$$f(t) = (\tau A/T_0) + \sum_{n=1}^{\infty}(2\tau A/T_0)\mathrm{Sa}(n\Omega_0\tau/2)\cos(n\Omega_0 t) \tag{4-17}$$

4.1.2　连续时间周期信号的频谱

根据式（4-1）可知，傅里叶系数 C_n 能够决定周期信号 $f(t)$ 傅里叶级数展开式中虚指数信号 $\mathrm{e}^{jn\Omega_0 t}$ 的幅度和相位。对于不同的周期信号，其傅里叶级数的形式相同，不同的只是各周期信号的傅里叶系数。因此，周期信号的傅里叶级数建立了 $f(t)$ 与 C_n 之间的一一对应关系。C_n 反映了 $f(t)$ 中各次谐波的幅度值和相位值，故称周期信号的傅里叶级数系数 C_n 为周期信号的频谱。

周期信号 $f(t)$ 的频谱 C_n 一般是复函数，可表示为

$$C_n = |C_n|\mathrm{e}^{j\varphi_n} \tag{4-18}$$

$|C_n|$ 随频率或角频率变化的特性，称为信号的幅度频谱（amplitude spectrum），简称幅度谱。φ_n 随频率变化的特性称为信号的相位频谱（phase spectrum），简称相位谱。若 $f(t)$ 为实信号，则由式（4-3）可推出，$f(t)$ 的幅度频谱为偶对称，相位频谱为奇对称。

【例 4-2】 画出图 4-1 所示的周期矩形脉冲信号的频谱图。

解： 由例 4-1 可知，周期矩形脉冲信号的频谱为

$$C_n = \frac{A\tau}{T_0}\mathrm{Sa}\left(\frac{n\Omega_0\tau}{2}\right), \quad n = 0, \pm 1, \pm 2, \cdots$$

由于此频谱 C_n 为实函数，根据抽样信号 $\mathrm{Sa}(t)$ 的轮廓便可画出信号 $f(t)$ 的频谱 C_n，如图 4-2 所示。

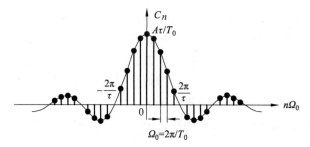

图 4-2 周期矩形脉冲信号的频谱

从图 4-2 周期矩形脉冲信号的频谱可知，当 $n\Omega_0 = m2\pi/\tau, (m = \pm 1, \pm 2, \cdots)$ 时，信号幅度谱为零。其中第一个零点在 $\pm 2\pi/\tau$ 处，此后谐波的幅度逐渐减小。通常将包含主要谐波分量的 $0 \sim 2\pi/\tau$ 这段频率范围称为周期矩形脉冲信号的有效带宽，以符号 Ω_B 表示，即

$$\Omega_B = 2\pi/\tau \tag{4-19}$$

因此，信号的有效带宽与信号的时域持续时间成反比，即 τ 越大，其 Ω_B 越小，反之 τ 越小，其 Ω_B 越大。

除周期矩形脉冲信号以外，其他信号也存在有效带宽。信号的有效带宽是信号频率特性中的重要指标，具有实际应用意义。在信号的有效带宽内，集中了信号的绝大部分能量。因而信号若丢失有效带宽以外的谐波成分，不会对信号产生明显的影响。同样，任何系统也有其有效带宽，当信号通过某一系统时，信号与系统的有效带宽必须"匹配"。

【例 4-3】 分别画出周期信号 $f(t) = 1 + \cos(\Omega_0 t - \pi/2) + 0.5\cos(2\Omega_0 t + \pi/3)$ 的幅度谱和相位谱。

解： 由欧拉公式，$f(t)$ 可表示为

$$f(t) = 1 + \frac{1}{2}(e^{-j\pi/2}e^{j\Omega_0 t} + e^{j\pi/2}e^{-j\Omega_0 t}) + \frac{1}{4}(e^{j\pi/3}e^{j2\Omega_0 t} + e^{-j\pi/3}e^{-j2\Omega_0 t})$$

由式（4-1）可知，$f(t)$ 表达式中虚指数项前面的加权系数就是 C_n，由此可得

$$C_{-2} = \frac{1}{4}e^{-j\pi/3}, \ C_{-1} = \frac{1}{2}e^{j\pi/2}, \ C_0 = 1, C_1 = \frac{1}{2}e^{-j\pi/2}, \ C_2 = \frac{1}{4}e^{j\pi/3}$$

所以该信号的幅度频谱和相位谱如图 4-3 所示。

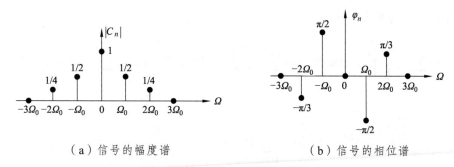

（a）信号的幅度谱　　　　　　　（b）信号的相位谱

图 4-3　例 4-3 信号的频谱

由例 4-3 可知，信号 $f(t)$ 的频谱清晰地描述了信号中的频率成分，即构成信号的各谐波

分量的幅度和相位。若已知信号的频谱，则可由式（4-1）重建信号。所以频谱提供了另一种描述信号的方法——信号的频域描述。信号的时域描述与信号的频域描述从不同角度给出了信号特征，这些特征是深入分析和研究信号的基础。另外，需要注意的是，无论是时间还是频率，从物理概念上讲都应该取零或正值，但对信号描述时时间或频率会出现负值，其实这只是数学计算过程的需要，对于现实结果并无影响。

通过对例 4-1 和例 4-2 中周期信号的频谱分析，可以初步总结一下周期信号的频谱具有如下两个主要特性。

1）频谱的离散特性

不同的周期信号，其频谱分布的形状不同，但都是以基频 Ω_0 为间隔的离散频谱，这是周期信号频谱的重要特征。由于谱线的间隔 $\Omega_0 = 2\pi/T_0$，故信号的周期决定其离散频谱的谱线间隔大小。信号的周期 T_0 越大，其基频 Ω_0 就越小，则谱线越密。

2）频谱的衰减特性

虽然不同的周期信号对应不同形状的频谱分布，但都有一个共同特性，即频谱幅度衰减特性。从图 4-2 和图 4-3 中信号的频谱可以看出，周期信号的幅度谱 $|C_n|$ 随着谐波 $n\Omega_0$ 的增大不断衰减，并最终趋于零。尽管不同的周期信号幅度谱的衰减速度不同，但最终都衰减为零。若信号时域波形变化越平缓，高次谐波成分就越少，幅度频谱衰减越快；若信号时域波形变化跳变越多，高次谐波成分就越多，幅度频谱衰减越慢。

4.1.3 连续时间周期信号的功率谱

周期信号属于功率信号，周期信号 $f(t)$ 在 $1\,\Omega$ 电阻上消耗的平均功率为

$$P = \frac{1}{T_0} \int_0^{T_0} f(t) \cdot f^*(t) \mathrm{d}t = \frac{1}{T_0} \int_0^{T_0} \left| f(t) \right|^2 \mathrm{d}t \tag{4-20}$$

再将式（4-1）代入式（4-20）得

$$P = \frac{1}{T_0} \int_0^{T_0} \sum_{n=-\infty}^{\infty} C_n \mathrm{e}^{jn\Omega_0 t} \cdot f^*(t) \mathrm{d}t$$

交换上式中的求和与积分的次序，得

$$P = \sum_{n=-\infty}^{\infty} C_n \frac{1}{T_0} \int_0^{T_0} f^*(t) \mathrm{e}^{jn\Omega_0 t} \mathrm{d}t = \sum_{n=-\infty}^{\infty} C_n \left(\frac{1}{T_0} \int_0^{T_0} f(t) \mathrm{e}^{-jn\Omega_0 t} \mathrm{d}t \right)^* = \sum_{n=-\infty}^{\infty} C_n C_n^* = \sum_{n=-\infty}^{\infty} |C_n|^2$$

即

$$P = \frac{1}{T_0} \int_0^{T_0} |f(t)|^2 \mathrm{d}t = \sum_{n=-\infty}^{\infty} |C_n|^2 \tag{4-21}$$

式（4-21）称为帕斯瓦尔（Parseval）功率守恒定理，是能量转化与守恒定律在信号处理领域中的典型应用。这个定理表明，周期信号在时域的平均功率等于其频域的各次谐波分量的平

均功率之和。$|C_n|^2$ 随 $n\Omega_0$ 的分布情况称为周期信号的功率频谱，简称功率谱。显然，周期信号的功率谱也是离散谱。

【例 4-4】 试求周期矩形脉冲信号在其有效带宽内谐波分量所具有的平均功率占整个信号平均功率的百分比。其中 $A=1$，$T_0=1/4$，$\tau=1/20$。

解： 周期矩形脉冲的傅里叶系数为

$$C_n = \frac{A\tau}{T_0}\text{Sa}\left(\frac{n\Omega_0\tau}{2}\right)$$

将 $A=1$，$T_0=1/4$，$\tau=1/20$，$\Omega_0=2\pi/T_0=8\pi$ 代入上式，得

$$C_n = 0.2\text{Sa}(n\Omega_0/40) = 0.2\text{Sa}(n\pi/5)$$

因此可得周期矩形脉冲信号的功率谱为

$$|C_n|^2 = 0.04\text{Sa}^2(n\pi/5)$$

功率谱如图 4-4 所示，信号在有效带宽 $0\sim2\pi/\tau$ 内的平均功率为

$$P_1 = \sum_{n=-4}^{4}|C_n|^2 = |C_0|^2 + 2\sum_{n=1}^{4}|C_n|^2 = 0.1806$$

信号的时域平均功率为

$$P = \frac{1}{T_0}\int_0^{T_0}|f(t)|^2\,\mathrm{d}t = 0.2$$

P_1 与 P 比值为

$$\frac{P_1}{P} = \frac{0.180\ 6}{0.200} = 90\%$$

上式表明，周期矩形脉冲信号包含在有效带宽内的各谐波平均功率之和占整个信号平均功率的 90%。因此，若用直流分量、基波、$2\sim4$ 次谐波来近似表示周期矩形脉冲信号可以达到很高的精度。

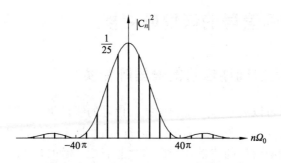

图 4-4 周期矩形脉冲的功率谱

4.1.4 连续时间周期信号傅里叶级数的基本性质

周期信号的傅里叶级数具有一系列重要的性质，这些性质揭示了周期信号的时域与频域之间的内在联系，有助于深入理解傅里叶级数的数学概念与物理概念。

1．线性特性

设周期信号 $f_1(t)$、$f_2(t)$ 的周期均为 T_0，若 $f_1(t) \rightarrow C_{1n}$，$f_2(t) \rightarrow C_{2n}$，则有

$$a_1 \cdot f_1(t) + a_2 \cdot f_2(t) \rightarrow a_1 \cdot C_{1n} + a_2 \cdot C_{2n} \qquad (4\text{-}22)$$

线性特性可以推广到多个具有相同周期的信号。

2．时移特性

若 $f(t) \rightarrow C_n$，则有

$$f(t - t_0) \rightarrow \mathrm{e}^{-\mathrm{j}n\Omega_0 t_0} C_n \qquad (4\text{-}23)$$

时移特性表明，若周期信号在时域中出现时移（延时），其频谱在频域中将产生附加相移，而幅度谱保持不变。

3．周期卷积特性

若 $f_1(t)$ 和 $f_2(t)$ 均是周期为 T_0 的周期信号，且 $f_1(t) \rightarrow C_{1n}$，$f_2(t) \rightarrow C_{2n}$，则有

$$f_1(t) \,\tilde{*}\, f_2(t) = \int_0^{T_0} f_1(\tau) f_2(t - \tau) \mathrm{d}\tau \rightarrow T_0 C_{1n} \cdot C_{2n} \qquad (4\text{-}24)$$

式（4-24）中，符号 $\tilde{*}$ 表示周期卷积，该式表明，周期信号在时域的周期卷积对应其频谱在频域内的乘积。

4．微分特性

若 $f(t) \rightarrow C_n$，则有

$$f'(t) \rightarrow \mathrm{j}n\Omega_0 C_n \qquad (4\text{-}25)$$

微分特性说明对于信号时域的导数运算，相当于在频域进行乘积运算。

4.2 连续时间信号的傅里叶变换

4.2.1 连续时间非周期信号的傅里叶变换

连续时间周期信号可以表示为一系列虚指数信号的线性组合，通过傅里叶级数建立了周期信号时域与频域之间的对应关系。同理，连续时间非周期信号也可以表示为虚指数信号的加权叠加，其通过非周期信号的傅里叶变换建立非周期信号时域与频域之间的对应关系。

当周期信号的周期 T_0 趋于无限大时，周期信号就转化为非周期信号，因此可以把非周期

信号看成是周期趋于无限大的信号。当 T_0 趋于无限大时，其对应的傅里叶级数的离散频谱的谱线间隔 $\Omega_0 = 2\pi/T_0$ 将趋于无穷小，这样离散频谱就变成了连续频谱。同时，根据式（4-2）可知，谱线的幅值也都趋于零。由此可见，对于非周期信号，采用傅里叶级数来表达频谱是不可行的。为了表述非周期信号的频谱分布，必须引入一个新的量——频谱密度函数。下面由周期信号的傅里叶级数在取极限情况下推导出傅里叶变换，并说明频谱密度函数的意义。

设有一周期信号 $f(t)$，同式（4-2），其傅里叶级数展开式的系数为

$$C_n = \frac{1}{T_0} \int_{-T_0/2}^{T_0/2} f(t) e^{-jn\Omega_0 t} dt$$

上式两边同时乘以 T_0，得到

$$T_0 C_n = \int_{-T_0/2}^{T_0/2} f(t) e^{-jn\Omega_0 t} dt$$

对于非周期信号，周期 $T_0 \to \infty$，傅里叶级数频谱的谱线间隔 $\Omega_0 \to d\Omega$，而离散频率 $n\Omega_0$ 变成连续频率变量 Ω。在这种极限情况下，$C_n \to 0$，但 $T_0 C_n$ 趋于有限值，并且是一个连续函数，通常记为 $F(j\Omega)$，即

$$F(j\Omega) = \lim_{T_0 \to \infty} T_0 C_n = \lim_{T_0 \to \infty} \frac{C_n}{f_0} = \lim_{T_0 \to \infty} \int_{-T_0/2}^{T_0/2} f(t) e^{-jn\Omega_0 t} dt \qquad (4\text{-}26)$$

式（4-26）中，C_n/f_0 表示单位频带的频谱值，即频谱密度。因此称 $F(j\Omega)$ 为信号 $f(t)$ 的频谱密度函数，或简称为频谱。综上，式（4-26）在非周期取极限的情况下将变为

$$F(j\Omega) = \int_{-\infty}^{\infty} f(t) e^{-j\Omega t} dt \qquad (4\text{-}27)$$

同样，对于傅里叶级数的展开式（4-1），当周期 $T_0 \to \infty$ 时，有下式成立

$$f(t) = \lim_{T_0 \to \infty} f_{T_0}(t) = \lim_{T_0 \to \infty} \sum_{n=-\infty}^{\infty} C_n e^{jn\Omega_0 t}$$

$$= \lim_{T_0 \to \infty} \sum_{n=-\infty}^{\infty} \frac{C_n}{\Omega_0} e^{jn\Omega_0 t} \Omega_0 = \lim_{T_0 \to \infty} \frac{C_n}{2\pi f_0} \sum_{n=-\infty}^{\infty} e^{jn\Omega_0 t} \Omega_0$$

上式中的加法符号在极限情况下变为积分符号，结合式（4-26），可得

$$f(t) = \frac{1}{2\pi} \int_{-\infty}^{\infty} F(j\Omega) e^{j\Omega t} d\Omega \qquad (4\text{-}28)$$

通常式（4-27）称为连续时间傅里叶变换（Fourier Transform，FT），式（4-28）称为连续时间傅里叶反变换（Inverse Fourier Transform，IFT）。为了书写方便，常用如下符号表示为

$$F(j\Omega) = F[f(t)] \qquad (4\text{-}29)$$

$$f(t) = F^{-1}[F(j\Omega)] \qquad (4\text{-}30)$$

或

$$f(t) \xleftrightarrow{\ F\ } F(j\Omega)$$

式（4-28）的物理意义是非周期信号 $f(t)$ 可以表示为无数个频率为 Ω，复振幅为 $[F(j\Omega)/2\pi]d\Omega$ 的虚指数信号 $e^{j\Omega t}$ 的线性组合。不同的非周期信号都可以表示为式（4-28）的形式，所不同的只是虚指数信号 $e^{j\Omega t}$ 前面的加权函数 $F(j\Omega)$ 不同。$F(j\Omega)$ 是反映非周期信号特征的重要参数。因为 $F(j\Omega)$ 是随频率变化的函数，因此称为信号的频谱函数。

与傅里叶级数类似，非周期信号 $f(t)$ 的频谱 $F(j\Omega)$ 一般是 Ω 的复函数，可表示为

$$F(j\Omega) = |F(j\Omega)| e^{j\varphi(\Omega)} \tag{4-31}$$

式（4-31）中，$|F(j\Omega)|$ 称为幅度谱，$\varphi(\Omega)$ 称为相位谱。

一般情况下，非周期信号 $f(t)$ 的傅里叶变换 $F(j\Omega)$ 存在时，$f(t)$ 也应满足狄里赫利条件，即

（1）非周期信号在无限区间上绝对可积。

$$\int_{-\infty}^{\infty} |f(t)|\, dt < \infty \tag{4-32}$$

（2）在任意有限区间内，信号只有有限个最大值和最小值。

（3）在任意有限区间内，信号仅有有限个不连续点，且这些点必须是有限值。

式（4-32）是非周期信号存在傅里叶变换的充分但不必要条件，但是，借助于奇异信号，许多不满足绝对可积条件的信号（如周期信号、阶跃信号、符号函数信号等）也存在傅里叶变换，这些内容将在接下来的章节中详细讲述。

【例 4-5】 试求图 4-5（a）所示非周期矩形脉冲信号的频谱函数。

解：非周期矩形脉冲信号 $f(t)$ 的时域表示式为

$$f(t) = \begin{cases} A, & |t| \leqslant \tau/2 \\ 0, & |t| > \tau/2 \end{cases}$$

由傅里叶正变换定义式（4-27），可得

$$F(j\Omega) = \int_{-\infty}^{\infty} f(t) e^{-j\Omega t}\, dt = \int_{-\frac{\tau}{2}}^{\frac{\tau}{2}} A \cdot e^{-j\Omega t}\, dt = A\tau \cdot \mathrm{Sa}\left(\frac{\Omega\tau}{2}\right)$$

$f(t)$ 的频谱图如图 4-5（b）所示。

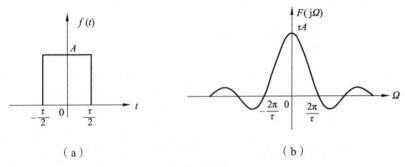

（a）　　　　　　　　　　　　（b）

图 4-5　非周期矩形脉冲信号及其频谱

通过对比分析周期矩形脉冲信号和非周期矩形脉冲信号的频谱，可得到下面几个结论。

（1）非周期信号的频谱是连续频谱，其形状与周期信号离散频谱的包络线相似。周期信号的离散频谱可以通过对非周期信号的连续频谱等间隔取样求得。

（2）信号在时域有限，则在频域将无限延续，反之亦然。

（3）信号的频谱分量主要集中在零频到第一个过零点之间，工程中往往将此宽度作为有效带宽。

（4）脉冲宽度τ越窄，有限带宽越宽，高频分量越多，即信号信息量越大、传输速度越快，传送信号所占用的频带越宽。

4.2.2　典型连续非周期信号的频谱

1．单边指数信号

单边指数信号的时域表示为

$$f(t) = e^{-\alpha t}u(t), \quad \alpha > 0 \tag{4-33}$$

其傅里叶变换为

$$F(j\Omega) = \int_{-\infty}^{\infty} f(t)e^{-j\Omega t}dt = \int_{0}^{\infty} e^{-\alpha t}e^{-j\Omega t}dt = \frac{e^{-(\alpha+j\Omega)t}}{-(\alpha+j\Omega)}\bigg|_{0}^{\infty} = \frac{1}{\alpha+j\Omega} \tag{4-34}$$

幅度频谱为

$$|F(j\Omega)| = \frac{1}{\sqrt{\alpha^2 + \Omega^2}}$$

相位频谱为

$$\varphi(\Omega) = -\arctan\left(\frac{\Omega}{\alpha}\right)$$

如图 4-6 所示为单边指数信号的幅度谱和相位谱。

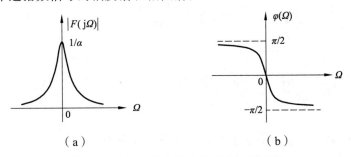

（a）　　　　　　　　　　（b）

图 4-6　单边指数信号的幅度谱和相位谱

2．双边指数信号

双边指数信号的时域表示为

$$f(t) = e^{-\alpha|t|}, \quad \alpha > 0 \tag{4-35}$$

其傅里叶变换为

$$F(\mathrm{j}\varOmega)=\int_{-\infty}^{0}\mathrm{e}^{\alpha t}\mathrm{e}^{-\mathrm{j}\varOmega t}\mathrm{d}t+\int_{0}^{\infty}\mathrm{e}^{-\alpha t}\mathrm{e}^{-\mathrm{j}\varOmega t}\mathrm{d}t=\frac{1}{\alpha-\mathrm{j}\varOmega}+\frac{1}{\alpha+\mathrm{j}\varOmega}=\frac{2\alpha}{\alpha^{2}+\varOmega^{2}}$$

幅度频谱为

$$|F(\mathrm{j}\varOmega)|=\frac{2\alpha}{\alpha^{2}+\varOmega^{2}}$$

相位频谱为

$$\varphi(\varOmega)=0$$

3．单位冲激信号

$\delta(t)$ 的傅里叶变换为

$$F[\delta(t)]=\int_{-\infty}^{\infty}f(t)\mathrm{e}^{-\mathrm{j}\varOmega t}\mathrm{d}t=\int_{-\infty}^{\infty}\delta(t)\mathrm{e}^{-\mathrm{j}\varOmega t}\mathrm{d}t=1 \qquad (4\text{-}36)$$

如图 4-7 所示为 $\delta(t)$ 信号及其频谱。

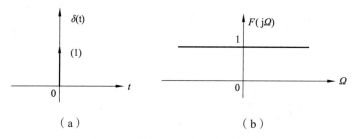

图 4-7　单位冲激信号及其频谱

4．直流信号

直流信号不满足绝对可积条件，可采用极限的方法求出其傅里叶变换

$$F[1]=\lim_{\sigma\to 0}F[1\cdot\mathrm{e}^{-\sigma|t|}]=\lim_{\sigma\to 0}\left[\frac{2\sigma}{\sigma^{2}+\varOmega^{2}}\right]$$

由于

$$\lim_{\sigma\to 0}\left[\frac{2\sigma}{\sigma^{2}+\varOmega^{2}}\right]=\begin{cases}0, & \varOmega\neq 0\\ \infty, & \varOmega=0\end{cases}$$

由上式可知，$\displaystyle\lim_{\sigma\to 0}\frac{2\sigma}{\sigma^{2}+\varOmega^{2}}$ 是一个变量为 $\varOmega$ 的冲激，这个冲激的强度为

$$\lim_{\sigma\to 0}\int_{-\infty}^{\infty}\frac{2\sigma}{\sigma^{2}+\varOmega^{2}}\,\mathrm{d}\varOmega=\lim_{\sigma\to 0}\left[2\arctan\left(\frac{\varOmega}{\sigma}\right)\Bigg|_{-\infty}^{\infty}\right]=2\pi$$

所以，直流信号的傅里叶变换为

$$F[1] = 2\pi\delta(\Omega) \tag{4-37}$$

如图 4-8 所示为直流信号及其频谱。

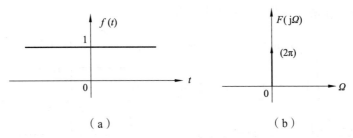

（a）　　　　　　　　　　　（b）

图 4-8　直流信号及其频谱

对照冲激、直流信号的时、频域曲线可看出，时域持续越宽的信号，其频域的频谱越窄；时域持续越窄的信号，其频域的频谱越宽。

5．符号函数信号

符号函数信号的时域表示为

$$\mathrm{sgn}(t) = \begin{cases} -1 & t < 0 \\ 0 & t = 0 \\ 1 & t > 0 \end{cases} \tag{4-38}$$

符号函数不满足狄里赫利条件，其傅里叶变换可通过下式取极限求得

$$F[\mathrm{sgn}(t)] = \lim_{\sigma \to 0}[F[\mathrm{sgn}(t)\mathrm{e}^{-\sigma|t|}]]$$

由于

$$F[\mathrm{sgn}(t)\mathrm{e}^{-\sigma|t|}] = \int_{-\infty}^{0}(-1)\mathrm{e}^{\sigma t}\mathrm{e}^{-\mathrm{j}\Omega t}\mathrm{d}t + \int_{0}^{\infty}\mathrm{e}^{-\sigma t}\mathrm{e}^{-\mathrm{j}\Omega t}\mathrm{d}t$$

$$= -\frac{\mathrm{e}^{(\sigma-\mathrm{j}\Omega)t}}{\sigma-\mathrm{j}\Omega}\bigg|_{t=-\infty}^{0} - \frac{\mathrm{e}^{-(\sigma+\mathrm{j}\Omega)t}}{\sigma+\mathrm{j}\Omega}\bigg|_{t=0}^{\infty}$$

$$= \frac{-1}{\sigma-\mathrm{j}\Omega} + \frac{1}{\sigma+\mathrm{j}\Omega}$$

所以符号函数的傅里叶变换为

$$F[\mathrm{sgn}(t)] = \lim_{\sigma \to 0}\left(\frac{-1}{\sigma-\mathrm{j}\Omega} + \frac{1}{\sigma+\mathrm{j}\Omega}\right) = \frac{2}{\mathrm{j}\Omega} \tag{4-39}$$

幅度频谱为

$$|F(\mathrm{j}\Omega)| = \frac{2}{|\Omega|}$$

相位频谱为

$$\varphi(\Omega) = \begin{cases} \pi/2, & \Omega < 0 \\ -\pi/2, & \Omega > 0 \end{cases}$$

如图 4-9 所示为符号函数信号的幅度谱和相位谱。

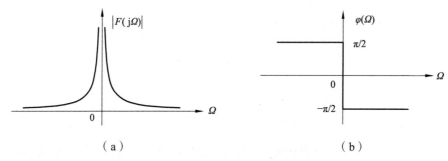

（a） （b）

图 4-9　符号函数信号的频谱

6．单位阶跃信号

单位阶跃信号不满足狄里赫利条件，其傅里叶变换可借助直流信号和符号函数表达，单位阶跃信号在时域可表示为

$$u(t) = \frac{1}{2}[u(t)+u(-t)] + \frac{1}{2}[u(t)-u(-t)] = \frac{1}{2} + \frac{1}{2}\mathrm{sgn}(t)$$

其傅里叶变换为

$$F[u(t)] = \pi\delta(\Omega) + \frac{1}{\mathrm{j}\Omega} \tag{4-40}$$

由式（4-40）可知，$u(t)$ 的频谱在零频处存在一个冲激，而相位谱与符号函数信号相同。如图 4-10 所示为单位阶跃信号的幅度谱和相位谱。

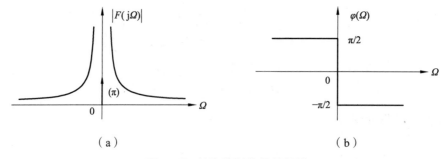

（a） （b）

图 4-10　单位阶跃信号的频谱

4.2.3　连续周期信号的傅里叶变换及其频谱

周期信号不满足傅里叶变换存在的狄里赫利条件，其傅里叶变换借助冲激信号求取。研究周期信号傅里叶变换的目的是把周期信号与非周期信号的频域方法统一起来。

1．虚指数信号

信号的时域表示为

$$f(t) = \mathrm{e}^{\mathrm{j}\Omega_0 t}$$

由冲激信号的定义和性质得

$$\int_{-\infty}^{\infty} \delta(\Omega) \mathrm{e}^{\mathrm{j}\Omega t} \mathrm{d}\Omega = 1$$

进而得

$$\int_{-\infty}^{\infty} \delta(\Omega - \Omega_0) \mathrm{e}^{\mathrm{j}(\Omega - \Omega_0)t} \mathrm{d}\Omega = 1$$

上式两边同时乘以 $\mathrm{e}^{\mathrm{j}\Omega_0 t}$，得

$$\int_{-\infty}^{\infty} \delta(\Omega - \Omega_0) \mathrm{e}^{\mathrm{j}\Omega t} \mathrm{d}\Omega = \mathrm{e}^{\mathrm{j}\Omega_0 t}$$

上式左边进行数学变形得

$$\frac{1}{2\pi} \int_{-\infty}^{\infty} 2\pi \delta(\Omega - \Omega_0) \mathrm{e}^{\mathrm{j}\Omega t} \mathrm{d}\Omega = \mathrm{e}^{\mathrm{j}\Omega_0 t}$$

根据式（4-28）傅里叶反变换的定义，可得

$$F[\mathrm{e}^{\mathrm{j}\Omega_0 t}] = 2\pi \delta(\Omega - \Omega_0) \tag{4-41}$$

同理可得

$$F[\mathrm{e}^{-\mathrm{j}\Omega_0 t}] = 2\pi \delta(\Omega + \Omega_0) \tag{4-42}$$

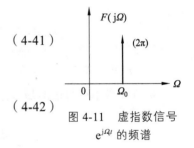

图 4-11 虚指数信号 $\mathrm{e}^{\mathrm{j}\Omega t}$ 的频谱

如图 4-11 所示为虚指数信号 $\mathrm{e}^{\mathrm{j}\Omega_0 t}$ 的频谱。

2．正弦型信号

根据欧拉公式，正弦信号可以表示为

$$\cos \Omega_0 t = \frac{1}{2}(\mathrm{e}^{\mathrm{j}\Omega_0 t} + \mathrm{e}^{-\mathrm{j}\Omega_0 t})$$

由虚指数信号的傅里叶变换式（4-41）和式（4-42），可得正弦信号的傅里叶变换为

$$F[\cos \Omega_0 t] = \pi[\delta(\Omega - \Omega_0) + \delta(\Omega + \Omega_0)] \tag{4-43}$$

同理可得

$$F[\sin \Omega_0 t] = -\mathrm{j}\pi[\delta(\Omega - \Omega_0) - \delta(\Omega + \Omega_0)] \tag{4-44}$$

如图 4-12 所示为正弦信号的频谱。

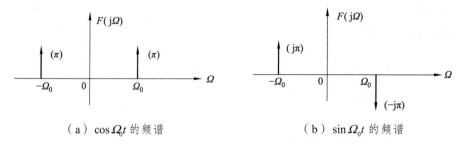

（a）$\cos\Omega_0 t$ 的频谱 　　　　　　　　　（b）$\sin\Omega_0 t$ 的频谱

图 4-12　正弦信号的频谱

3．一般周期信号

根据式（4-1），一般周期信号的傅里叶级数展开时域表示为

$$f(t) = \sum_{n=-\infty}^{+\infty} C_n \mathrm{e}^{jn\Omega_0 t} , \quad \left(\Omega_0 = \frac{2\pi}{T_0} \right)$$

对上式两边进行傅里叶变换

$$F[f(t)] = F(j\Omega) = F\left[\sum_{n=-\infty}^{+\infty} C_n \mathrm{e}^{jn\Omega_0 t} \right] = \sum_{n=-\infty}^{+\infty} C_n F[\mathrm{e}^{jn\Omega_0 t}]$$

再根据虚指数信号的傅里叶变换式（4-41）

$$F[f(t)] = 2\pi \sum_{n=-\infty}^{+\infty} C_n \delta(\Omega - n\Omega_0) \tag{4-45}$$

4．单位冲激串

单位冲激串信号的时域表示为

$$\delta_{T_0}(t) = \sum_{n=-\infty}^{+\infty} \delta(t - nT_0) \tag{4-46}$$

因为 $\delta_{T_0}(t)$ 为周期信号，先将其展开为指数形式傅里叶级数为

$$\delta_{T_0}(t) = \sum_{n=-\infty}^{+\infty} \delta(t - nT_0) = \frac{1}{T_0} \sum_{n=-\infty}^{+\infty} \mathrm{e}^{jn\Omega_0 t} \tag{4-47}$$

对上式两边进行傅里叶变换

$$F[\delta_{T_0}(t)] = 2\pi \sum_{n=-\infty}^{+\infty} \frac{1}{T_0} \delta(\Omega - n\Omega_0) = \Omega_0 \sum_{n=-\infty}^{+\infty} \delta(\Omega - n\Omega_0) \tag{4-48}$$

式（4-48）表明，时域单位冲激串的频谱是强度为 $\Omega_0 = 2\pi/T_0$、周期为 Ω_0 的频域冲激串。如图 4-13 所示为单位冲激串信号及其频谱。

图 4-13 单位冲激串及其频谱

常见信号的傅里叶变换如表 4-1 所示。

表 4-1 常见信号的傅里叶变换

$f(t)$	$F(\mathrm{j}\Omega)$	$f(t)$	$F(\mathrm{j}\Omega)$
$\mathrm{e}^{-\alpha t}u(t)$，$\alpha>0$	$\dfrac{1}{\alpha+\mathrm{j}\Omega}$	$\mathrm{Sa}(\Omega_0 t)$，$\Omega_0>0$	$\dfrac{\pi}{\Omega_0}p_{2\Omega_0}(\Omega)$
$\mathrm{e}^{-\alpha|t|}$，$\alpha>0$	$\dfrac{2\alpha}{\alpha^2+\Omega^2}$	$p_\tau(t)$，$\tau>0$	$\tau\mathrm{Sa}(\Omega\tau/2)$
$\delta(t)$	1	$\mathrm{e}^{\mathrm{j}\Omega_0 t}$	$2\pi\delta(\Omega-\Omega_0)$
1	$2\pi\delta(\Omega)$	$\cos\Omega_0 t$	$\pi[\delta(\Omega-\Omega_0)+\delta(\Omega+\Omega_0)]$
$\mathrm{sgn}(t)$	$\dfrac{2}{\mathrm{j}\Omega}$	$\sin\Omega_0 t$	$-\mathrm{j}\pi[\delta(\Omega-\Omega_0)-\delta(\Omega+\Omega_0)]$
$u(t)$	$\pi\delta(\Omega)+\dfrac{1}{\mathrm{j}\Omega}$	$\displaystyle\sum_{n=-\infty}^{+\infty}\delta(t-nT_0)$	$\displaystyle\Omega_0\sum_{n=-\infty}^{+\infty}\delta(\Omega-n\Omega_0)$

4.2.4　连续时间傅里叶变换的性质

傅里叶变换存在许多重要的性质，这些性质揭示了连续信号的时域与频域之间内在的联系，有助于深入理解连续时间傅里叶变换的数学概念和物理概念，在理论分析和工程实践中都有着广泛的应用，下面将讨论几个常用的基本性质。

1．线性特性

傅里叶变换是一种线性运算，若

$$f_1(t)\xleftrightarrow{F}F_1(\mathrm{j}\Omega);\qquad f_2(t)\xleftrightarrow{F}F_2(\mathrm{j}\Omega)$$

则有下式成立：

$$af_1(t)+bf_2(t)\xleftrightarrow{F}aF_1(\mathrm{j}\Omega)+bF_2(\mathrm{j}\Omega) \tag{4-49}$$

式（4-49）中 a 和 b 均为常数。

2．共轭对称特性

若已知 $f(t)$ 的傅里叶变换存在

$$f(t)\xleftrightarrow{F}F(\mathrm{j}\Omega)$$

则

$$f^*(t) \xleftarrow{\quad F \quad} F^*(-j\Omega) \tag{4-50}$$

$$f^*(-t) \xleftarrow{\quad F \quad} F^*(j\Omega) \tag{4-51}$$

证明：
$$F[f^*(t)] = \int_{-\infty}^{\infty} f^*(t)e^{-j\Omega t}dt = \left[\int_{-\infty}^{\infty} f(t)e^{j\Omega t}dt\right]^* = F^*(-j\Omega)$$

$$F[f^*(-t)] = \int_{-\infty}^{\infty} f^*(-t)e^{-j\Omega t}dt = -\int_{\infty}^{-\infty} f^*(t)e^{j\Omega t}dt$$

$$= \int_{-\infty}^{\infty} f^*(t)e^{j\Omega t}dt = \left[\int_{-\infty}^{\infty} f(t)e^{-j\Omega t}dt\right]^* = F^*(j\Omega)$$

下面介绍共轭对称和共轭反对称的概念，与实信号的奇偶分解类似，对于信号 $f(t)$ 在复数范围可分解为共轭对称分量 $f_e(t)$ 和共轭反对称分量 $f_o(t)$，即

$$f(t) = f_e(t) + f_o(t) \tag{4-52}$$

式（4-52）中

$$f_e(t) = f_e^*(-t) = \frac{1}{2}[f(t) + f^*(-t)] \tag{4-53}$$

$$f_o(t) = -f_o^*(-t) = \frac{1}{2}[f(t) - f^*(-t)] \tag{4-54}$$

通常信号 $f(t)$ 的频谱 $F(j\Omega)$ 也为复函数，可将 $F(j\Omega)$ 表示为实部分量加虚部分量的形式

$$F(j\Omega) = F_R(j\Omega) + jF_I(j\Omega) \tag{4-55}$$

分别对式（4-53）和式（4-54）两边同时进行傅里叶变换，得

$$F[f_e(t)] = \frac{1}{2}[F(j\Omega) + F^*(j\Omega)] = F_R(j\Omega) \tag{4-56}$$

$$F[f_o(t)] = \frac{1}{2}[F(j\Omega) - F^*(j\Omega)] = jF_I(j\Omega) \tag{4-57}$$

因此得到结论，$f(t)$ 的共轭对称分量 $f_e(t)$ 的傅里叶变换等于 $F(j\Omega)$ 的实部 $F_R(j\Omega)$，而共轭反对称分量 $f_o(t)$ 的傅里叶变换等于 $F(j\Omega)$ 的虚部 $F_I(j\Omega)$ 与虚数单位 j 的乘积。

同理，可将 $f(t)$ 表示为实部分量 $f_R(t)$ 加虚部分量 $f_I(t)$ 的形式，即

$$f(t) = f_R(t) + jf_I(t) \tag{4-58}$$

再将 $F(j\Omega)$ 分解为共轭对称分量 $F_e(j\Omega)$ 和共轭反对称分量 $F_o(j\Omega)$，即

$$F(j\Omega) = F_e(j\Omega) + F_o(j\Omega) \tag{4-59}$$

式（4-59）中

$$F_e(j\Omega) = F_e^*(-j\Omega) = \frac{1}{2}[F(j\Omega) + F^*(-j\Omega)] \tag{4-60}$$

$$F_{\mathrm{o}}(\mathrm{j}\Omega) = -F_{\mathrm{o}}^{*}(-\mathrm{j}\Omega) = \frac{1}{2}[F(\mathrm{j}\Omega) - F^{*}(-\mathrm{j}\Omega)] \qquad (4\text{-}61)$$

分别对式（4-60）和式（4-61）两边同时进行傅里叶反变换，再结合式（4-50），得

$$F^{-1}[F_{\mathrm{e}}(\mathrm{j}\Omega)] = \frac{1}{2}[f(t) + f*(t)] = f_{\mathrm{R}}(t) \qquad (4\text{-}62)$$

$$F^{-1}[F_{\mathrm{o}}(\mathrm{j}\Omega)] = \frac{1}{2}[f(t) - f*(t)] = \mathrm{j}f_{\mathrm{I}}(t) \qquad (4\text{-}63)$$

因此又得到结论，$F(\mathrm{j}\Omega)$ 的共轭对称分量 $F_{\mathrm{e}}(\mathrm{j}\Omega)$ 的傅里叶反变换等于 $f(t)$ 的实部 $f_{\mathrm{R}}(t)$，而共轭反对称分量 $F_{\mathrm{o}}(\mathrm{j}\Omega)$ 的傅里叶反变换等于 $f(t)$ 的虚部 $f_{\mathrm{I}}(t)$ 与虚数单位 j 的乘积。

对于实信号，傅里叶变换的共轭对称性有一系列的重要结论，下面进行详细讨论。

一般情况下信号 $f(t)$ 的频谱 $F(\mathrm{j}\Omega)$ 为复函数，根据式（4-31）

$$F(\mathrm{j}\Omega) = |F(\mathrm{j}\Omega)| \mathrm{e}^{\mathrm{j}\varphi(\Omega)}$$

当 $f(t)$ 是实信号时，由式（4-50）可得

$$F(\mathrm{j}\Omega) = F^{*}(-\mathrm{j}\Omega) \qquad (4\text{-}64)$$

进而可得

$$|F(\mathrm{j}\Omega)| \mathrm{e}^{\mathrm{j}\varphi(\Omega)} = |F(-\mathrm{j}\Omega)| \mathrm{e}^{-\mathrm{j}\varphi(-\Omega)}$$

即

$$|F(\mathrm{j}\Omega)| = |F(-\mathrm{j}\Omega)|, \quad \varphi(\Omega) = -\varphi(-\Omega) \qquad (4\text{-}65)$$

实信号 $f(t)$ 的幅度谱函数 $|F(\mathrm{j}\Omega)|$ 为偶对称，相位谱函数 $\varphi(\Omega)$ 为奇对称。

再将式（4-55）代入式（4-64），可得

$$F_{\mathrm{R}}(\mathrm{j}\Omega) = F_{\mathrm{R}}(-\mathrm{j}\Omega) \qquad (4\text{-}66)$$

$$F_{\mathrm{I}}(\mathrm{j}\Omega) = -F_{\mathrm{I}}(-\mathrm{j}\Omega) \qquad (4\text{-}67)$$

即实信号 $f(t)$ 的频谱函数 $F(\mathrm{j}\Omega)$ 的实部 $F_{\mathrm{R}}(\mathrm{j}\Omega)$ 为偶对称，虚部 $F_{\mathrm{I}}(\mathrm{j}\Omega)$ 为奇对称。

另外，当 $f(t)$ 为实偶信号时，根据式（4-51）可得

$$F(\mathrm{j}\Omega) = F^{*}(\mathrm{j}\Omega)$$

再结合式（4-66），可知实偶信号的频谱是实偶的，如单位矩形脉冲信号和其频谱都是实偶的。

当 $f(t)$ 为实奇信号时，根据式（4-51）可得

$$F(\mathrm{j}\Omega) = -F^{*}(\mathrm{j}\Omega)$$

即实奇信号的频谱是纯虚数，再结合式（4-67），可知 $F(\mathrm{j}\Omega)$ 的虚部是奇对称的，如符号函数时域波形是实奇的，其频谱是虚奇的。

【例 4-5】 利用傅里叶变换的共轭对称性求双边指数信号 $f(t) = \mathrm{e}^{-\alpha|t|}$，$\alpha > 0$ 的频谱。

解：因为双边指数信号是单边指数信号偶分量的 2 倍，因而其傅里叶变换是单边指数信号傅里叶变换实部的 2 倍，单边指数信号的傅里叶变换为

$$F[\mathrm{e}^{-\alpha t}u(t)] = \frac{1}{\alpha + \mathrm{j}\Omega} = \frac{\alpha}{\alpha^2 + \Omega^2} - \mathrm{j}\frac{\Omega}{\alpha^2 + \Omega^2}$$

所以

$$F[\mathrm{e}^{-\alpha|t|}] = \frac{2\alpha}{\alpha^2 + \Omega^2}$$

3．对称互易特性

若

$$f(t) \xleftrightarrow{\ F\ } F(\mathrm{j}\Omega)$$

则

$$F(\mathrm{j}t) \xleftrightarrow{\ F\ } 2\pi f(-\Omega) \tag{4-68}$$

证明：由于

$$f(t) = \frac{1}{2\pi}\int_{-\infty}^{\infty} F(\mathrm{j}\Omega)\mathrm{e}^{\mathrm{j}\Omega t}\mathrm{d}\Omega$$

进而可得

$$f(-t) = \frac{1}{2\pi}\int_{-\infty}^{\infty} F(\mathrm{j}\Omega)\mathrm{e}^{-\mathrm{j}\Omega t}\mathrm{d}\Omega$$

将变量 t 与 Ω 互换，可得

$$2\pi f(-\Omega) = \int_{-\infty}^{\infty} F(\mathrm{j}t)\mathrm{e}^{-\mathrm{j}\Omega t}\mathrm{d}t$$

所以信号 $F(\mathrm{j}t)$ 的傅里叶变换为 $2\pi f(-\Omega)$。

【**例 4-7**】 希尔伯特变换（Hilbert transform）是指一个连续时间信号 $f(t)$ 通过具有冲激响应 $h(t) = 1/\pi t$ 的线性时不变系统以后的输出响应。试用互易对称性求 $h(t)$ 的傅里叶变换。

解：根据式（4-39），符号函数的傅里叶变换为

$$\mathrm{sgn}(t) \xleftrightarrow{\ F\ } \frac{2}{\mathrm{j}\Omega}$$

由互易对称性可得

$$\frac{2}{\mathrm{j}t} \xleftrightarrow{\ F\ } 2\pi\,\mathrm{sgn}(-\Omega) = -2\pi\,\mathrm{sgn}(\Omega)$$

由傅里叶变换的线性特性，可得

$$\frac{1}{\pi t} \xleftrightarrow{\ F\ } -\mathrm{j}\,\mathrm{sgn}(\Omega) \tag{4-69}$$

4．展缩特性

若

$$f(t)\overset{F}{\longleftrightarrow}F(\mathrm{j}\Omega)$$

则

$$f(at)\overset{F}{\longleftrightarrow}\frac{1}{|a|}F\left(\mathrm{j}\frac{\Omega}{a}\right),\ a\neq 0 \tag{4-70}$$

证明：由傅里叶变换的定义得

$$F[f(at)]=\int_{-\infty}^{\infty}f(at)\mathrm{e}^{-\mathrm{j}\Omega t}\mathrm{d}t$$

令 $x=at$，则 $\mathrm{d}x=a\mathrm{d}t$，代入上式可得

$$F[f(at)]=\frac{1}{|a|}\int_{-\infty}^{\infty}f(x)\mathrm{e}^{-\mathrm{j}\frac{\Omega}{a}x}\mathrm{d}x=\frac{1}{|a|}F\left(\mathrm{j}\frac{\Omega}{a}\right)$$

图 4-14 分别表示不同宽度的矩形脉冲各自对应的频谱。

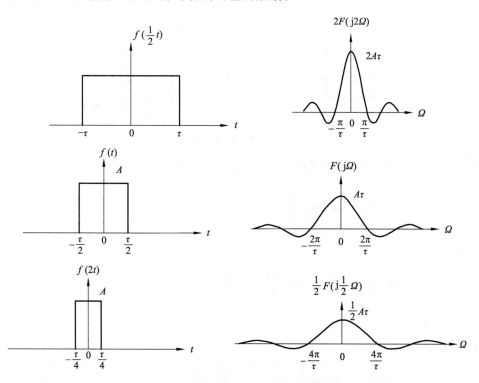

图 4-14　傅里叶变换的展缩特性

由此得到结论，信号时域压缩，则频域展宽；时域展宽，则频域压缩。在通信技术中，常需要增加通信速度，即减小矩形脉冲信号的宽度，这就要求相应地扩展通信设备的有效带宽。

5. 时移特性

若

$$f(t) \xleftrightarrow{\ F\ } F(j\Omega)$$

则

$$f(t-t_0) \xleftrightarrow{\ F\ } F(j\Omega) \cdot e^{-j\Omega t_0} \qquad (4\text{-}71)$$

式（4-71）中，t_0 为任意实数。

证明：由傅里叶变换的定义得

$$F[f(t-t_0)] = \int_{-\infty}^{\infty} f(t-t_0) e^{-j\omega t} dt$$

令 $x = t - t_0$，则 $dx = dt$，代入上式可得

$$F[f(t-t_0)] = \int_{-\infty}^{\infty} f(x) e^{-j\Omega(t_0+x)} dx = F(j\Omega) \cdot e^{-j\Omega t_0}$$

信号在时域中的时移，对应频域中产生附加相移，而幅度谱保持不变。

【例 4-8】 如图 4-15 所示，已知矩形脉冲信号 $f(t)$，试求延时矩形脉冲信号 $f(t-t_0)$ 的频谱函数。

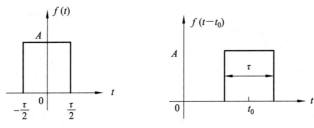

图 4-15　例 4-8 图

解：无延时且宽度为 τ 的矩形脉冲信号 $f(t)$ 的频谱为

$$F[f(t)] = A\tau \cdot \mathrm{Sa}\left(\frac{\Omega\tau}{2}\right)$$

故，由延时特性可得

$$F[f(t-t_0)] = A\tau \cdot \mathrm{Sa}\left(\frac{\Omega\tau}{2}\right) \cdot e^{-j\Omega t_0}$$

6. 频移特性

若

$$f(t) \xleftrightarrow{\ F\ } F(j\Omega)$$

则

$$f(t) \cdot e^{j\Omega_0 t} \xleftrightarrow{\ F\ } F[j(\Omega - \Omega_0)] \qquad (4\text{-}72)$$

证明：由傅里叶变换定义有

$$F[f(t) \cdot e^{j\Omega_0 t}] = \int_{-\infty}^{\infty} f(t) e^{j\Omega_0 t} e^{-j\Omega t} dt$$

$$= \int_{-\infty}^{\infty} f(t) e^{-j(\Omega - \Omega_0)t} dt = F[j(\Omega - \Omega_0)]$$

可见信号在时域的相移，对应频谱函数在频域的频移。

【例 4-9】 求信号 $f(t)$ 与余弦和正弦信号相乘后的频谱。

解：（1） $f(t)\cos\Omega_0 t$ 的频谱：

$$F[f(t)\cos\Omega_0 t] = \frac{1}{2}F[f(t)e^{j\Omega_0 t}] + \frac{1}{2}F[f(t)e^{-j\Omega_0 t}]$$

$$= \frac{1}{2}F[j(\Omega - \Omega_0)] + \frac{1}{2}F[j(\Omega + \Omega_0)] \qquad （4\text{-}73）$$

（2） $f(t)\sin\Omega_0 t$ 的频谱：

$$F[f(t)\sin\Omega_0 t] = \frac{1}{2j}F[f(t)e^{j\Omega_0 t}] - \frac{1}{2j}F[f(t)e^{-j\Omega_0 t}]$$

$$= -\frac{j}{2}F[j(\Omega - \Omega_0)] + \frac{j}{2}F[j(\Omega + \Omega_0)] \qquad （4\text{-}74）$$

因此，信号与正弦信号相乘后，其频谱是将原来信号频谱向左右搬移 Ω_0，幅度减半。

【例 4-10】 试求矩形脉冲信号与余弦信号相乘后信号 $a(t) = f(t)\cos\Omega_0 t$ 的频谱函数。

解：已知宽度为 τ 的矩形脉冲信号对应的频谱函数为

$$F(j\Omega) = A\tau \cdot \text{Sa}\left(\frac{\Omega\tau}{2}\right)$$

应用频移特性可得

$$F[f(t)\cos\Omega_0 t] = \frac{1}{2}F[j(\Omega - \Omega_0)] + \frac{1}{2}F[j(\Omega + \Omega_0)]$$

代入矩形脉冲频谱，得

$$A(j\Omega) = \frac{1}{2}A\tau \cdot \text{Sa}\left[\frac{(\Omega - \Omega_0)\tau}{2}\right] + \frac{1}{2}A\tau \cdot \text{Sa}\left[\frac{(\Omega + \Omega_0)\tau}{2}\right]$$

如图 4-16 所示为矩形脉冲信号发生频移前后的频谱。

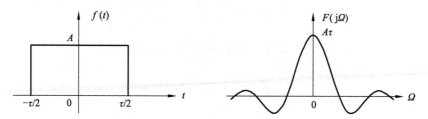

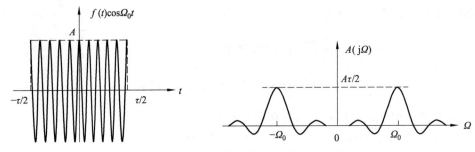

图 4-16 矩形脉冲信号发生频移前后的频谱

7. 时域卷积特性

若

$$f_1(t) \xleftrightarrow{F} F_1(\mathrm{j}\Omega), \quad f_2(t) \xleftrightarrow{F} F_2(\mathrm{j}\Omega)$$

则

$$f_1(t) * f_2(t) \xleftrightarrow{F} F_1(\mathrm{j}\Omega) \cdot F_2(\mathrm{j}\Omega) \tag{4-75}$$

证明： 由卷积和傅里叶变换定义有

$$F[f_1(t) * f_2(t)] = \int_{-\infty}^{\infty} [\int_{-\infty}^{\infty} f_1(\tau) f_2(t-\tau) \mathrm{d}\tau] \mathrm{e}^{-\mathrm{j}\Omega t} \mathrm{d}t$$

$$= \int_{-\infty}^{\infty} f_1(\tau) [\int_{-\infty}^{\infty} f_2(t-\tau) \mathrm{e}^{-\mathrm{j}\Omega t} \mathrm{d}t] \mathrm{d}\tau$$

$$= \int_{-\infty}^{\infty} f_1(\tau) F_2(\mathrm{j}\Omega) \mathrm{e}^{-\mathrm{j}\Omega \tau} \mathrm{d}\tau = F_1(\mathrm{j}\Omega) \cdot F_2(\mathrm{j}\Omega)$$

时域卷积特性表明，傅里叶变换可以将时域的卷积运算转换成频域的乘积运算。

8. 频域卷积特性

若

$$f_1(t) \xleftrightarrow{F} F_1(\mathrm{j}\Omega), \quad f_2(t) \xleftrightarrow{F} F_2(\mathrm{j}\Omega)$$

则

$$f_1(t) \cdot f_2(t) \xleftrightarrow{F} \frac{1}{2\pi} [F_1(\mathrm{j}\Omega) * F_2(\mathrm{j}\Omega)] \tag{4-76}$$

证明： 由傅里叶变换定义有

$$F[f_1(t) \cdot f_2(t)] = \int_{-\infty}^{\infty} [f_1(t) \cdot f_2(t)] \mathrm{e}^{-\mathrm{j}\Omega t} \mathrm{d}t$$

$$= \int_{-\infty}^{\infty} f_2(t) \mathrm{e}^{-\mathrm{j}\Omega t} \left[\frac{1}{2\pi} \int_{-\infty}^{\infty} F_1(\mathrm{j}\theta) \mathrm{e}^{\mathrm{j}\theta t} \mathrm{d}\theta \right] \mathrm{d}t$$

$$= \frac{1}{2\pi} \int_{-\infty}^{\infty} F_1(\mathrm{j}\theta) \mathrm{d}\theta [\int_{-\infty}^{\infty} f_2(t) \mathrm{e}^{-\mathrm{j}(\Omega-\theta)t} \mathrm{d}t]$$

$$= \frac{1}{2\pi} \int_{-\infty}^{\infty} F_1(\mathrm{j}\theta) F_2[\mathrm{j}(\Omega-\theta)] \mathrm{d}\theta$$

$$= \frac{1}{2\pi} [F_1(\mathrm{j}\Omega) * F_2(\mathrm{j}\Omega)]$$

频域卷积特性表明，傅里叶变换可以将时域的乘积运算转换成频域的卷积运算。

9．时域微分特性

若

$$f(t) \xleftrightarrow{\ F\ } F(j\Omega)$$

则

$$\frac{\mathrm{d}f(t)}{\mathrm{d}t} \xleftrightarrow{\ F\ } (j\Omega) \cdot F(j\Omega) \tag{4-77}$$

$$\frac{\mathrm{d}^n f(t)}{\mathrm{d}t^n} \xleftrightarrow{\ F\ } (j\Omega)^n \cdot F(j\Omega) \tag{4-78}$$

【例 4-11】 试利用傅里叶变换的微分特性求图 4-17（a）所示矩形脉冲信号 $f(t)$ 的频谱函数。

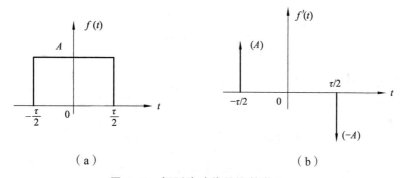

（a）　　　　　　　　　　　　　（b）

图 4-17　矩形脉冲信号及其微分

解： $f(t)$ 的微分为

$$f'(t) = A\delta\left(t + \frac{\tau}{2}\right) - A\delta\left(t - \frac{\tau}{2}\right)$$

对上式求傅里叶变换得

$$F[f'(t)] = A\mathrm{e}^{j\Omega\frac{\tau}{2}} - A\mathrm{e}^{-j\Omega\frac{\tau}{2}} = A \cdot 2j\sin\left(\Omega\frac{\tau}{2}\right) = (j\Omega)F(j\Omega)$$

因此有

$$F(j\Omega) = \frac{2A}{\Omega}\sin\left(\Omega\frac{\tau}{2}\right) = A\tau\mathrm{Sa}\left(\frac{\Omega\tau}{2}\right)$$

10．积分特性

若

$$f(t) \xleftrightarrow{\ F\ } F(j\Omega)$$

则

$$\int_{-\infty}^{t} f(\tau)\mathrm{d}\tau \xrightarrow{\quad F \quad} \frac{1}{\mathrm{j}\Omega}F(\mathrm{j}\Omega)+\pi F(0)\delta(\Omega) \qquad (4\text{-}79)$$

若信号不存在直流分量，即 $F(0)=0$ 时，则有下式成立

$$\int_{-\infty}^{t} f(\tau)\mathrm{d}\tau \xrightarrow{\quad F \quad} \frac{1}{\mathrm{j}\Omega}F(\mathrm{j}\Omega) \qquad (4\text{-}80)$$

证明：由于

$$f(t)*u(t)=\int_{-\infty}^{\infty} f(\tau)u(t-\tau)\mathrm{d}\tau=\int_{-\infty}^{t} f(\tau)\mathrm{d}\tau$$

根据时域卷积性质，有

$$F[f(t)*u(t)]=F[f(t)]\cdot F[u(t)]=F(\mathrm{j}\Omega)\left(\frac{1}{\mathrm{j}\Omega}+\pi\delta(\Omega)\right)$$

$$=\frac{1}{\mathrm{j}\Omega}F(\mathrm{j}\Omega)+\pi F(0)\delta(\Omega)$$

11. 频域微分特性

若

$$f(t)\xrightarrow{\quad F \quad}F(\mathrm{j}\Omega)$$

则

$$t\cdot f(t)\xrightarrow{\quad F \quad}\mathrm{j}\cdot\frac{\mathrm{d}F(\mathrm{j}\Omega)}{\mathrm{d}\Omega} \qquad (4\text{-}81)$$

$$t^{n} f(t)\xrightarrow{\quad F \quad}\mathrm{j}^{n}\cdot\frac{\mathrm{d}F^{n}(\mathrm{j}\Omega)}{\mathrm{d}\Omega^{n}} \qquad (4\text{-}82)$$

证明：由傅里叶变换定义有

$$F(\mathrm{j}\Omega)=\int_{-\infty}^{\infty} f(t)\mathrm{e}^{-\mathrm{j}\Omega t}\mathrm{d}t$$

上式两边对 Ω 同时取导数，得

$$\frac{\mathrm{d}F(\mathrm{j}\Omega)}{\mathrm{d}\Omega}=\int_{-\infty}^{\infty} f(t)\frac{\mathrm{d}}{\mathrm{d}\Omega}\mathrm{e}^{-\mathrm{j}\Omega t}\mathrm{d}\Omega=\int_{-\infty}^{\infty}[(-\mathrm{j}t)f(t)]\mathrm{e}^{-\mathrm{j}\Omega t}\mathrm{d}t$$

将上式两边同乘以 j 得

$$\mathrm{j}\frac{\mathrm{d}F(\mathrm{j}\Omega)}{\mathrm{d}\Omega}=\int_{-\infty}^{\infty}[tf(t)]\cdot\mathrm{e}^{-\mathrm{j}\Omega t}\mathrm{d}t$$

因而式（4-81）得证。

【例 4-12】 试求单位斜坡信号 $tu(t)$ 的傅里叶变换。

解：已知单位阶跃信号傅里叶变换为

$$F[u(t)] = \pi\delta(\Omega) + \frac{1}{j\Omega}$$

利用频域微分特性可得

$$F[tu(t)] = j\frac{d}{d\Omega}\left[\pi\delta(\Omega) + \frac{1}{j\Omega}\right] = j\pi\delta'(\Omega) - \frac{1}{\Omega^2}$$

12．能量定理

若

$$f(t) \xleftrightarrow{\ F\ } F(j\Omega)$$

则

$$\int_{-\infty}^{\infty} |f(t)|^2 \, dt = \frac{1}{2\pi}\int_{-\infty}^{\infty} |F(j\Omega)|^2 \, d\Omega \qquad\qquad (4\text{-}83)$$

证明：由傅里叶反变换的定义得

$$\int_{-\infty}^{\infty} |f(t)|^2 \, dt = \int_{-\infty}^{\infty} f(t)f^*(t)dt = \int_{-\infty}^{\infty} f^*(t)\left(\frac{1}{2\pi}\int_{-\infty}^{\infty} F(j\Omega)e^{j\Omega t}d\Omega\right)dt$$

$$= \frac{1}{2\pi}\int_{-\infty}^{\infty} F(j\Omega)\left(\int_{-\infty}^{\infty} f(t)e^{-j\Omega t}dt\right)^* d\Omega$$

$$= \frac{1}{2\pi}\int_{-\infty}^{\infty} F(j\Omega)\cdot F^*(j\Omega)d\Omega = \frac{1}{2\pi}\int_{-\infty}^{\infty} |F(j\Omega)|^2 d\Omega$$

式（4-83）表明，信号的能量可以由 $|F(j\Omega)|^2$ 在整个频率范围的积分乘以 $1/2\pi$ 来计算。非周期信号的归一化能量在时域中与在频域中相等，保持能量守恒。

另外，根据式（4-83），可以定义能量频谱密度函数（简称能量频谱或能量谱），即

$$G(j\Omega) = \frac{1}{2\pi}|F(j\Omega)|^2 \qquad\qquad (4\text{-}84)$$

式（4-84）表明，信号的能量谱 $G(j\Omega)$ 是 Ω 的偶函数，它只决定于频谱函数的幅度特性，而与相位特性无关。

以上简述了连续时间傅里叶变换的一些重要性质，其在信号的频谱分析中有着广泛的应用。利用这些性质和常见信号的频谱函数，可以求解复杂信号的频谱函数。现将这特性列于表 4-2 中，以方便读者查阅。

表 4-2   傅里叶变换的基本性质

类别	性质
线性特性	$af_1(t) + bf_2(t) \xleftrightarrow{F} aF_1(\mathrm{j}\Omega) + bF_2(\mathrm{j}\Omega)$
共轭特性	$f^*(t) \xleftrightarrow{F} F^*(-\mathrm{j}\Omega)$
共轭对称特性	$f^*(-t) \xleftrightarrow{F} F^*(\mathrm{j}\Omega)$
互易对称特性	$F(\mathrm{j}t) \xleftrightarrow{F} 2\pi f(-\Omega)$
展缩特性	$f(at) \xleftrightarrow{F} \dfrac{1}{\|a\|} F\left(\mathrm{j}\dfrac{\Omega}{a}\right),\ a \neq 0$
时移特性	$f(t - t_0) \xleftrightarrow{F} F(\mathrm{j}\Omega) \cdot \mathrm{e}^{-\mathrm{j}\Omega t_0}$
频移特性	$f(t) \cdot \mathrm{e}^{\mathrm{j}\Omega_0 t} \xleftrightarrow{F} F[\mathrm{j}(\Omega - \Omega_0)]$
时域卷积特性	$f_1(t) * f_2(t) \xleftrightarrow{F} F_1(\mathrm{j}\Omega) \cdot F_2(\mathrm{j}\Omega)$
频域卷积特性	$f_1(t) \cdot f_2(t) \xleftrightarrow{F} \dfrac{1}{2\pi}[F_1(\mathrm{j}\Omega) * F_2(\mathrm{j}\Omega)]$
时域微分特性	$\dfrac{\mathrm{d}^n f(t)}{\mathrm{d}t^n} \xleftrightarrow{F} (\mathrm{j}\Omega)^n \cdot F(\mathrm{j}\Omega)$
积分特性	$\displaystyle\int_{-\infty}^{t} f(\tau)\mathrm{d}\tau \xleftrightarrow{F} \dfrac{1}{\mathrm{j}\Omega}F(\mathrm{j}\Omega) + \pi F(0)\delta(\Omega)$
频域微分特性	$t^n f(t) \xleftrightarrow{F} \mathrm{j}^n \cdot \dfrac{\mathrm{d}F^n(\mathrm{j}\Omega)}{\mathrm{d}\Omega^n}$
能量守恒特性	$\displaystyle\int_{-\infty}^{\infty} \|f(t)\|^2\,\mathrm{d}t = \dfrac{1}{2\pi}\int_{-\infty}^{\infty}\|F(\mathrm{j}\Omega)\|^2\,\mathrm{d}\Omega$

4.3   离散时间周期信号的傅里叶级数

4.3.1   离散时间周期信号的傅里叶级数表达

与连续时间周期信号可以用虚指数信号 $\mathrm{e}^{\mathrm{j}n\Omega_0 t}$ 的线性叠加表示类似，离散时间周期信号也可以用虚指数序列 $\mathrm{e}^{\mathrm{j}n\omega_0 k}$ 的线性加权组合来表示，即周期序列在一定条件下可以展开为离散傅里叶级数（Discrete Fourier Series，DFS）。

设周期序列 $f[k]$ 的周期为 N ，则 $f[k]$ 的离散傅里叶级数展开为

$$f[k] = \sum_{n=0}^{N-1} F_n \mathrm{e}^{\mathrm{j}n\omega_0 k} \tag{4-85}$$

式（4-85）中，数字角频率 $\omega_0 = 2\pi/N$ ，由于 $\mathrm{e}^{\mathrm{j}n\omega_0 k} = \mathrm{e}^{\mathrm{j}(n+N)\omega_0 k}$ ，所以 n 也具有周期性，其周期也为 N ，因而离散傅里叶级数中只有 N 个独立的谐波分量，展为傅里叶级数时，只能取

$n = 0 \sim N-1$，注意这一点与连续时间信号展为傅里叶级数的情形不同。$n = 0$ 时表示 $f[k]$ 的直流分量，$n = 1$ 表示 $f[k]$ 的基频分量。

利用虚指数序列的正交性，可以求出 DFS 系数为

$$F_n = \mathrm{DFS}[f[k]] = \frac{1}{N} \sum_{k=0}^{N-1} f[k] \mathrm{e}^{-jn\omega_0 k} \tag{4-86}$$

式（4-86）中，n 具有周期性，因此 F_n 也是周期的，其周期也是 N，这一点与连续时间周期信号的傅里叶级系数 C_n 也是有所不同的。式（4-86）和式（4-85）称为一对 DFS，$f[k]$ 是周期序列的时域表示，F_n 是周期序列的频域表示，且 F_n 是 $n\omega_0$ 的函数。任一周期为 N 的序列都可以用 N 个虚指数序列线性组合表示，不同的周期序列只是对应不同的加权系数，即对应不同的频谱 F_n。

4.3.2 离散时间周期信号的频谱

1. 正弦序列的频谱

将周期为 N 的正弦序列 $f[k] = A\cos(\omega_0 k + \varphi)$ 按欧拉公式展开为

$$f[k] = A\cos(\omega_0 k + \varphi) = \frac{1}{2} A \mathrm{e}^{j\varphi} \mathrm{e}^{j\omega_0 k} + \frac{1}{2} A \mathrm{e}^{-j\varphi} \mathrm{e}^{-j\omega_0 k}$$

因此，按傅里叶级数展开的定义可知

$$F_n = \begin{cases} \dfrac{1}{2} A \mathrm{e}^{j\varphi}, & n + lN = 1 \\[2mm] \dfrac{1}{2} A \mathrm{e}^{-j\varphi}, & n + lN = -1 \\[2mm] 0, & n + lN \neq \pm 1 \end{cases} \tag{4-87}$$

式（4-87）中，l 取整数。

2. 单位周期矩形波序列的频谱

一个周期内有 $2M+1$ 个非零值，周期为 $N \geqslant 2M+1$ 的单位周期矩形序列如图 4-18 所示。

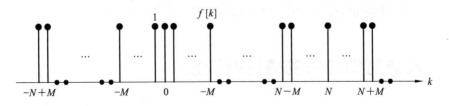

图 4-18 周期矩形波序列

当 $n \neq lN$ 时，其傅里叶级数系数为

$$F_n = \frac{1}{N}\sum_{k=0}^{N-1} f[k]\mathrm{e}^{-jn\omega_0 k} = \frac{1}{N}\sum_{k=-M}^{M} \mathrm{e}^{-jn\omega_0 k}$$

$$= \frac{1}{N}\frac{\mathrm{e}^{jn\omega_0 M} - \mathrm{e}^{-jn\omega_0(M+1)}}{1-\mathrm{e}^{-jn\omega_0}} = \frac{1}{N}\frac{\sin\left(\dfrac{\omega_0 n}{2}(2M+1)\right)}{\sin\left(\dfrac{\omega_0 n}{2}\right)} \tag{4-88}$$

当 $n = lN$ 时，其傅里叶级数系数为

$$F_n = \frac{1}{N}(2M+1) \tag{4-89}$$

4.3.3　离散时间周期信号傅里叶级数的基本性质

与连续时间周期信号的规律类似，下面简要列出离散时间周期信号傅里叶级数的几个重要性质，设周期序列 $f[k]$ 的数字角频率为 ω_0，傅里叶级数系数为 F_n。这里只给出结论，证明过程请读者参阅其他参考教材。

1．线性特性

$$\mathrm{DFS}\{af_1[k] + bf_2[k]\} = a\mathrm{DFS}(f_1[k]) + b\mathrm{DFS}(f_2[k]) \tag{4-90}$$

其中，a、b 为常数。

2．时移特性

$$\mathrm{DFS}\{f[k-k_0]\} = \mathrm{e}^{-jn\omega_0 k_0} F_n \tag{4-91}$$

其中，k_0 为整数。

3．共轭对称性

$$\mathrm{DFS}\{f^*[k]\} = F_{-n}^* \tag{4-92}$$

$$\mathrm{DFS}\{f^*[-k]\} = F_n^* \tag{4-93}$$

4．时域周期卷积定理

$$\mathrm{DFS}\{f_1[k] \tilde{*} f_2[k]\} = \mathrm{DFS}\{f_1[k]\}\mathrm{DFS}\{f_2[k]\} \tag{4-94}$$

4.4　离散时间信号的傅里叶变换

4.4.1　离散时间非周期信号的傅里叶变换

与连续时间周期信号有相同的规律，当周期序列的周期 N 趋于无穷大时，周期序列傅里叶级数的离散谱也会变为连续谱，且谱线的幅度也会变为无穷小。为此需要建立非周期序列

的傅里叶表示，即离散时间傅里叶变换（Discrete Time Fourier Transform, DTFT）。

根据式（4-86）DFS 系数的定义，可得

$$F_n N = \sum_{k=<N>} f[k] e^{-jn\omega_0 k} \qquad (4\text{-}95)$$

当周期 $N \to \infty$ 时，周期序列 $f[k]$ 变为非周期序列，k 的取值范围变为 $(-\infty, \infty)$，这时有下面的极限成立：

$$\begin{cases} \dfrac{2\pi}{N} = \omega_0 \to \mathrm{d}\omega \\ n\omega_0 \to \omega \\ F_n \to 0 \\ F_n N \to F(\mathrm{e}^{\mathrm{j}\omega}) \end{cases}$$

将上面的极限结论代入式（4-95）得

$$F(\mathrm{e}^{\mathrm{j}\omega}) = \sum_{k=-\infty}^{\infty} f[k] e^{-j\omega k} \qquad (4\text{-}96)$$

式（4-96）即为非周期序列的离散时间傅里叶变换式（DTFT），与连续时间信号的傅里叶变换一样，$F(\mathrm{e}^{\mathrm{j}\omega})$ 表示的是频谱密度函数。由于式（4-96）是一个无穷项级数求和，因此其存在收敛问题。与连续时间傅里叶变换的收敛条件（狄里赫利条件）相对应，如果 $f[k]$ 满足绝对可和条件，即

$$\sum_{k=-\infty}^{\infty} |f[k]| < \infty \qquad (4\text{-}97)$$

则式（4-96）收敛。

一般情况下，$F(\mathrm{e}^{\mathrm{j}\omega})$ 是一个复函数，可以表示为

$$F(\mathrm{e}^{\mathrm{j}\omega}) = |F(\mathrm{e}^{\mathrm{j}\omega})| \, \mathrm{e}^{\mathrm{j}\varphi(\omega)} \qquad (4\text{-}98)$$

式（4-98）中，$|F(\mathrm{e}^{\mathrm{j}\omega})|$ 为幅度谱，$\varphi(\omega)$ 为相位谱。

因为数字角频率 ω 以 2π 为周期，即 $F(\mathrm{e}^{\mathrm{j}(\omega+2\pi)}) = F(\mathrm{e}^{\mathrm{j}\omega})$，所以 $F(\mathrm{e}^{\mathrm{j}\omega})$ 也是以 ω 为变量的周期为 2π 的连续周期函数，这一点与连续时间信号的傅里叶变换不同。通常把区间 $[-\pi, \pi]$ 称为 ω 的主值区间。

下面直接给出离散时间傅里叶反变换（Inverse Discrete Time Fourier Transform, IDTFT）的公式，证明过程与连续时间傅里叶反变换公式相似，这里从略，即在 $N \to \infty$ 时，式（4-85）会变为

$$f[k] = \frac{1}{2\pi} \int_{-\pi}^{\pi} F(\mathrm{e}^{\mathrm{j}\omega}) \, \mathrm{e}^{\mathrm{j}\omega k} \mathrm{d}\omega \qquad (4\text{-}99)$$

式（4-99）的物理意义是非周期序列可以表示为无数个频率为 ω，复振幅为 $(1/2\pi)F(\mathrm{e}^{\mathrm{j}\omega})\mathrm{d}\omega$ 的

虚指数信号 $\mathrm{e}^{\mathrm{j}\omega k}$ 的线性组合。不同的非周期序列都可以表示为式（4-99）的形式，所不同的只是虚指数信号 $\mathrm{e}^{\mathrm{j}\omega k}$ 前面的加权系数，即频谱 $F(\mathrm{e}^{\mathrm{j}\omega})$ 不同。$F(\mathrm{e}^{\mathrm{j}\omega})$ 是反映非周期序列特征的重要参数。

4.4.2 离散时间非周期信号的频谱

1．单位脉冲序列

根据 DTFT 的定义式（4-96），可得

$$F(\mathrm{e}^{\mathrm{j}\omega}) = \sum_{k=-\infty}^{\infty} \delta[k]\mathrm{e}^{-\mathrm{j}\omega k} = 1 \tag{4-100}$$

单位脉冲序列及其频谱如图 4-19 所示。

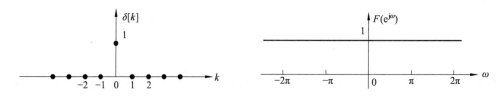

图 4-19　单位脉冲序列及其频谱

2．单边指数序列

单边指数序列的表达式为 $f[k] = \alpha^k u[k]$，$|\alpha| < 1$，根据 DTFT 的定义可得

$$F(\mathrm{e}^{\mathrm{j}\omega}) = \sum_{k=0}^{\infty} \alpha^k \mathrm{e}^{-\mathrm{j}\omega k} = \frac{1}{1 - \alpha \mathrm{e}^{-\mathrm{j}\omega}} \tag{4-101}$$

4.4.3 离散时间周期信号的傅里叶变换

由于任一离散时间周期序列均不满足绝对可和的条件，因而无法直接利用傅里叶变换的定义式直接求得其离散时间傅里叶变换。为使离散时间傅里叶变换也能应用于周期序列，还需要建立离散时间周期序列的离散时间傅里叶变换。下面用类似于连续域的方法来分析。

1．虚指数序列

重写式（4-41）连续虚指数信号的傅里叶变换为

$$F[\mathrm{e}^{\mathrm{j}\Omega_0 t}] = 2\pi\delta(\Omega - \Omega_0)$$

考虑到 ω_0 的周期为 2π，类似式（4-41），可得

$$F[\mathrm{e}^{\mathrm{j}\omega_0 k}] = \sum_{r=-\infty}^{\infty} 2\pi\delta(\omega - \omega_0 - 2\pi r)，r \text{ 取整数} \tag{4-102}$$

式（4-102）就是虚指数序列的 DTFT，即虚指数序列的离散时间傅里叶变换是强度为 2π，周期也为 2π 的冲激函数串。

2．一般周期序列

对于一般周期序列 $f[k]$，重写式（4-85）得

$$f[k] = \sum_{n=0}^{N-1} F_n \mathrm{e}^{\mathrm{j}n\omega_0 k}$$

结合式（4-102），将上式两边同时进行 DTFT，可得

$$F[f[k]] = \sum_{n=0}^{N-1} F_n \sum_{r=-\infty}^{\infty} 2\pi\delta(\omega - n\omega_0 - 2\pi r)$$

如果让 n 在 $(-\infty, \infty)$ 区间变化，可将上式中的两个加法符号合并为一个，得

$$F(\mathrm{e}^{\mathrm{j}\omega}) = 2\pi \sum_{n=-\infty}^{\infty} F_n \delta(\omega - n\omega_0) \qquad (4\text{-}103)$$

式（4-103）中，F_n 同式（4-86），即 $F_n = \dfrac{1}{N} \sum_{k=0}^{N-1} f[k]\mathrm{e}^{-\mathrm{j}n\omega_0 k}$。

式（4-103）就是一般周期序列的 DTFT。需要注意的是，上面公式中的 $\delta(\omega)$ 表示的是单位冲激函数。

常见序列的傅里叶变换如表 4-3 所示。

表 4-3　常见序列的傅里叶变换

$f[k]$	$F(\mathrm{e}^{\mathrm{j}\omega})$
$\delta[k]$	1
$\alpha^k u[k]$，$\|\alpha\| < 1$	$\dfrac{1}{1 - \alpha \mathrm{e}^{-\mathrm{j}\omega}}$
$f[k] = 1$	$2\pi \sum_{n=-\infty}^{\infty} \delta(\omega - 2\pi n)$
$\mathrm{e}^{\mathrm{j}\omega_0 k}$，$2\pi/\omega_0$ 为有理数，$\omega_0 \in [-\pi, \pi]$	$\sum_{r=-\infty}^{\infty} 2\pi\delta(\omega - \omega_0 - 2\pi r)$
$\cos\omega_0 k$，$2\pi/\omega_0$ 为有理数，$\omega_0 \in [-\pi, \pi]$	$\pi \sum_{r=-\infty}^{\infty} (\delta(\omega - \omega_0 - 2\pi r) + \delta(\omega + \omega_0 - 2\pi r))$
$\sin\omega_0 k$，$2\pi/\omega_0$ 为有理数，$\omega_0 \in [-\pi, \pi]$	$-\pi\mathrm{j} \sum_{r=-\infty}^{\infty} (\delta(\omega - \omega_0 - 2\pi r) - \delta(\omega + \omega_0 - 2\pi r))$

4.4.4　离散时间傅里叶变换的性质

与连续时间傅里叶变换的规律类似，离散时间傅里叶变换也存在一系列的重要性质。现将离散时间傅里叶变换的性质列于表 4-4 中，推导过程这里从略。

表 4-4　离散时间傅里叶变换的基本性质

类别	性质
线性特性	$\mathrm{DTFT}[af_1[k]+bf_2[k]]=a\mathrm{DTFT}[f_1[k]]+b\mathrm{DTFT}[f_2[k]]$
共轭特性	$\mathrm{DTFT}[f^*[k]]=F^*(\mathrm{e}^{-\mathrm{j}\omega})$
共轭对称特性	$\mathrm{DTFT}[f^*[-k]]=F^*(\mathrm{e}^{\mathrm{j}\omega})$
时移特性	$\mathrm{DTFT}[f[k-k_0]]=\mathrm{e}^{-\mathrm{j}\omega k_0}F(\mathrm{e}^{\mathrm{j}\omega})$
频移特性	$\mathrm{DTFT}[\mathrm{e}^{\mathrm{j}\omega_0 k}f[k]]=F(\mathrm{e}^{\mathrm{j}(\omega-\omega_0)})$
时域卷积特性	$\mathrm{DTFT}[f[k]*h[k]]=F(\mathrm{e}^{\mathrm{j}\omega})H(\mathrm{e}^{\mathrm{j}\omega})$
频域卷积特性	$\mathrm{DTFT}[f[k]h[k]]=\dfrac{1}{2\pi}\displaystyle\int_{-\pi}^{\pi}F(\mathrm{e}^{\mathrm{j}\theta})H(\mathrm{e}^{\mathrm{j}(\omega-\theta)})\mathrm{d}\theta$
频域微分特性	$\mathrm{DTFT}[kf[k]]=\mathrm{j}\dfrac{\mathrm{d}F(\mathrm{e}^{\mathrm{j}\omega})}{\mathrm{d}\omega}$
能量守恒特性	$\displaystyle\sum_k\lvert f[k]\rvert^2=\dfrac{1}{2\pi}\int_{-\pi}^{\pi}\lvert F(\mathrm{e}^{\mathrm{j}\omega})\rvert^2\,\mathrm{d}\omega$

4.5　信号的时域抽样定理

在通信、控制和信号处理等领域中，通常需要将模拟信号变为数字信号，在本书的知识体系内，就是将连续时间信号变为离散的序列。模数转换的一个重要步骤就是对连续信号进行抽样得到离散时间信号，而抽样后的离散序列能否包含原连续信号的全部信息，抽样定理给出了抽样后的信号与原连续信号之间的关系。可以说，抽样定理在连续时间信号和离散时间信号之间架起了一座桥梁。下面讨论连续时间信号的时域抽样定理。

一般情况下，信号的时域抽样是对连续时间信号 $f(t)$ 以间隔 T 进行等间隔抽样，得到相应的离散时间信号 $f[k]$，这时 $f[k]$ 可表示为

$$f[k]=f(kT)=f(t)\big|_{t=kT},\ k\in\mathbf{Z} \tag{4-104}$$

式（4-104）中，T 也称为抽样周期。抽样频率 f_s 与抽样角频率 ω_s 与 T 的关系为

$$f_\mathrm{s}=\frac{1}{T},\quad \omega_\mathrm{s}=\frac{2\pi}{T}=2\pi f_\mathrm{s} \tag{4-105}$$

根据式（4-104）可知，抽样间隔 T 越小，得到的抽样点数越多，$f[k]$ 越接近于 $f(t)$，失真就越小。但抽样点数的增多同时也会带来新的问题，即降低了离散时间信号传输和处理的效率。因此，抽样间隔 T 不能太大，也不能太小。如何准确合理地确定抽样间隔 T，就是抽样定理需要解决的问题。下面通过从频域分析信号抽样前后的频谱关系，得到时域抽样定理。

在工程中信号的抽样是通过模数转换器完成的，但在理论分析中通常采用连续时间信号与单位冲激串信号相乘，得到理想抽样信号 $f_\mathrm{s}(t)$，通过分析理想抽样信号 $f_\mathrm{s}(t)$、离散信号 $f[k]$ 及连续时间信号 $f(t)$ 之间的频谱关系，最终确定时域抽样定理。

如图 4-20 所示的抽样系统模型，其中涉及的各种信号的波形如图 4-21 所示。

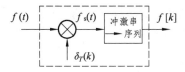

图 4-20　抽样系统模型

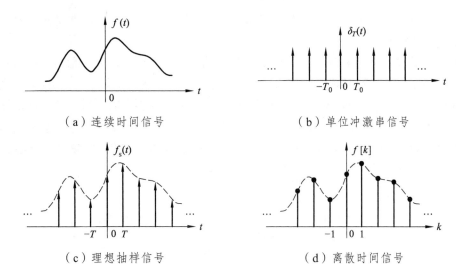

（a）连续时间信号 　　　　　　　　（b）单位冲激串信号

（c）理想抽样信号 　　　　　　　　（d）离散时间信号

图 4-21　各种信号的波形图

理想抽样信号表示如下：

$$f_s(t) = f(t) \cdot \delta_T(t) \tag{4-106}$$

式（4-106）中，$\delta_T(t) = \sum_{n=-\infty}^{+\infty} \delta(t-nT)$。

设连续时间信号 $f(t)$ 的频谱为 $F(\mathrm{j}\Omega)$，先给出理想抽样信号 $f_s(t)$ 的频谱 $F_s(\mathrm{j}\Omega)$，对式（4-106）两边同时进行傅里叶变换，公式右边利用傅里叶变换的时域乘积特性，可得

$$F_s(\mathrm{j}\Omega) = \frac{1}{T} \sum_{n=-\infty}^{+\infty} F[\mathrm{j}(\Omega - n\Omega_s)] \tag{4-107}$$

式（4-107）表示了连续信号频谱和其理想抽样信号频谱之间的关系，即理想抽样信号的频谱是由原连续时间信号的频谱以 Ω_s 为周期进行周期延拓得到的，且其幅值变为原来的 $1/T$。

再对式（4-106）两边同时进行傅里叶变换，公式右边利用单位冲激信号的取样特性，可得

$$F_s(\mathrm{j}\Omega) = \sum_{n=-\infty}^{+\infty} f(nT)\mathrm{e}^{-\mathrm{j}n\Omega T} = \sum_{k=-\infty}^{+\infty} f[k]\mathrm{e}^{-\mathrm{j}k\omega} \tag{4-108}$$

式（4-108）中，整数 $k=n$，$\omega = \Omega T$。

重写式（4-96），即对 $f[k]$ 进行离散时间傅里叶变换，得

$$F(\mathrm{e}^{\mathrm{j}\omega}) = \sum_{k=-\infty}^{+\infty} f[k]\mathrm{e}^{-\mathrm{j}\omega k}$$

比较式（4-108）和式（4-96），可知理想抽样信号 $f_s(t)$ 的频谱 $F_s(j\Omega)$ 与离散信号 $f[k]$ 的频谱 $F(e^{j\omega})$ 是相同的。再结合式（4-107）可得

$$F(e^{j\omega}) = \frac{1}{T} \sum_{n=-\infty}^{+\infty} F[j(\Omega - n\Omega_s)] \qquad (4\text{-}109)$$

即离散信号的频谱等于原连续时间信号的频谱以 $\Omega_s = 2\pi/T$ 为周期的周期延拓，且其幅值为原连续信号幅值的 $1/T$。

下面对式（4-109）进行讨论，从而得到时域抽样定理。设 $f(t)$ 是实信号，而且是带限信号，即其频谱在 $|\Omega| > \Omega_m$ 时频谱幅值为零，称 Ω_m 为信号的最高角频率。图 4-22 分别给出了抽样角频率 $\Omega_s = 2.5\Omega_m$，$\Omega_s = 2\Omega_m$，$\Omega_s = 1.5\Omega_m$ 时，对信号 $f(t)$ 抽样后得到的离散序列的频谱 $F(e^{j\omega})$。从图 4-22 中可以看出，随着抽样周期 T 的增加，即 Ω_s 的减小，会使得 $F(e^{j\omega})$ 相邻两个周期的频谱曲线发生非零部分重叠，导致离散信号的频谱发生混叠（Aliasing）失真，这时就不能从抽样信号中完整恢复原连续信号的信息。

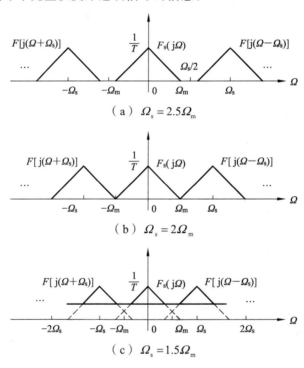

图 4-22 不同 Ω_s 抽样信号的频谱

如果抽样角频率 Ω_s（或 f_s）满足

$$\Omega_s \geqslant 2\Omega_m \quad \text{或} \quad f_s \geqslant 2f_m \qquad (4\text{-}110)$$

抽样信号的频谱就不会混叠，因此，可由抽样后的离散序列无失真地恢复原连续信号。

综上所述，可以总结出时域抽样定理，若带限信号 $f(t)$ 的最高频率为 f_m，则信号 $f(t)$ 可以用等间隔的抽样值唯一地表示，最低抽样频率 f_s 大于等于 $2f_m$。$f_s = 2f_m$ 为最小抽样频率，称为奈奎斯特（Nyquist）频率。

从图 4-22 中可以看出，要想从理想抽样信号 $F_s(j\Omega)$ 中恢复原信号 $F(e^{j\omega})$，可用一个理想低通滤波器对理想抽样信号进行滤波，即可得到原连续时间信号的频谱，再通过傅里叶反变换就可得到原连续时域信号，低通滤波示意图如图 4-23 所示。

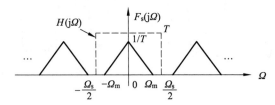

图 4-23　抽样信号的理想重建

【例 4-13】　已知实信号 $f(t)$ 的最高频率为 f_m，试计算对下列三种信号抽样不混叠的最小抽样频率。

（1）$f(2t)$　　　　　　（2）$f(t)*f(2t)$　　　　　　（3）$f(t)\cdot f(2t)$

解：根据信号时域与频域的对应关系及抽样定理，可知：

（1）$f(2t)$ 的频谱宽度扩大为原来的 2 倍，对信号 $f(2t)$ 抽样时，最小抽样频率为 $4f_m$。

（2）$f(t)*f(2t)$ 的频谱宽度与 $f(t)$ 频谱宽度相同，对信号 $f(t)*f(2t)$ 抽样时，最小抽样频率为 $2f_m$。

（3）$f(t)\cdot f(2t)$ 的频谱宽度为 $f(t)$ 与 $f(2t)$ 的频谱宽度之和，对信号 $f(t)\cdot f(2t)$ 抽样时，最小抽样频率为 $6f_m$。

4.6　MATLAB 实现及应用

4.6.1　利用 MATLAB 画出周期矩形脉冲信号的 DFS 频谱

程序代码：

```
A=1;T=2;tao=1;
t=-2:0.001:2;
N=input('Number of harmonic=')
X0=A*tao/T;w0=2*pi/T;
X=X0*ones(1,length(t));
for k=1:1:N
X=X+2*X0*sinc(k*w0*tao/2/pi)*cos(k*w0*t);
end
plot(t,X,'k')
% title('N=5'); % title('N=10'); % title('N=20'); % title('N=100');
xlabel('t(s)');
ylabel('f(t)')
```

仿真结果如图 4-24 所示。

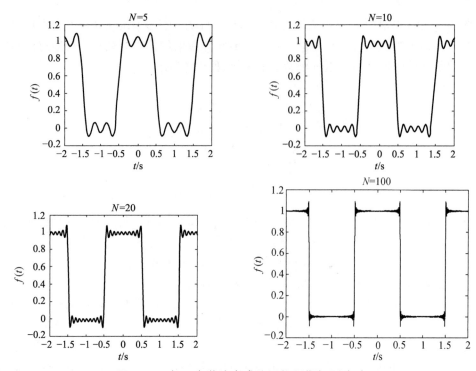

图 4-24　由 N 次谐波合成的近似周期矩形脉冲

从图 4-24 可以看出，用有限次谐波合成原周期信号，在不连续点出现过冲，过冲峰值不随谐波分量的增加而减小，且为跳变值的 9%。这种特性首先被吉布斯（Gibbs）发现，因此把这种现象称为吉布斯现象。吉布斯现象产生的原因是时间信号存在跳变，破坏了信号的收敛性，使得傅里叶级数在间断点出现非一致收敛。

4.6.2　利用 MATLAB 实现衰减正弦信号的频谱

程序代码：

```
syms x t
x=exp(-2*t)*sin(2*pi*t)*heaviside(t);
ezplot(x)
title('衰减正弦信号')
X=fourier(x);
X=simplify(X);
axis([0,3,-0.3,0.7]);
figure
ezplot(abs(X))
title('幅度谱')
xlabel('Ω')
figure
ezplot(angle(X))
title('相位谱')
xlabel('Ω')
ylabel('相位/pi')
```

仿真结果如图 4-25 所示。

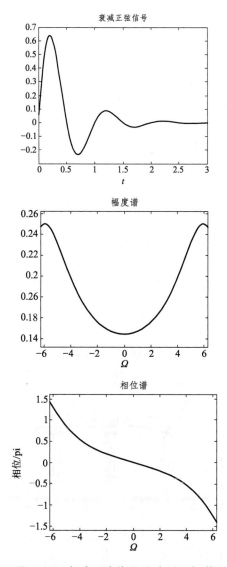

图 4-25 衰减正弦信号的波形及频谱

4.6.3 利用 MATLAB 实现周期矩形序列的 DFS 频谱

程序代码：

```
%MATLAB 代码：周期矩形序列频谱
N=20;
N1=5;
n=-2*N+(N1+1)/2:1:2*N-(N1+1)/2;
f0=zeros(1,N-N1);
f1=ones(1,N1);
```

```
x=[f0,f1,f0,f1,f0,f1,f0];         %产生 x(n)
subplot(2,1,1);
stem(n,x);                         %绘制 f(k)图
xlabel('k');
title('周期矩形序列 f(k):(N=20,N1=2)');
axis([-40 40 -0.0 1.1]);
n=-2*N+(N1+1)/2:1:2*N-(N1+1)/2;
k=-2*N+(N1+1)/2:1:2*N-(N1+1)/2;
WN=exp(-j*2*pi/N);
nk=n'*k;
Xk=x*WN.^nk/N;                     % 计算 DFS 系数 F(n)
subplot(2,1,2);
stem(k,Xk,'b');                    % 绘制 F(n)图
xlabel('n');
title('F(n):N=20,N1=2');
grid on;
hold on;
plot(k,Xk,'r');                    % 绘制 F(n)包络图
hold off;
```

仿真结果如图 4-26 所示。

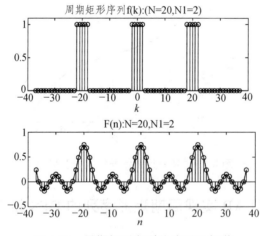

图 4-26　周期矩形序列的波形及频谱

4.6.4　利用 MATLAB 实现非周期矩形脉冲序列的 DTFT

程序代码：

```
% MATLAB 代码：矩形脉冲序列的 DTFT
N1=2;
```

```
n=-N1:1:N1;
x=1.^n;                      % 产生 f(k)
dt=2*pi*0.001;
w=-4*pi:dt:4*pi;
X=x*exp(-j*n'*w);            % 计算 DTFT[f(k)]
subplot(2,1,1),
stem(n,x,'.','k');           % 绘制 f(k)
axis([-10, 10, -0.3, 1.3]);
title('x(n)');
xlabel('n');
subplot(2,1,2);
plot(w/pi,X,'k');            % 绘制 F(ω)
title('X(ω)');
xlabel('ω/\pi');
```

仿真结果如图 4-27 所示。

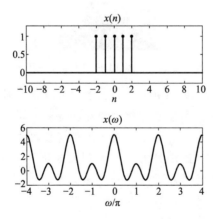

图 4-27　非周期矩形序列的波形及频谱

阅读材料

1. 相关科学家简介

傅里叶（Joseph Fourier，1768—1830），法国数学家、物理学家，主要著作有《热的传播》和《热的分析理论》，对 19 世纪的数学和物理学的发展都产生了深远影响。傅里叶早在 1807 年就写成关于热传导的基本论文《热的传播》并呈交巴黎科学院，但经拉格朗日、拉普拉斯和勒让德审阅后被科学院拒绝。1811 年，他又提交了经修改的论文，该文获科学院大奖，却未正式发表。傅里叶在论文中推导出著名的热传导方程，并在求解该方程时发现解函数可以由三角函数构成的级数形式表示，从而提出任一函数都可以展成三角函数的无穷级数。傅里叶级数（即三角级数）、傅里叶分析等理论均由此创始。

傅里叶（Joseph Fourier，1768—1830）

狄里赫利（Dirichlet，1805—1859），德国数学家。狄里赫利是解析数论的创始人之一，也是 19 世纪分析学严格化的倡导者之一。傅里叶在提出傅里叶级数时坚持认为，任何一个周期信号都可以展开成傅里叶级数，虽然这个结论在当时引起许多争议，但持异议者却不能给出有力的不同论据。直到 20 年后(1829 年)狄里赫利才对这个问题做出了令人信服的回答，狄里赫利认为，只有在满足一定条件时，周期信号才能展开成傅里叶级数。这个条件被称为狄里赫利条件。

狄里赫利（Dirichlet，1805—1859）

吉布斯（Willard Gibbs，1839—1903），美国物理化学家、数学物理学家。他奠定了化学热力学的基础，提出了吉布斯自由能与吉布斯相律。他创立了向量分析并将其引入数学物理之中。数学界有过一场"正弦曲线能否组合成一个带有棱角的信号"的争议，这场争议的男主角分别是傅里叶和拉格朗日。直到 1898 年，美国人米切尔森做了一个谐波分析仪，当他测试方波时惊讶地发现方波在不连续点附近部分呈现起伏，这个起伏的峰值大小似乎不随 N 增大而下降，于是他写信给当时著名的数学物理学家吉布斯，吉布斯检查了这一结果，随即发表了他的看法：随着 N 增加，部分起伏就向不连续点压缩，但是对任何有限的 N 值，起伏的峰值大小保持不变，这就是吉布斯现象。解决吉布斯现象的方法是用后来研究出来的二维余弦变换（DCT）代替二维傅里叶变换。基本思路为：用一个对称的 $2N \times 2N$ 像素的子图像代替原来 $N \times N$ 子图像。由于对称性，子图像作二维傅里叶变换，其变换系数将只剩下实数的余弦项。这样，即可消除吉布斯现象。

吉布斯（Willard Gibbs，1839—1903）

奈奎斯特（Harry Nyquist，1889—1976），美国物理学家。1917 年获得耶鲁大学工学博士学位。曾在美国 AT&T 公司与贝尔实验室任职。奈奎斯特为近代信息理论做出了突出贡献。奈奎斯特 1928 年发表了《电报传输理论的一定论题》。他总结的奈奎斯特采样定理是信息论，特别是通信与信号处理学科中的一个重要基本结论。在进行模拟/数字信号的转换过程中，当采样频率大于信号中最高频率的 2 倍时，采样之后的数字信号完整地保留了原始信号中的信息，一般实际应用中保证采样频率为信号最高频率的 5~10 倍；采样定理又称奈奎斯特定理。

奈奎斯特（Harry Nyquist，1889—1976）

2. 抽样定理的工程应用

工程实际中，许多信号的频谱不满足带限信号的条件，如图 4-28（a）所示。如果对这类信号直接进行抽样，将产生频谱混叠现象，造成混叠误差。为了改善这种情况，先对连续信号进行低通滤波，此时信号的频谱如图 4-28（c）所示，然后再对滤波后的信号进行抽样，从而减小频谱的混叠。这类模拟低通滤波器称为抗混叠滤波器，如图 4-28（b）所示。虽然连续信号经过抗混叠滤波器低通滤波后，会损失一些高频信息，产生截断误差。但在多数场合下，截断误差远小于混叠误差。在目前常用的模数转换器件中，一般都含有截频可编程的抗混叠滤波器。

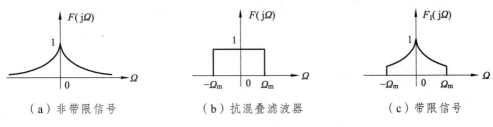

（a）非带限信号　　　　　（b）抗混叠滤波器　　　　　（c）带限信号

图 4-28　连续信号抽样前的抗混叠滤波

习　题

一、单项选择题

1. 连续周期信号的频谱具有（　　　）。

　　A. 连续性、周期性　　　　　　　B. 连续性、收敛性

　　C. 离散性、周期性　　　　　　　D. 离散性、收敛性

2. 周期为 T 的周期信号 $f(t)$，已知其指数形式的 Fourier 系数为 C_n，则 $f'(t) = \dfrac{\mathrm{d}f(t)}{\mathrm{d}t}$ 的 Fourier 系数为（　　）。

　　A. C_n　　　　　B. C_{-n}　　　　　C. $C_n \mathrm{e}^{-jn\Omega_0 t_0}$　　　　　D. $jn\Omega_0 C_n$

3. 周期为 T 的周期信号 $f(t)$，已知其指数形式的 Fourier 系数为 C_n，则 $f(t-t_1)$ 的 Fourier 系数为（　　）。

　　A. C_n　　　　　B. C_{-n}　　　　　C. $C_n \mathrm{e}^{-jn\Omega_0 t_1}$　　　　　D. $jn\Omega_0 C_n$

4. 周期为 T 的周期信号 $f(t)$，已知其指数形式的 Fourier 系数为 C_n，则 $f(-t)$ 的 Fourier 系数为（　　）。

　　A. C_n　　　　　B. C_{-n}　　　　　C. C_{-n}^*　　　　　D. C_n^*

5. 周期为 T 的周期信号 $f(t)$，已知其指数形式的 Fourier 系数为 C_n，则 $f^*(t)$ 的 Fourier 系数为（　　）。

　　A. C_n　　　　　B. C_{-n}　　　　　C. C_{-n}^*　　　　　D. C_n^*

6. 已知 $f(t)$ 的频带宽度为 $\Delta\Omega$，则 $f(2t-4)$ 的频带宽度为（　　）。

　　A. $2\Delta\Omega$　　　　　B. $\dfrac{1}{2}\Delta\Omega$　　　　　C. $2(\Delta\Omega-4)$　　　　　D. $2(\Delta\Omega-2)$

7. 连续周期信号 $f(t)$ 的频谱 $F(j\Omega)$ 的特点是（　　）。

　　A. 周期、连续频谱　　　　　　　　B. 周期、离散频谱

　　C. 连续、非周期频谱　　　　　　　D. 离散、非周期频谱

8. 符号函数信号的 Fourier 变换为（　　）。

　　A. 1　　　　　B. $2\pi\delta(\Omega)$　　　　　C. $2/j\Omega$　　　　　D. $\pi\delta(\Omega)+1/j\Omega$

9. 已知信号 $f(t)=\mathrm{e}^{-t}\delta(t)$，则信号 $y(t)=\displaystyle\int_{-\infty}^{t} f(\tau)\mathrm{d}\tau$ 的 Fourier 变换 $Y(j\Omega)=$（　　）。

　　A. $\dfrac{1}{j\Omega}$　　　　　B. $j\Omega$　　　　　C. $\dfrac{1}{j\Omega}+\pi\delta(\Omega)$　　　　　D. $-\dfrac{1}{j\Omega}+\pi\delta(\Omega)$

10. 信号 $\mathrm{e}^{-(2+j5)t}u(t)$ 的 Fourier 变换为（　　）。

　　A. $\dfrac{1}{2+j\Omega}\mathrm{e}^{j5\Omega}$　　　　　　　　　B. $\dfrac{1}{5+j\Omega}\mathrm{e}^{-j2\Omega}$

　　C. $\dfrac{1}{2+j(\Omega+5)}$　　　　　　　　D. $\dfrac{1}{-2+j(\Omega-5)}$

11. 已知信号 $f(t)$ 如图 4-29 所示，则其 Fourier 变换为（　　）。

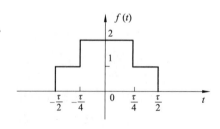

图 4-29　习题 11 图

A. $\dfrac{\tau}{2}\mathrm{Sa}\left(\dfrac{\Omega\tau}{4}\right)+\dfrac{\tau}{2}\mathrm{Sa}\left(\dfrac{\Omega\tau}{2}\right)$　　　　B. $\tau\mathrm{Sa}\left(\dfrac{\Omega\tau}{4}\right)+\dfrac{\tau}{2}\mathrm{Sa}\left(\dfrac{\Omega\tau}{2}\right)$

C. $\dfrac{\tau}{2}\mathrm{Sa}\left(\dfrac{\Omega\tau}{4}\right)+\tau\mathrm{Sa}\left(\dfrac{\Omega\tau}{2}\right)$　　　　D. $\tau\mathrm{Sa}\left(\dfrac{\Omega\tau}{4}\right)+\tau\mathrm{Sa}\left(\dfrac{\Omega\tau}{2}\right)$

12. 利用常用信号的 Fourier 变换及其性质，可证明下列等式正确的是（　　）。

A. $\displaystyle\int_0^\infty \dfrac{\sin t}{t}\mathrm{d}t=\dfrac{\pi}{4}$　　　　B. $\displaystyle\int_0^\infty \dfrac{\sin t}{t}\mathrm{d}t=\dfrac{\pi}{2}$

C. $\displaystyle\int_0^\infty \dfrac{\sin t}{t}\mathrm{d}t=\pi$　　　　D. $\displaystyle\int_0^\infty \dfrac{\sin t}{t}\mathrm{d}t=2\pi$

13. 矩形信号 $u(t+1)-u(t-1)$ 的 Fourier 变换为（　　）。

A. $2\mathrm{Sa}(\Omega)$　　B. $4\mathrm{Sa}(\Omega)$　　C. $2\mathrm{Sa}(2\Omega)$　　D. $4\mathrm{Sa}(2\Omega)$

14. 已知信号 $f(t)=\delta(t+\tau)+\delta(t-\tau)$ ，则其 Fourier 变换 $F(\mathrm{j}\Omega)$ 为（　　）。

A. $\dfrac{1}{2}\cos\Omega\tau$　　B. $2\cos\Omega\tau$　　C. $\dfrac{1}{2}\sin\Omega\tau$　　D. $2\sin\Omega\tau$

15. 设连续时间信号 $f(t)$ 的 Fourier 变换 $F(\mathrm{j}\Omega)=\dfrac{1}{\mathrm{j}\Omega+a}\mathrm{e}^{\mathrm{j}\Omega t_0}$ ，则 $f(t)$ 为（　　）。

A. $f(t)=\mathrm{e}^{-a(t+t_0)}u(t)$　　　　B. $f(t)=\mathrm{e}^{-a(t+t_0)}u(t+t_0)$

C. $f(t)=\mathrm{e}^{-a(t-t_0)}u(t-t_0)$　　　　D. $f(t)=\mathrm{e}^{-a(t-t_0)}u(t)$

16. 连续时间信号 $f(t)$ 的占有频带为 $0\sim 10\ \mathrm{kHz}$，经均匀抽样后，构成一离散时间信号，为保证能从离散信号中恢复原信号 $f(t)$ ，则抽样周期的值最大不超过（　　）。

A. $10^{-4}\ \mathrm{s}$　　B. $10^{-5}\ \mathrm{s}$　　C. $5\times10^{-5}\ \mathrm{s}$　　D. $10^{-3}\ \mathrm{s}$

17. 已知 $f(t)\leftrightarrow F(\mathrm{j}\Omega)$ ，$f(t)$ 的频带宽度为 Ω_m ，则信号 $y(t)=f^2(t)$ 的奈奎斯特采样间隔等于（　　）。

A. $\dfrac{\pi}{\Omega_\mathrm{m}}$　　　　B. $\dfrac{\pi}{2\Omega_\mathrm{m}}$　　　　C. $\dfrac{2\pi}{\Omega_\mathrm{m}}$　　　　D. $\dfrac{4\pi}{\Omega_\mathrm{m}}$

二、填空题

1. 连续时间周期信号 $f(t)$ 的 Fourier 级数表示为_____，Fourier 系数 C_n 的计算公式为_____。

2. 周期信号的频谱是离散的，频谱中各谱线的高度，随着谐波次数的增高而逐渐减小，当谐波次数无限增多时，谐波分量的振幅趋向于无穷小，该性质称为_____。

3. 周期信号 $f(t)$ 存在 Fourier 级数必须满足三个基本条件（Dirichlet 条件）：

（1）_____。

（2）_____。

（3）_____。

4. 周期信号属于功率信号，周期信号 $f(t)$ 在 $1\ \Omega$ 电阻上消耗的平均功率为_____，此式称为_____定理。

5. 宽度为 τ 的周期矩形脉冲频谱的有效频带宽度 Ω_B（有效带宽）可表示为_____。

6. 若 $f(t)$ 的 Fourier 变换为 $F(\mathrm{j}\Omega)$ ，则：

（1）$f(t)\cos 200t$ 的 Fourier 变换为_____。

（2） $t \cdot f(2t)$ 的 Fourier 变换为＿＿＿＿＿＿＿。

（3） $f(3t-3)$ 的 Fourier 变换为＿＿＿＿＿＿＿。

7. $F(j\Omega)e^{-j\Omega t_0}$ 的 Fourier 反变换为＿＿＿＿＿＿＿，$F[j(\Omega-\Omega_0)]$ 的反变换为＿＿＿＿＿＿＿。

8. 频谱 $\delta(\Omega-2)$ 对应的时间函数为＿＿＿＿＿＿＿。

9. 虚指数信号 $e^{j\Omega_0 t}$ 的 Fourier 变换为＿＿＿＿＿＿＿。

10. 周期冲激串 $\delta_{T_0}(t) = \sum\limits_{n=-\infty}^{\infty} \delta(t-nT_0)$ 的 Fourier 变换 $F(j\Omega)=$＿＿＿＿＿＿＿。

11. 对连续时间信号 $f(t) = 2\sin(400\pi t) + 5\cos(600\pi t)$ 进行抽样，则其奈奎斯特采样角频率为＿＿＿＿＿＿＿。

三、判断题

1. 周期连续时间信号，其频谱是离散的非周期的。（　　　）

2. 周期矩形脉冲信号频谱的谱线间隔只与脉冲的周期有关。（　　　）

3. 造成 Gibbs 现象的原因是信号的 Fourier 级数在不连续点附近不是一致收敛。（　　　）

4. 周期实偶对称信号 $f(t)$ 的 Fourier 系数 C_n 也是实偶对称的。（　　　）

5. 若 $f(t)$ 为实信号，则 $f(t)$ 的幅度谱为偶对称，$f(t)$ 的相位谱为奇对称。（　　　）

6. 信号在时域中持续时间有限，则在频域其频谱将延续到无限。（　　　）

7. 非周期信号 $f(t)$ 存在 Fourier 变换的充分非必要条件是 $\int_{-\infty}^{\infty} |f(t)|\,\mathrm{d}t < \infty$。（　　　）

8. 实信号 $f(t)$ 偶分量的频谱是 $F(j\Omega)$ 的实部，奇分量的频谱是 $F(j\Omega)$ 的虚部。（　　　）

9. 周期信号的频谱为离散频谱，非周期信号的频谱为连续频谱。（　　　）

10. 信号时移只会对幅度谱有影响。（　　　）

11. 若带限信号 $f(t)$ 的最高频率为 f_m，如果最高抽样频率小于 $2f_m$，则信号 $f(t)$ 可以用等间隔的抽样值唯一表示。（　　　）

四、综合题

1. 求图 4-30 所示的幅度为 A、周期为 T、脉冲宽度为 τ 的矩形脉冲信号的 Fourier 系数 C_n。

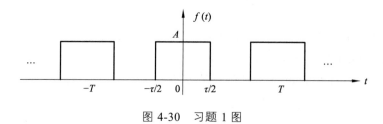

图 4-30　习题 1 图

2. 求下列信号的指数形式 Fourier 系数。

（1） $f(t) = \sin 2\Omega_0 t$　　（2） $f(t) = \sin^2 \Omega_0 t$

3. 已知周期信号 $f(t) = 2\cos(2\pi t - 3) + \sin(6\pi t)$，试求 $f(t)$ 的 Fourier 级数表示式，并画出其幅度谱和相位谱。

4. 求图 4-31 所示非周期信号 $f_1(t)$、$f_2(t)$ 的频谱函数。

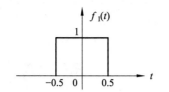 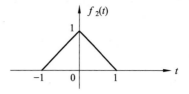

图 4-31　习题 4 图

5. 试写出下列信号的频谱函数。

（1）$f(t) = \sin \Omega_0 t + \cos \Omega_0 (t - t_0)$　　　　（2）$f(t) = e^{-2t} \cos \Omega_0 t \cdot u(t)$

6. 已知 $f(t)$ 的 Fourier 变换为 $F(j\Omega)$，试计算下列信号的频谱函数。

（1）$f(5 - 5t)$　　　　　　　　　　　（2）$(t - 2)f(t)$

7. 试求下列频谱函数所对应的信号 $f(t)$。

（1）$F(j\Omega) = \dfrac{3}{j\Omega + 2} + \dfrac{4}{j\Omega + 3}$　　　　（2）$F(j\Omega) = \delta(\Omega - \Omega_0)$

第 5 章
系统的频域分析

5.1 连续时间系统的
频域分析方法

视频：系统的频域分析　　PPT：系统的频域分析

系统的频域分析是借助傅里叶变换工具，把时域中求解系统的响应问题变换到频域求解。

5.1.1 连续时间系统的频率响应

若连续时间 LTI 系统的单位冲激响应 $h(t)$ 满足绝对可积的条件，即

$$\int_{-\infty}^{\infty} | h(t) |\, \mathrm{d}t < \infty$$

则当系统输入激励为虚指数信号 $f(t) = \mathrm{e}^{\mathrm{j}\Omega t}$ 时，系统的零状态响应 $y(t)$ 为

$$y(t) = \mathrm{e}^{\mathrm{j}\Omega t} * h(t) = \int_{-\infty}^{\infty} \mathrm{e}^{\mathrm{j}\Omega(t-\tau)} h(\tau)\mathrm{d}\tau = \mathrm{e}^{\mathrm{j}\Omega t} \int_{-\infty}^{\infty} \mathrm{e}^{-\mathrm{j}\Omega\tau} h(\tau)\mathrm{d}\tau \qquad (5\text{-}1)$$

定义

$$H(\mathrm{j}\Omega) = \int_{-\infty}^{\infty} \mathrm{e}^{-\mathrm{j}\Omega\tau} h(\tau)\mathrm{d}\tau \qquad (5\text{-}2)$$

式（5-2）中，$H(\mathrm{j}\Omega)$ 称为系统的频率响应，简称频响。由式（5-2）可知系统的频响 $H(\mathrm{j}\Omega)$ 等于系统单位冲激响应的傅里叶变换。

由系统频响的定义，再根据式（5-1），可得

$$y(t) = \mathrm{e}^{\mathrm{j}\Omega t} H(\mathrm{j}\Omega) \qquad (5\text{-}3)$$

式（5-3）说明，当虚指数信号 $\mathrm{e}^{\mathrm{j}\Omega t}$ 作用于 LTI 系统时，系统的零状态响应仍为同频率的虚指数信号，这个虚指数信号的幅度和相位由系统的频响 $H(\mathrm{j}\Omega)$ 确定，所以 $H(\mathrm{j}\Omega)$ 反映了连续时间线性时不变系统对不同频率信号的响应特性。

在一般情况下，系统的频响 $H(\mathrm{j}\Omega)$ 是复函数，可用幅度和相位表示为

$$H(\mathrm{j}\Omega) = | H(\mathrm{j}\Omega) |\, \mathrm{e}^{\mathrm{j}\varphi(\Omega)} \qquad (5\text{-}4)$$

式（5-4）中，$| H(\mathrm{j}\Omega) |$ 称为系统的幅度响应，$\varphi(\Omega)$ 称为系统的相位响应。系统的频响 $H(\mathrm{j}\Omega)$ 反映系统自身的特性，由系统结构及参数决定，与系统的外加激励及系统的初始状态无关。

若信号 $f(t)$ 的傅里叶变换存在，根据傅里叶反变换公式，$f(t)$ 可由虚指数信号 $e^{j\Omega t}$ 的线性组合表示，即

$$f(t) = \frac{1}{2\pi} \int_{-\infty}^{\infty} F(j\Omega) e^{j\Omega t} d\Omega$$

由系统的线性时不变性，可推出信号 $f(t)$ 作用于系统的零状态响应 $y(t)$ 为

$$y(t) = T\left[\frac{1}{2\pi} \int_{-\infty}^{\infty} F(j\Omega) e^{j\Omega t} d\Omega \right] = \frac{1}{2\pi} \int_{-\infty}^{\infty} F(j\Omega) H(j\Omega) e^{j\Omega t} d\Omega \tag{5-5}$$

对式（5-5）左右两边同时进行傅里叶变换，得

$$Y(j\Omega) = F(j\Omega) H(j\Omega) \tag{5-6}$$

即信号 $f(t)$ 作用于系统的零状态响应的频谱等于激励信号的频谱乘以系统的频率响应。

【例 5-1】 已知某 LTI 系统的单位冲激响应为 $h(t) = (e^{-t} - e^{-2t})u(t)$，求系统的频率响应 $H(j\Omega)$。

解：利用 $H(j\Omega)$ 与 $h(t)$ 的关系，得

$$H(j\Omega) = F[h(t)] = \frac{1}{j\Omega + 1} - \frac{1}{j\Omega + 2} = \frac{1}{(j\Omega)^2 + 3(j\Omega) + 2}$$

5.1.2 连续时间线性时不变系统的频域分析

1. 连续非周期信号通过系统响应的频域分析

描述连续时间线性时不变系统的数学模型可以用 n 阶常系数线性微分方程来描述，即

$$a_n y^{(n)}(t) + a_{n-1} y^{(n-1)}(t) + \cdots + a_1 y'(t) + a_0 y(t)$$
$$= b_m f^{(m)}(t) + b_{m-1} f^{(m-1)}(t) + \cdots + b_1 f'(t) + b_0 f(t) \tag{5-7}$$

式（5-7）中，$f(t)$ 为系统的输入激励，$y(t)$ 为系统的输出响应。

对式（5-7）方程两边同时进行傅里叶变换，并利用傅里叶变换的时域微分特性，可得

$$[a_n (j\Omega)^n + a_{n-1}(j\Omega)^{n-1} + \cdots + a_1(j\Omega) + a_0] \cdot Y(j\Omega)$$
$$= [b_m (j\Omega)^m + b_{m-1}(j\Omega)^{m-1} + \cdots + b_1(j\Omega) + b_0] \cdot F(j\Omega) \tag{5-8}$$

解此代数方程即可求得系统的频响 $H(j\Omega)$，即

$$H(j\Omega) = \frac{Y(j\Omega)}{F(j\Omega)} = \frac{b_m (j\Omega)^m + b_{m-1}(j\Omega)^{m-1} + \cdots + b_1(j\Omega) + b_0}{a_n (j\Omega)^n + a_{n-1}(j\Omega)^{n-1} + \cdots + a_1(j\Omega) + a_0} \tag{5-9}$$

系统零状态响应的频谱为

$$Y(j\Omega) = F(j\Omega) H(j\Omega) = \frac{b_m (j\Omega)^m + b_{m-1}(j\Omega)^{m-1} + \cdots + b_1(j\Omega) + b_0}{a_n (j\Omega)^n + a_{n-1}(j\Omega)^{n-1} + \cdots + a_1(j\Omega) + a_0} F(j\Omega) \tag{5-10}$$

对 $Y(\mathrm{j}\varOmega)$ 求傅里叶反变换可得系统的零状态响应 $y(t)$ 。

可见傅里叶变换可以将时域描述的连续时间线性时不变系统的微分方程变换为频域描述的连续时间线性时不变系统的代数方程，这将简化对系统的分析和求解。

【例 5-2】 如图 5-1（a）所示的 RC 电路系统，激励电压源为 $f(t)$ ，输出电压 $y(t)$ 为电容两端的电压，电路的初始状态为零。求系统的频率响应 $H(\mathrm{j}\varOmega)$ 和单位冲激响应 $h(t)$ 。

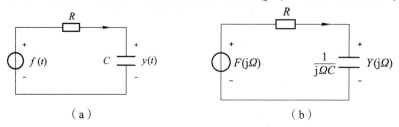

（a）   （b）

图 5-1　RC 电路的时域和频域模型

解：RC 电路的频域（相量）模型如图 5-1（b）所示，由电路基本原理有

$$H(\mathrm{j}\varOmega) = \frac{Y(\mathrm{j}\varOmega)}{F(\mathrm{j}\varOmega)} = \frac{\dfrac{1}{\mathrm{j}\varOmega C}}{R + \dfrac{1}{\mathrm{j}\varOmega C}} = \frac{1/RC}{\mathrm{j}\varOmega + 1/RC}$$

由傅里叶反变换，得系统的单位冲激响应 $h(t)$ 为

$$h(t) = \frac{1}{RC}\mathrm{e}^{-(1/RC)t}u(t)$$

下面给出上述电路 $H(\mathrm{j}\varOmega)$ 的幅度响应，如图 5-2 所示。

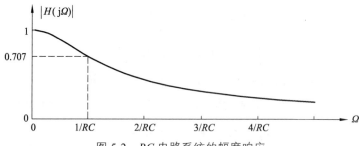

图 5-2　RC 电路系统的幅度响应

从图 5-2 中可以看出，随着频率的增加，上述电路系统的幅度响应 $|H(\mathrm{j}\varOmega)|$ 不断减小，说明信号的频率越高，信号通过该系统的损耗也就越大。由于 $|H(\mathrm{j}(1/RC))| = 0.707$ ，所以把 $\varOmega_\mathrm{c} = 1/RC$ 称为该系统的 3dB 截止频率。

【例 5-3】 已知某 LTI 系统的动态方程为 $y''(t) + 3y'(t) + 2y(t) = 3f'(t) + 4f(t)$ ，系统的输入激励 $f(t) = \mathrm{e}^{-3t}u(t)$ ，求系统的零状态响应 $y(t)$ 。

解：由于输入激励 $f(t)$ 的频谱函数为

$$F(\mathrm{j}\varOmega) = \frac{1}{\mathrm{j}\varOmega + 3}$$

系统的频率响应由微分方程可得

$$H(\mathrm{j}\Omega) = \frac{3(\mathrm{j}\Omega)+4}{(\mathrm{j}\Omega)^2+3(\mathrm{j}\Omega)+2} = \frac{3(\mathrm{j}\Omega)+4}{(\mathrm{j}\Omega+1)(\mathrm{j}\Omega+2)}$$

故系统输出的频谱函数和零状态响应分别为

$$Y(\mathrm{j}\Omega) = F(\mathrm{j}\Omega)H(\mathrm{j}\Omega) = \frac{3(\mathrm{j}\Omega)+4}{(\mathrm{j}\Omega+1)(\mathrm{j}\Omega+2)(\mathrm{j}\Omega+3)}$$

$$y(t) = F^{-1}[Y(\mathrm{j}\Omega)] = \left(\frac{1}{2}\mathrm{e}^{-t}+2\mathrm{e}^{-2t}-\frac{5}{2}\mathrm{e}^{-3t}\right)u(t)$$

2．周期信号通过系统响应的频域分析

1）正弦信号通过系统的响应

设线性时不变系统的输入信号为

$$f(t) = \sin(\Omega_0 t + \theta),\ -\infty < t < \infty$$

由欧拉公式可得

$$f(t) = \frac{1}{2\mathrm{j}}(\mathrm{e}^{\mathrm{j}(\Omega_0 t+\theta)} - \mathrm{e}^{-\mathrm{j}(\Omega_0 t+\theta)})$$

由式（5-3），即虚指数信号 $\mathrm{e}^{\mathrm{j}\Omega t}$ 作用在系统上响应的特点及系统的线性特性，当 $h(t)$ 为实函数时，可得零状态响应 $y(t)$ 为

$$\begin{aligned}
y(t) &= \frac{1}{2\mathrm{j}}[H(\mathrm{j}\Omega_0)\mathrm{e}^{(\mathrm{j}\Omega_0 t+\theta)} - H(-\mathrm{j}\Omega_0)\mathrm{e}^{-(\mathrm{j}\Omega_0 t+\theta)}] \\
&= |H(\mathrm{j}\Omega_0)|\sin[\Omega_0 t + \varphi(\Omega_0) + \theta]
\end{aligned}$$
（5-11）

同理可得，当激励信号为余弦表达时，即

$$f(t) = \cos(\Omega_0 t + \theta),\ -\infty < t < \infty$$

系统的响应为

$$y(t) = |H(\mathrm{j}\Omega_0)|\cos[\Omega_0 t + \varphi(\Omega_0) + \theta]$$
（5-12）

由式（5-11）和式（5-12）可知，正弦信号作用于线性时不变系统时，其输出的零状态响应仍为同频率的正弦信号。输出信号的幅度 $y(t)$ 的幅度由系统的幅度函数 $|H(\mathrm{j}\Omega_0)|$ 确定，输出信号的相位相对于输入信号偏移了 $\varphi(\Omega_0)$。

【例 5-4】 计算信号 $f(t) = \cos(100t) + \cos(3000t)$ 通过图 5-1 所示系统后的零状态响应 $y(t)$，设 $RC = 0.001$。

解： 图 5-1 所示 RC 电路系统的频率响应为

$$H(\mathrm{j}\Omega) = \frac{1/RC}{\mathrm{j}\Omega + 1/RC}$$

根据式（5-12），系统的响应为

$$y(t) = |H(j100)|\cos[100t + \varphi(100)] + |H(j3000)|\cos[3000t + \varphi(3000)]$$

上式中

$$|H(j100)| = 0.995 , \quad \varphi(100) = -5.7°$$

$$|H(j3000)| = 0.316 , \quad \varphi(100) = -71.56°$$

从以上两式可以看出，输出信号的低频振幅几乎不变，而高频信号衰减很多。从而说明图 5-1 所示的电路系统为低通滤波器。

2）任意周期信号通过系统的响应

将周期为 T 的周期信号 $f(t)$ 用 Fourier 级数展开为

$$f(t) = \sum_{n=-\infty}^{\infty} C_n e^{jn\Omega_0 t} \quad (\Omega_0 = 2\pi/T)$$

因为

$$T[e^{jn\Omega_0 t}] = H(jn\Omega_0)e^{jn\Omega_0 t}$$

故由系统的线性特性可得周期信号 $f(t)$ 通过频率响应为 $H(j\Omega)$ 的系统的响应为

$$y(t) = \sum_{n=-\infty}^{\infty} C_n \cdot H(jn\Omega_0)e^{jn\Omega_0 t} \tag{5-13}$$

若 $f(t)$、$h(t)$ 为实函数，则有

$$y(t) = C_0 H(j0) + 2\sum_{n=1}^{\infty} \text{Re}\{C_n H(jn\Omega_0)e^{jn\Omega_0 t}\} \tag{5-14}$$

【例 5-5】 求图 5-3 所示周期方波信号通过系统 $H(j\Omega) = 1/(\alpha + j\Omega)$ 的响应 $y(t)$ 。

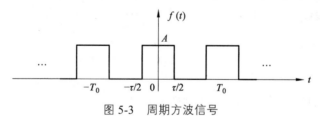

图 5-3 周期方波信号

解： 对于周期方波信号，其 Fourier 级数系数为

$$C_n = \frac{A\tau}{T}\text{Sa}\left(\frac{n\Omega_0\tau}{2}\right)$$

由式（5-14）可得系统响应 $y(t)$ 为

$$y(t) = \frac{A\tau}{\alpha T} + 2\sum_{n=1}^{\infty}\frac{A\tau}{T}\text{Sa}\left(\frac{n\Omega_0\tau}{2}\right)\text{Re}\left\{\frac{e^{jn\Omega_0 t}}{\alpha + jn\Omega_0}\right\}$$

综上，利用频域的方法求解系统的零状态响应的优点是，可以直观地体现信号通过系统后

信号频谱的改变，解释激励与响应时域波形的差异，物理概念清楚。但频域方法也有其不足之处，首先，这种方法只能求解系统的零状态响应，系统的零输入响应仍按时域方法求解。再有，若激励信号不存在傅里叶变换，则无法利用频域分析法。另外，频域分析法中，傅里叶反变换通常较复杂，这会给系统的频域分析法带来不便。针对这些问题与不足，通常会采用拉普拉斯变换的方法加以解决，这些知识会在后续的章节中学习和讨论。

5.1.3　无失真传输系统与理想滤波器

1．无失真传输系统

无失真传输系统是指输出信号与输入信号相比，只在信号幅度和出现时间上有差别，而两者的波形无任何变化。若输入信号为 $f(t)$，则无失真传输系统的输出信号 $y(t)$ 应为

$$y(t) = K \cdot f(t - t_d) \tag{5-15}$$

式（5-15）中，K 为常数，t_d 是输入信号通过系统后的延迟时间。对式（5-15）进行傅里叶变换，并根据傅里叶变换的时移特性，可得

$$Y(\mathrm{j}\Omega) = K \cdot F(\mathrm{j}\Omega)\mathrm{e}^{-\mathrm{j}\Omega t_d} \tag{5-16}$$

故无失真传输系统的频响为

$$H(\mathrm{j}\Omega) = \frac{Y(\mathrm{j}\Omega)}{F(\mathrm{j}\Omega)} = K \cdot \mathrm{e}^{-\mathrm{j}\Omega t_d} \tag{5-17}$$

其幅度响应和相位响应分别为

$$|H(\mathrm{j}\Omega)| = K, \quad \varphi(\Omega) = -\Omega\, t_d \tag{5-18}$$

如图 5-4 所示，无失真传输系统应满足两个条件：

（1）系统的幅频响应 $|H(\mathrm{j}\Omega)|$ 在整个频率范围内应为常数 K，即系统的带宽为无穷大。

（2）系统的相位响应 $\varphi(\Omega)$ 在整个频率范围内应与 Ω 成正比。

实际物理系统的幅度响应 $|H(\mathrm{j}\Omega)|$ 一般可能在整个频率范围内不为常数，系统的相位响应 $\varphi(\Omega)$ 也不一定是 Ω 的线性函数。如果系统的幅度响应 $|H(\mathrm{j}\Omega)|$ 不为常数，信号通过时就会产生失真，称为幅度失真。如果系统的相位响应 $\varphi(\Omega)$ 不是

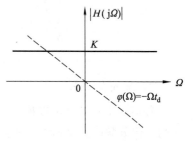

图 5-4　无失真传输系统的
幅度和相位响应

Ω 的线性函数，信号通过时也会产生失真，称为相位失真。一个无失真传输系统只是理论上的定义，实际中是很难实现的。在实际应用中，如果系统在信号带宽范围内具有较平坦的幅度响应和基本为线性的相位响应，则可将系统近似视为无失真传输系统。

【例 5-6】　已知一 LTI 系统的频率响应为

$$H(\mathrm{j}\Omega) = \frac{1 - \mathrm{j}\Omega}{1 + \mathrm{j}\Omega}$$

（1）求系统的幅度响应 $|H(\mathrm{j}\Omega)|$ 和相位响应 $\varphi(\Omega)$ ，并判断系统是否为无失真传输系统。

（2）当输入为 $f(t)=\sin t+\sin 3t$ ， $-\infty<t<\infty$ 时，求系统的零状态响应。

解：（1）因为

$$H(\mathrm{j}\Omega)=\mathrm{e}^{-\mathrm{j}2\arctan(\Omega)}$$

所以系统的幅度响应和相位响应分别为

$$|H(\mathrm{j}\Omega)|=1, \quad \varphi(\Omega)=-2\arctan(\Omega)$$

由于系统的幅度响应 $|H(\mathrm{j}\Omega)|$ 为常数，但相位响应 $\varphi(\Omega)$ 不是 Ω 的线性函数，所以系统不是无失真传输系统。

（2）由式（5-11）得

$$y(t)=|H(\mathrm{j}1)|\sin[t+\varphi(1)]+|H(\mathrm{j}3)|\sin[3t+\varphi(3)]$$

$$=\sin(t-\pi/2)+\sin(3t-0.7952\pi)$$

图 5-5 的实线表示系统的输入信号 $f(t)$ ，虚线为系统的输出信号 $y(t)$ 。由图可知，输出信号相对于输入信号产生了失真。输出信号的失真是由于系统的非线性相位引起的。

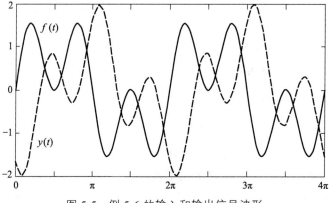

图 5-5　例 5-6 的输入和输出信号波形

2．理想滤波器

任何一个系统都可以视为一个滤波器。滤波器可以使信号中的一部分频率分量通过，而阻止另一部分频率分量通过。在实际应用中，按照允许通过的频率的不同，滤波器可分为低通、高通、带通和带阻等几种，如图 5-6 所示。本节重点介绍理想低通滤波器。

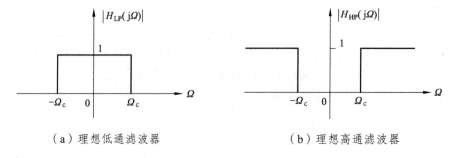

（a）理想低通滤波器　　　　　　　（b）理想高通滤波器

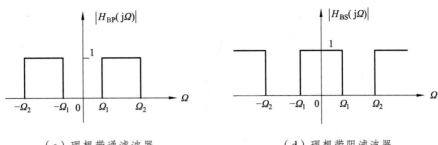

（c）理想带通滤波器 （d）理想带阻滤波器

图 5-6 理想滤波器的幅度响应

理想低通滤波器的幅频响应 $|H(j\Omega)|$ 在通带 $0 \sim \Omega_c$ 恒为 1，在通带之外为 0。相频响应 $\varphi(\Omega)$ 在通带内与 Ω 成线性关系，即

$$H(j\Omega) = \begin{cases} e^{-j\Omega t_d}, & |\Omega| \leqslant \Omega_c \\ 0, & |\Omega| > \Omega_c \end{cases} = p_{2\Omega_c}(\Omega)e^{-j\Omega t_d} \tag{5-19}$$

如图 5-7 所示，理想低通滤波器可以无任何衰减地通过 $0 \sim \Omega_c$ 频率范围内的信号，同时完全阻止频率高于 Ω_c 的信号。

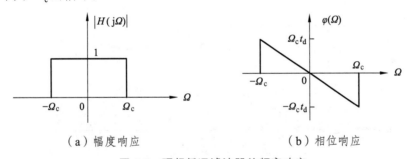

（a）幅度响应 （b）相位响应

图 5-7 理想低通滤波器的频率响应

1）理想低通滤波器的冲激响应

如果理想低通滤波器的输入激励为单位冲激信号 $\delta(t)$，则滤波器的输出响应为单位冲激响应 $h(t)$。已知理想低通滤波器的 $H(j\Omega)$，可通过傅里叶反变换求得 $h(t)$，即

$$h(t) = \frac{1}{2\pi}\int_{-\infty}^{\infty} H(j\Omega)e^{j\Omega t}d\Omega = \frac{1}{2\pi}\int_{-\Omega_c}^{\Omega_c} e^{j\Omega t_d}e^{j\Omega t}d\Omega = \frac{\Omega_c}{\pi}Sa[\Omega_c(t-t_d)] \tag{5-20}$$

理想低通滤波器的单位冲激响应 $h(t)$ 的波形如图 5-8 所示。从图中可以看出，首先，$h(t)$ 的波形是一个抽样函数，不同于输入信号 $\delta(t)$ 的波形，有失真。这主要是因为理想低通滤波器是一个带限系统，而冲激信号 $\delta(t)$ 的频带宽度为无穷大。增加理想低通截频 Ω_c 可以减小失真。当 $\Omega_c \to \infty$ 时，理想低通变为无失真传输系统，$h(t)$ 也变为冲激函数。再有，$h(t)$ 主峰出现时刻 $t = t_d$ 比输入信号 $\delta(t)$ 作用时刻 $t = 0$ 延迟了一段时间 t_d，t_d 是理想低通滤波器相位特性的斜率。最后，$h(t)$ 在 $t < 0$ 的区间也存在输出，可见理想低通滤波器是一个非因果系统，因而它是一个物理不可实现的系统。

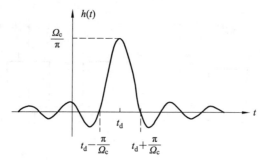

图 5-8　理想低通滤波器的单位冲激响应

2）理想低通滤波器的阶跃响应

如果理想低通滤波器的输入是一个单位阶跃信号 $u(t)$，则系统的输出响应称为阶跃响应，以符号 $g(t)$ 表示。由于单位阶跃信号是单位冲激信号的积分，根据线性时不变系统的特性，系统的阶跃响应是系统冲激响应的积分，即

$$g(t) = h^{-1}(t) = \int_{-\infty}^{t} h(\tau) \mathrm{d}\tau = \frac{\Omega_c}{\pi} \int_{-\infty}^{t} \mathrm{Sa}[\Omega_c(\tau - t_d)] \mathrm{d}\tau \qquad （5\text{-}21）$$

其波形如图 5-9 所示。

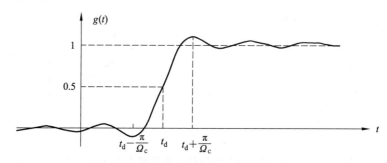

图 5-9　理想低通滤波器的单位阶跃响应

从图 5-9 中可以看出，阶跃响应 $g(t)$ 比输入阶跃信号 $u(t)$ 延迟 t_d。阶跃响应的建立需要一段时间，即阶跃响应从最小值上升到最大值所需时间称为阶跃响应的上升时间 $t_r = 2\pi/\Omega_c$，上升时间与理想低通截频成反比。Ω_c 越大，上升时间就越短，当 $\Omega_c \to \infty$ 时，$t_r \to 0$。另外，在间断点的前后出现了振荡，其振荡的最大峰值约为阶跃突变值的 9% 左右，且不随滤波器带宽的增加而减小，这种现象称为吉布斯现象。

通过对理想低通滤波器冲激响应和阶跃响应的分析，可以得到一些结论。

（1）输出响应的延迟时间取决于理想低通滤波器的相位特性的斜率。

（2）输入信号在通过理想低通滤波器后，输出响应在输入信号不连续点处产生逐渐上升或下降的波形，上升或下降的时间与理想低通滤波器的通频带宽度成反比。

（3）理想低通滤波器的通带宽度与输入信号的带宽不相匹配时，输出就会失真。系统的通带宽度越大于信号的带宽，失真越小，反之，则失真越大。

【例 5-7】　求带通信号 $f(t) = \mathrm{Sa}(t)\cos 2t$，通过线性相位理想低通滤波器的响应。

解：因为

$$\mathrm{Sa}(t) \xleftrightarrow{F} \pi\, p_2(\Omega)$$

利用傅里叶变换的频移特性，可得

$$F(\mathrm{j}\Omega) = \frac{\pi}{2}[p_2(\Omega+2) + p_2(\Omega-2)]$$

$$Y(\mathrm{j}\Omega) = H(\mathrm{j}\Omega)F(\mathrm{j}\Omega) = p_{2\Omega_c}(\Omega)\mathrm{e}^{-\mathrm{j}\Omega t_d}\frac{\pi}{2}[p_2(\Omega+2) + p_2(\Omega-2)]$$

信号 $f(t)$ 的频谱与理想低通滤波器的幅度响应如图 5-10 所示。

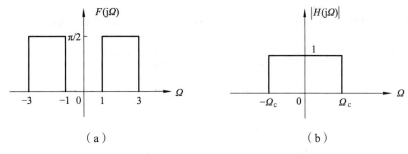

（a） （b）

图 5-10　输入信号的频谱及系统的幅度响应

① 当 $\Omega_c > 3$ 时，输入信号的所有频率分量都能通过系统，即

$$Y(\mathrm{j}\Omega) = p_{2\Omega_c}(\Omega)\mathrm{e}^{-\mathrm{j}\Omega t_d}\frac{\pi}{2}[p_2(\Omega+2) + p_2(\Omega-2)]$$

$$y(t) = f(t-t_d) = \mathrm{Sa}(t-t_d)\cos[2(t-t_d)],\ -\infty < t < \infty$$

② 当 $\Omega_c < 1$ 时，输入信号的所有频率分量都不能通过系统，即

$$Y(\mathrm{j}\Omega) = 0,\quad y(t) = 0,\ -\infty < t < \infty$$

③ 当 $1 < \Omega_c < 3$ 时，只有 $1\sim\Omega_c$ 范围内的频率分量能通过系统，故

$$Y(\mathrm{j}\Omega) = \frac{\pi}{2}\left[p_{\Omega_c-1}\left(\Omega - \frac{\Omega_c+1}{2}\right) + p_{\Omega_c-1}\left(\Omega + \frac{\Omega_c+1}{2}\right)\right]\mathrm{e}^{-\mathrm{j}\Omega t_d}$$

由抽样信号频谱及 Fourier 变换的时域和频域位移特性可得

$$y(t) = \frac{\Omega_c-1}{2}\mathrm{Sa}\left[\frac{\Omega_c-1}{2}(t-t_d)\right]\cos\left[\frac{\Omega_c+1}{2}(t-t_d)\right]$$

这时由于系统滤除了输入信号的部分频率分量，使输出信号发生了失真，所以系统不是无失真传输系统。

5.2　离散时间系统的频域分析

对任意离散周期信号，利用 DFS 可以将其表示为虚指数序列 $\mathrm{e}^{\mathrm{j}\omega_0 k}$ 的线性组合，对于任意离散非周期信号，利用 DTFT 可以将其表示为虚指数序列 $e^{j\omega k}$ 的线性组合。因此，与连续时间系统的情况一样，将虚指数序列 $e^{j\omega k}$ 作为离散时间系统分析的基本信号。

5.2.1　离散时间系统的频率响应

若离散时间 LTI 系统的单位脉冲响应 $h[k]$ 满足绝对可和的条件，即

$$\sum_{-\infty}^{\infty} |h[k]| < \infty$$

则当离散系统输入激励为虚指数序列 $f[k] = e^{j\omega k}$ 时，系统的零状态响应 $y[k]$ 为

$$y[k] = e^{j\omega k} * h[k] = \sum_{-\infty}^{\infty} e^{j\omega(k-n)} h[n] = e^{j\omega k} \sum_{-\infty}^{\infty} e^{-j\omega n} h[n] \tag{5-22}$$

定义

$$H(e^{j\omega}) = \sum_{-\infty}^{\infty} e^{-j\omega n} h[n] \tag{5-23}$$

式（5-23）中，$H(e^{j\omega})$ 称为离散系统的频率响应。由式（5-23）可知系统的频响 $H(e^{j\omega})$ 等于系统单位脉冲响应的离散时间傅里叶变换（DTFT）。

由系统频响的定义式（5-23），式（5-22）可重写为

$$y[k] = e^{j\omega k} H(e^{j\omega}) \tag{5-24}$$

式（5-24）说明，当虚指数序列 $e^{j\omega k}$ 作用于离散 LTI 系统时，系统的零状态响应仍为同频率的虚指数序列，这个虚指数序列的幅度和相位由系统的频响 $H(e^{j\omega})$ 确定，所以 $H(e^{j\omega})$ 反映了离散时间线性时不变系统对不同频率信号的响应特性。

在一般情况下，离散系统的频响 $H(e^{j\omega})$ 是复函数，可用幅度和相位表示如下：

$$H(e^{j\omega}) = |H(e^{j\omega})| e^{j\varphi(\omega)} \tag{5-25}$$

式（5-25）中，$|H(e^{j\omega})|$ 称为系统的幅度响应，$\varphi(\omega)$ 称为系统的相位响应。系统的频响 $H(e^{j\omega})$ 反映系统自身的特性，由系统结构及参数决定，与系统的外加激励及系统的初始状态无关。

5.2.2　离散时间线性时不变系统的频域分析方法

若信号 $f[k]$ 的 DTFT 存在，根据离散时间傅里叶反变换公式，则 $f[k]$ 可由虚指数信号 $e^{j\omega k}$ 的线性组合表示，即

$$f[k] = \frac{1}{2\pi} \int_{-\pi}^{\pi} F(e^{j\omega}) e^{j\omega k} d\omega$$

由系统的线性时不变性，可推出信号 $f[k]$ 作用于系统的零状态响应 $y[k]$ 为

$$y[k] = T\left[\frac{1}{2\pi}\int_{-\pi}^{\pi}F(e^{j\omega})e^{j\omega k}d\omega\right] = \frac{1}{2\pi}\int_{-\pi}^{\pi}F(e^{j\omega})H(e^{j\omega})e^{j\omega k}d\omega \tag{5-26}$$

对式（5-26）左右两边同时进行离散时间傅里叶变换，得

$$Y(e^{j\omega}) = F(e^{j\omega})H(e^{j\omega}) \tag{5-27}$$

即信号 $f[k]$ 作用于系统的零状态响应的频谱等于激励信号的频谱乘以系统的频率响应。式（5-27）的结论与 DTFT 的时域卷积定理一致。把时域的卷积运算转化为频域的乘积运算，这为系统响应的求解带来了极大的方便。

另外，当已知系统的差分方程时，可对差分方程两边取 DTFT 求取。根据式（3-30），离散时间线性时不变系统的差分方程一般表示为

$$\sum_{i=0}^{n}a_i y[k-i] = \sum_{j=0}^{m}b_j f[k-j]$$

式（3-30）中，a_i、b_j 均为常数。

若系统是稳定的，对式（3-30）两边取 DTFT，并利用时移特性，得

$$\sum_{i=0}^{n}a_i e^{-j\omega i}Y(e^{j\omega}) = \sum_{j=0}^{m}b_j e^{-j\omega j}F(e^{j\omega}) \tag{5-28}$$

进而得到

$$H(e^{j\omega}) = \frac{Y(e^{j\omega})}{F(e^{j\omega})} = \frac{\displaystyle\sum_{j=0}^{m}b_j e^{-j\omega j}}{\displaystyle\sum_{i=0}^{n}a_i e^{-j\omega i}} \tag{5-29}$$

【例 5-8】 已知离散时间因果稳定 LTI 系统的差分方程为

$$6y[k] + y[k-1] - y[k-2] = f[k]$$

（1）求系统的单位脉冲响应 $h[k]$。

（2）当 $f[k] = 5^{-k}u[k]$ 时，求系统的零状态响应。

解：（1）对差分方程两边取 DTFT，得

$$6Y(e^{j\omega}) + e^{-j\omega}Y(e^{j\omega}) - e^{-2j\omega}Y(e^{j\omega}) = F(e^{j\omega})$$

整理上式得

$$H(e^{j\omega}) = \frac{Y(e^{j\omega})}{F(e^{j\omega})} = \frac{1}{6 + e^{-j\omega} - e^{-2j\omega}} = \frac{1/10}{1 + 2^{-1}e^{-j\omega}} + \frac{1/15}{1 - 3^{-1}e^{-j\omega}}$$

根据式（4-101），得

$$h[k] = \frac{1}{10}\left(-\frac{1}{2}\right)^k u[k] + \frac{1}{15}\left(\frac{1}{3}\right)^k u[k]$$

（2）由 $f[k]=5^{-k}u[k]$ 得到

$$F(\mathrm{e}^{\mathrm{j}\omega})=\mathrm{DTFT}[f[k]]=\frac{1}{1-5^{-1}\mathrm{e}^{-\mathrm{j}\omega}}$$

由式（5-27）得

$$Y(\mathrm{e}^{\mathrm{j}\omega})=F(\mathrm{e}^{\mathrm{j}\omega})H(\mathrm{e}^{\mathrm{j}\omega})=\frac{1}{6+\mathrm{e}^{-\mathrm{j}\omega}-\mathrm{e}^{-2\mathrm{j}\omega}}\cdot\frac{1}{1-5^{-1}\mathrm{e}^{-\mathrm{j}\omega}}$$

$$=\frac{1/14}{1+2^{-1}\mathrm{e}^{-\mathrm{j}\omega}}+\frac{1/6}{1-3^{-1}\mathrm{e}^{-\mathrm{j}\omega}}+\frac{-1/14}{1-5^{-1}\mathrm{e}^{-\mathrm{j}\omega}}$$

再通过离散时间傅里叶反变换得

$$y[k]=\frac{1}{14}\left(-\frac{1}{2}\right)^{k}u[k]+\frac{1}{6}\left(\frac{1}{3}\right)^{k}u[k]-\frac{1}{14}\left(\frac{1}{5}\right)^{k}u[k]$$

5.3　MATLAB 实现及应用

5.3.1　用 MATLAB 绘出冲激响应和阶跃响应的时域仿真波形图

已知系统的微分方程为 $y''(t)+3y'(t)+2y(t)=f(t)$，试用 MATLAB 命令求系统冲激响应和阶跃响应的数值解，并绘出冲激响应和阶跃响应的时域仿真波形图。

程序代码：

```
t=0:0.001:4;
sys=tf([1],[1,3,2]);
h=impulse(sys,t);
s=step(sys,t);
subplot(211)
plot(t,h);
xlabel('t(s)'),ylabel('h(t)');
title('冲激响应');
subplot(212);
plot(t,s);
xlabel('t(s)'),ylabel('s(t)');
title('阶跃响应');
```

仿真结果如图 5-11 所示。

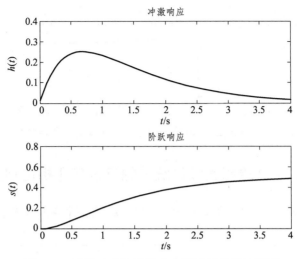

图 5-11　冲激响应和阶跃响应的时域仿真波形图

5.3.2　用 MATLAB 绘出 Butterworth 低通滤波器的幅度响应和相位响应波形

三阶归一化的 Butterworth 低通滤波器的频率响应为

$$H(\mathrm{j}\varOmega) = \frac{1}{3(\mathrm{j}\varOmega)^3 + 2(\mathrm{j}\varOmega)^2 + 2(\mathrm{j}\varOmega) + 1}$$

试用 MATLAB 绘出系统的幅度响应和相位响应。

程序代码：

```
w=0:0.01:5
b=[1];a-[1 2 2 1];
h=freqs(b,a,w);
subplot(2,1,1);
plot(w,abs(h),'k');
title('幅度响应')
subplot(2,1,2);
plot(w,angle(h),'k');
title('相位响应');
```

仿真结果如图 5-12 所示。

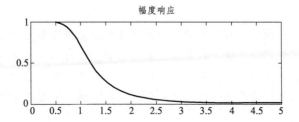

幅度响应

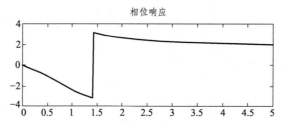

图 5-12　三阶 Butterworth 低通滤波器的幅度响应和相位响应波形

5.3.3　用 MATLAB 绘出离散系统的幅度响应和相位响应波形

已知差分方程：$y[k]-0.9y[k-1]=0.5f[k]+0.8f[k-1]$，求它的频率响应 $H(\mathrm{e}^{\mathrm{j}\omega})$，并画图。
程序代码：

```
b=[0.5,0.8];
a=[1,-0.9];
[h,w]=freqz(b,a);%求出频率响应(0 到 π 分成 512 点)
subplot(2,1,1),plot(w,abs(h),'k'),grid on;title('|h(ejw)|')
subplot(2,1,2),plot(w,angle(h),'k'),grid on;title('angle[h(ejw)]')
```

仿真结果如图 5-13 所示。

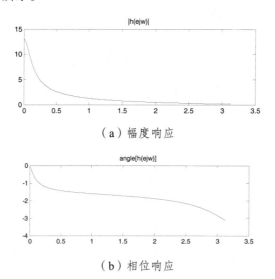

（a）幅度响应

（b）相位响应

图 5-13　离散系统的幅度响应和相位响应波形

阅读材料

　　频域分析法是研究系统的一种工程方法。系统中的信号可以表示为不同频率的正弦信号的合成。描述系统在不同频率的正弦函数作用时的稳态输出和输入信号之间关系的数学模型称为频率特性，它反映了正弦信号作用下系统响应的性能。应用频率特性研究线性系统的经典方法称为频域分析法。频域分析法是 20 世纪 30 年代发展起来的一种工程实用方法。

频域分析法的优势主要体现在：

　　（1）频率特性虽然是一种稳态特性，但它不仅仅反映系统的稳态性能，还可以用来研究系统的稳定性和瞬态性能，而且不必解出特征方程的根。

　　（2）频率特性与二阶系统的过渡过程性能指标有着确定的对应关系，从而可以较方便地分析系统中参量对系统瞬态响应的影响。

　　（3）线性系统的频率特性可以非常容易地由解析法得到。

　　（4）许多元件和稳定系统的频率特性都可用实验的方法来测定，这对于很难从分析其物理规律着手来列写动态方程的元件和系统来说，具有特别重要的意义。

　　（5）频域分析法不仅适用于线性系统，也可以推广到某些非线性系统的分析研究中。

　　频域分析法具有以下特点。

　　首先，系统及其元部件的频率特性可以运用分析法和实验方法获得，并可用多种形式的曲线表示，因而系统分析和控制器设计可以应用图解法进行。

　　其次，频率特性物理意义明确。对于一阶系统和二阶系统，频域性能指标和时域性能指标有确定的对应关系；对于高阶系统，可建立近似的对应关系。

　　第三，系统的频域设计可以兼顾动态响应和噪声抑制两方面的要求。

　　第四，频域分析法不仅适用于线性定常系统，还可以推广应用于某些非线性系统。

　　频域分析法就是将信号分解为正弦波，并且用正弦波合成信号。分解或分析就是计算各种频率的正弦波在信号中所占的比例，合成或综合就是根据不同比例的正弦波来合成信号。对分解的信号可以如此处理：保留部分幅值比较大的正弦波分量，以备将来恢复信号。这样做在实践中有不少好处，例如减少表示信号所需的数据、节省存储数据的存储器、节省传输数据的时间、增加通信线路的使用效率等。合成信号也有不少用途，如恢复接收数据的原始信号、合成语音信号、生成图像信号、产生测量信号等。

　　频域分析法是从频率的角度看问题，它能看到时域角度看不到的问题。频域分析法的优点是：它引导人们从信号的表面深入到信号的本质，看到信号的组成部分。通过对成分的了解，人们可以更好地使用信号。这种做法很像化学分析，比如污水处理，化学分析能够帮助工程师了解污水处理的效果，达到改进和提高处理方法的目的。有了信号分析的概念，就提高了人们的观察力。

　　频域分析法也有不足的地方，它不直观、不易理解，需要计算才能得到频谱，同样需要计算才能将频谱还原为时域信号，还有，它的正弦波成分不能体现它们发生的时刻。

习　题

一、单项选择题

1. 无失真传输的条件是（　　　）。

　　A. 幅频特性等于常数

　　B. 相位特性是一通过原点的直线

　　C. 幅频特性等于常数，相位特性是一通过原点的直线

　　D. 幅频特性是一通过原点的直线，相位特性等于常数

2. 已知某因果连续时间 LTI 系统，其频率响应为 $H(j\Omega) = \dfrac{1}{j\Omega+2}$，对于某一输入信号 $f(t)$ 所得输出信号的傅里叶变换为 $Y(j\Omega) = \dfrac{1}{(j\Omega+2)(j\Omega+3)}$，则该系统的输入 $f(t) = ($　　$)$。

A. $f(t) = e^{-2t}u(t)$　　　　　　　B. $f(t) = -e^{-3t}u(-t)$

C. $f(t) = e^{-3t}u(t)$　　　　　　　D. $f(t) = e^{3t}u(t)$

3. 已知某理想低通滤波器的频率响应为 $H(j\Omega) = \begin{cases} e^{-j\Omega}, & |\Omega| < 2, \\ 0, & |\Omega| \geqslant 2, \end{cases}$ 则滤波器的单位冲激响应 $h(t) = ($　　$)$。

A. $\dfrac{\sin 2t}{\pi(t-1)}$　　　B. $\dfrac{\sin 2(t-1)}{\pi(t-1)}$　　　C. $\dfrac{\sin t}{\pi(t-1)}$　　　D. $\dfrac{\sin(t-1)}{\pi(t-1)}$

4. 系统的幅频特性 $|H(j\Omega)|$ 和相频特性 $\varphi(\Omega)$ 如图 5-14 所示，则下列信号通过该系统时，不产生失真的是（　　）。

A. $f(t) = \cos(t) + \cos(8t)$　　　　　B. $f(t) = \sin(2t) + \sin(4t)$

C. $f(t) = \sin(2t) \cdot \sin(4t)$　　　　　D. $f(t) = \cos(8t)$

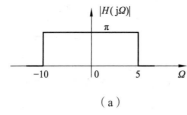　　　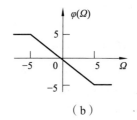

（a）　　　　　　　　　　　　　（b）

图 5-14　习题 4 图

5. 设连续时间线性系统的单位冲激响应为 $h(t)$，系统的频率特性为 $H(j\Omega) = |H(j\Omega)|e^{j\varphi(\Omega)}$，信号通过线性系统不失真的条件是（　　）。

A. $|H(j\Omega)|$ 可以为任意函数，$\varphi(\Omega) = -\Omega t_0$

B. $|H(j\Omega)|$ 和 $\varphi(\Omega)$ 都可以为任意函数

C. $h(t)$ 为常数

D. $|H(j\Omega)|$ 为常数，$\varphi(\Omega) = -\Omega t_0$

6. 设一有限时间区间上的连续时间信号，其频谱分布的区间是（　　）。

A. 有限，连续区间　　　　　　　B. 无穷，连续区间

C. 有限，离散区间　　　　　　　D. 无穷，离散区间

7. 已知信号 $f(t) = e^{-t}\delta(t)$，则信号 $y(t) = \displaystyle\int_{-\infty}^{t} f(\tau)d\tau$ 的傅里叶变换 $Y(j\Omega) = ($　　$)$。

A. $\dfrac{1}{j\Omega}$　　　B. $j\Omega$　　　C. $\dfrac{1}{j\Omega} + \pi\delta(\Omega)$　　　D. $-\dfrac{1}{j\Omega} + \pi\delta(\Omega)$

8. 已知信号 $f(t) = \delta(t+\tau) + \delta(t-\tau)$，则其傅里叶变换 $F(j\Omega)$ 为（　　）。

A. $\dfrac{1}{2}\cos\Omega\tau$　　　B. $2\cos\Omega\tau$　　　C. $\dfrac{1}{2}\sin\Omega\tau$　　　D. $2\sin\Omega\tau$

二、填空题

1. 理想滤波器的频率响应为 $H(\mathrm{j}\Omega)=\begin{cases}2, & |\Omega|\geqslant 100\pi, \\ 0, & |\Omega|<100\pi,\end{cases}$，如果输入信号为 $f(t)=10\cos(80\pi t)+5\cos(120\pi t)$，则输出响应 $y(t)=$＿＿＿＿＿＿。

2. 已知某系统的频率响应为 $H(\mathrm{j}\Omega)=4\mathrm{e}^{-\mathrm{j}3\Omega}$，则该系统的单位阶跃响应为＿＿＿＿＿＿。

3. 系统冲激响应 $h(t)$ 的傅里叶变换 $H(\mathrm{j}\Omega)$ 称为系统的＿＿＿＿＿＿。

4. 无失真传输系统应满足两个条件：

（1）＿＿＿＿＿＿＿＿＿＿＿＿；（2）＿＿＿＿＿＿＿＿＿＿＿＿＿。

三、判断题

1. 理想低通滤波器为非因果物理上不可实现的系统。（　　　）

2. 线性无失真传输只影响信号的幅度。（　　　）

3. 当系统冲激响应 $h(t)$ 是实信号时，幅度响应 $|H(\mathrm{j}\Omega)|$ 是 Ω 的偶函数，相位响应 $\varphi(\Omega)$ 是 Ω 的奇函数。（　　　）

4. 根据线性时不变系统的特性，系统阶跃响应是系统冲激响应的积分。（　　　）

四、综合题

1. 已知一个 LTI 连续系统的频率响应为 $H(\mathrm{j}\Omega)=\dfrac{1}{\mathrm{j}\Omega+2}$，求在输入 $f(t)=u(t)$ 的激励下系统的零状态响应 $y(t)$。

2. 已知一个 LTI 连续系统的动态方程为 $y'(t)+3y(t)=2f(t)$，$t>0$，输入信号 $f(t)=\mathrm{e}^{-4t}u(t)$，求输出响应的频谱函数 $Y(\mathrm{j}\Omega)$。

3. 已知滤波器的频率响应 $H(\mathrm{j}\Omega)=-3\mathrm{e}^{-\mathrm{j}2\Omega}$，系统的输入信号 $f(t)=u(t)+\delta(t-3)$，求系统的输出响应。

4. 理想 90° 相移器（Hilbert 变换器）的频率响应定义为 $H(\mathrm{j}\Omega)=\begin{cases}\mathrm{e}^{-\mathrm{j}\frac{\pi}{2}}, & \Omega>0, \\ \mathrm{e}^{\mathrm{j}\frac{\pi}{2}}, & \Omega<0。\end{cases}$

（1）试求系统的冲激响应 $h(t)$。

（2）若输入为 $f(t)=\sin\Omega_0 t$，$-\infty<t<\infty$，求系统的输出 $y(t)$。

（3）试求系统对任意输入 $f(t)$ 的输出 $y(t)$。

信号的复频域分析

利用傅里叶变换工具，实现对信号的频谱
分析，在工程实践中具有清晰的物理意义和广
泛的应用场合。然而，傅里叶变换的存在是有
条件的，即要求被积信号绝对可积或绝对可和，
由于有许多信号不满足这一条件，所以不能直

视频：信号的复频域分析　　　PPT：信号的复频域分析

接应用傅里叶变换对这些信号进行频谱分析。综上可知，利用傅里叶变换对信号进行频谱分析
是有局限性的，为了解决这一问题，本章引入信号的复频域分析方法，即在傅里叶变换频域分
析方法的基础上，通过引入衰减因子来实现频域分析的目的。复频域分析的基本工具是连续时
间信号的拉普拉斯变换和离散时间信号的 z 变换。

6.1　连续时间信号的复频域分析

6.1.1　单边拉普拉斯变换及其收敛域

有一些常用的连续信号不存在傅里叶变换，如指数增长信号 $f(t) = \mathrm{e}^{\alpha t}u(t),\ \alpha > 0$。若将这
个指数增长信号乘以衰减因子 $\mathrm{e}^{-\sigma t}$，当 $\sigma > \alpha$ 时，信号 $\mathrm{e}^{\alpha t}u(t) \cdot \mathrm{e}^{-\sigma t}$ 就变为指数衰减信号，该信号
就可以进行傅里叶变换了，即

$$F[f(t)\mathrm{e}^{-\sigma t}] = \int_{-\infty}^{\infty} f(t)\mathrm{e}^{-\sigma t}\mathrm{e}^{-\mathrm{j}\Omega t}\mathrm{d}t = \int_{-\infty}^{\infty} f(t)\mathrm{e}^{-(\sigma+\mathrm{j}\Omega)t}\mathrm{d}t$$

定义复频率 $s = \sigma + \mathrm{j}\Omega$，当 $\sigma > \alpha$ 时，则上式可写为

$$F[f(t)\mathrm{e}^{-\sigma t}] = \int_{-\infty}^{\infty} f(t)\mathrm{e}^{-st}\mathrm{d}t$$

上式中，积分后的变量不再是 Ω，而是变为 s，故把积分结果函数命名为 $F(s)$，即有

$$F(s) = F[f(t)\mathrm{e}^{-\sigma t}] = \int_{-\infty}^{\infty} f(t)\mathrm{e}^{-st}\mathrm{d}t \qquad (6\text{-}1)$$

式（6-1）即为信号的拉普拉斯变换，又可表示为

$$L[f(t)] = F(s) = \int_{-\infty}^{\infty} f(t)\mathrm{e}^{-st}\mathrm{d}t \qquad (6\text{-}2)$$

$F(s)$ 是复频率 $s = \sigma + \mathrm{j}\Omega$ 的函数。

信号 $f(t)\mathrm{e}^{-\sigma t}$ 的傅里叶反变换为

$$f(t)\mathrm{e}^{-\sigma t} = \frac{1}{2\pi}\int_{-\infty}^{\infty} F(s)\mathrm{e}^{\mathrm{j}\Omega t}\mathrm{d}\Omega$$

上式两边同乘以 $\mathrm{e}^{\sigma t}$ 可得

$$f(t) = \frac{1}{2\pi}\int_{-\infty}^{\infty} F(s)\mathrm{e}^{(\sigma+\mathrm{j}\Omega)t}\mathrm{d}\Omega$$

将上式中的积分变量变为 s，即得拉普拉斯反变换为

$$L^{-1}[F(s)] = f(t) = \frac{1}{2\pi\mathrm{j}}\int_{\sigma-\mathrm{j}\infty}^{\sigma+\mathrm{j}\infty} F(s)\mathrm{e}^{st}\mathrm{d}s \qquad (6\text{-}3)$$

式（6-1）称为双边拉普拉斯变换式，实际工程中的信号一般为因果信号，其 t 的取值区间为 $(0, \infty)$，因此，就有了单边拉普拉斯变换式，其定义式为

$$F(s) = \int_{0^-}^{\infty} f(t)\mathrm{e}^{-st}\mathrm{d}t \qquad (6\text{-}4)$$

单边拉普拉斯反变换仍为式（6-3）。式（6-4）中将积分下限定义为 0^- 是为了能够有效处理出现在 0 时刻的冲激信号，如果 0 时刻不存在冲激信号或其导数，单边拉普拉斯变换式的积分下限取 0 即可。

由前面的分析可知，拉普拉斯变换是信号 $f(t)$ 乘以衰减因子 $\mathrm{e}^{-\sigma t}$ 后再进行傅里叶变换，因此拉普拉斯变换也有存在的条件，即

$$\int_{-\infty}^{\infty} |f(t)|\,\mathrm{e}^{-\sigma t}\mathrm{d}t < \infty \qquad (6\text{-}5)$$

同样，对于单边拉普拉斯变换存在的条件如式（6-6）：

$$\int_{0^-}^{\infty} |f(t)|\mathrm{e}^{-\sigma t}\mathrm{d}t < \infty \qquad (6\text{-}6)$$

即对于任意单边信号 $f(t)$，若满足式（6-6），则 $f(t)$ 应满足

$$\lim_{t\to\infty} f(t)\mathrm{e}^{-\sigma t} = 0 ,\ (\sigma > \sigma_0) \qquad (6\text{-}7)$$

因此式（6-6）或式（6-7）是否成立，与 σ 的取值有关。定义使信号 $f(t)$ 的拉普拉斯变换存在的 σ 的取值范围就是拉普拉斯变换的收敛域（Region of Convergence，ROC）。σ_0 与信号 $f(t)$ 的衰减特性有关，它确定了单边拉普拉斯变换收敛域的边界。通常将 σ_0 值在以 σ 为横坐标（实轴）、以 $\mathrm{j}\Omega$ 为纵坐标（虚轴）的 s 平面绘出，如图 6-1 所示。它是通过 σ_0 点垂直于 σ 轴的一条直线，称为收敛轴，σ_0 点称为收敛坐标。对于单边信号，收敛域为 s 平面收敛轴右侧 $(\sigma > \sigma_0)$ 的区域。

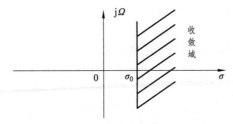

图 6-1　单边拉普拉斯变换的收敛域

【**例 6-1**】 计算下列信号拉普拉斯变换的收敛域。

（1）$u(t) - u(t - \tau)$；（2）$u(t)$；（3）$e^{3t}u(t)$；（4）$t^t u(t)$。

解：求收敛域即找出满足式（6-7），也即 $\lim\limits_{t \to \infty} f(t)e^{-\sigma t} = 0$ 的 σ 取值范围。

（1）$u(t) - u(t - \tau)$ 只在 $0 < t < \tau$ 时间内存在有限值，因此 σ 取任何值式（6-7）均成立，故收敛域为全 s 平面，写为 $\sigma > -\infty$ 或 $\text{Re}(s) > -\infty$。

（2）对于单位阶跃信号 $u(t)$，当 $\sigma > 0$ 时

$$\lim_{t \to \infty} u(t)e^{-\sigma t} = 0$$

故收敛域为 s 平面 $\sigma > 0$ 的区域，即 s 右半平面。

（3）对于指数信号 $e^{3t}u(t)$，当 $\sigma > 3$ 时

$$\lim_{t \to \infty} e^{3t}u(t)e^{-\sigma t} = 0$$

故收敛域为 s 平面 $\sigma > 3$ 的区域，或表示为 $\text{Re}(s) > 3$ 的区域。

（4）由于 $t^t u(t)$ 的增长比指数函数快，因此不存在合适的 σ_0 值使得 $\sigma > \sigma_0$ 时，式（6-7）成立，因此这种信号的拉普拉斯变换不存在。

6.1.2 常用信号的单边拉普拉斯变换

1．单边指数信号 $e^{\lambda t}u(t)$，λ 为实数

$$L[e^{\lambda t}u(t)] = \int_{0^-}^{\infty} e^{\lambda t}e^{-st}\mathrm{d}t = \frac{1}{s - \lambda}，\quad \sigma > \lambda$$

即

$$e^{\lambda t}u(t) \overset{L}{\longleftrightarrow} \frac{1}{s - \lambda}，\quad \sigma > \lambda \tag{6-8}$$

同理可得

$$e^{j\Omega_0 t}u(t) \overset{L}{\longleftrightarrow} \frac{1}{s - j\Omega_0}，\quad \sigma > 0 \tag{6-9}$$

$$e^{(\sigma_0 + j\Omega_0)t}u(t) \overset{L}{\longleftrightarrow} \frac{1}{s - (\sigma_0 + j\Omega_0)}，\quad \sigma > \sigma_0 \tag{6-10}$$

2．正弦信号 $\cos\Omega_0 t\, u(t)$，$\sin\Omega_0 t\, u(t)$

$$\cos\Omega_0 t\, u(t) = \frac{e^{j\Omega_0 t} + e^{-j\Omega_0 t}}{2}u(t)$$

$$\cos\Omega_0 t\, u(t) \overset{L}{\longleftrightarrow} \frac{1}{2}\left(\frac{1}{s - j\Omega_0} + \frac{1}{s + j\Omega_0}\right) = \frac{s}{s^2 + \Omega_0^2}，\quad \sigma > 0 \tag{6-11}$$

同理可得

$$\sin \Omega_0 t\, u(t) \xleftarrow{\ L\ } \frac{1}{2\mathrm{j}}\left(\frac{1}{s-\mathrm{j}\Omega_0}-\frac{1}{s+\mathrm{j}\Omega_0}\right)=\frac{\Omega_0}{s^2+\Omega_0^2}\ ,\quad \sigma>0 \tag{6-12}$$

3．单位阶跃信号 $u(t)$

由式（6-8），当 $\lambda=0$ 时，有

$$L[u(t)]=\lim_{\lambda\to 0}L[\mathrm{e}^{\lambda t}u(t)]=\frac{1}{s}\ ,\quad \sigma>0 \tag{6-13}$$

4．单位冲激信号 $\delta(t)$ 及其导数 $\delta'(t)$

由拉普拉斯变换的定义式（6-4）及冲激信号的性质，得

$$L[\delta(t)]=\int_{0^-}^{\infty}\delta(t)\mathrm{e}^{-st}\mathrm{d}t=1\ ,\quad \sigma>-\infty \tag{6-14}$$

$$L[\delta'(t)]=\int_{0^-}^{\infty}\delta'(t)\mathrm{e}^{-st}\mathrm{d}t=-\frac{\mathrm{d}}{\mathrm{d}t}(\mathrm{e}^{-st})\bigg|_{t=0}=s\ ,\quad \sigma>-\infty \tag{6-15}$$

进一步可得

$$L[\delta^{(n)}(t)]=s^n\ ,\quad \sigma>-\infty \tag{6-16}$$

5．单位斜坡信号 $tu(t)$

$$L[tu(t)]=\int_{0^-}^{\infty}t\mathrm{e}^{-st}\mathrm{d}t=-\frac{t}{s}(\mathrm{e}^{-st})\bigg|_{0^-}^{\infty}+\frac{1}{s}\int_{0^-}^{\infty}\mathrm{e}^{-st}\mathrm{d}t=\frac{1}{s}\int_{0^-}^{\infty}\mathrm{e}^{-st}\mathrm{d}t=\frac{1}{s^2}\ ,\quad \sigma>0 \tag{6-17}$$

进一步可得

$$L[t^n u(t)]=\frac{n!}{s^{n+1}}\ ,\quad \sigma>0 \tag{6-18}$$

为了便于使用，将常用信号的单边拉普拉斯变换列于表 6-1 中。

表 6-1　常用信号的单边拉普拉斯变换

$f(t)$	$F(s)$	收敛域
$\mathrm{e}^{\lambda t}u(t)$	$\dfrac{1}{s-\lambda}$	$\sigma>\lambda$
$\mathrm{e}^{\mathrm{j}\Omega_0 t}u(t)$	$\dfrac{1}{s-\mathrm{j}\Omega_0}$	$\sigma>0$
$\mathrm{e}^{(\sigma_0+\mathrm{j}\Omega_0)t}u(t)$	$\dfrac{1}{s-(\sigma_0+\mathrm{j}\Omega_0)}$	$\sigma>\sigma_0$
$\cos\Omega_0 t\, u(t)$	$\dfrac{s}{s^2+\Omega_0^2}$	$\sigma>0$
$\sin\Omega_0 t\, u(t)$	$\dfrac{\Omega_0}{s^2+\Omega_0^2}$	$\sigma>0$

$f(t)$	$F(s)$	收敛域
$u(t)$	$\dfrac{1}{s}$	$\sigma > 0$
$\delta(t)$	1	$\sigma > -\infty$
$\delta^{(n)}(t)$	s^n	$\sigma > -\infty$
$tu(t)$	$\dfrac{1}{s^2}$	$\sigma > 0$
$t^n u(t)$	$\dfrac{n!}{s^{n+1}}$	$\sigma > 0$

6.1.3　单边拉普拉斯变换的性质

拉普拉斯变换建立了信号时域与复频域之间的关系，当信号在时域有所变化时，在复频域必然有相应的体现，拉普拉斯变换的性质真实地反映了这些变化规律。由于拉普拉斯变换是傅里叶变换的推广，所以两种变换的性质有许多相似性。

1．线性特性

若

$$f_1(t) \overset{L}{\longleftrightarrow} F_1(s), \quad \mathrm{Re}(s) > \sigma_1$$

$$f_2(t) \overset{L}{\longleftrightarrow} F_2(s), \quad \mathrm{Re}(s) > \sigma_2$$

则有

$$a_1 f_1(t) + a_2 f_2(t) \overset{L}{\longleftrightarrow} a_1 F_1(s) + a_2 F_2(s), \ \mathrm{Re}(s) > \max(\sigma_1, \sigma_2) \tag{6-19}$$

2．展缩特性

若

$$f(t) \overset{L}{\longleftrightarrow} F(s), \quad \mathrm{Re}(s) > \sigma_0$$

则

$$f(at) \overset{L}{\longleftrightarrow} \frac{1}{a} F\left(\frac{s}{a}\right), \ a > 0, \quad \mathrm{Re}(s) > a\sigma_0 \tag{6-20}$$

3．时移特性

若

$$f(t) \overset{L}{\longleftrightarrow} F(s), \quad \mathrm{Re}(s) > \sigma_0$$

则

$$f(t-t_0)u(t-t_0)\overset{L}{\longleftrightarrow}\mathrm{e}^{-st_0}F(s),\quad t_0\geqslant 0,\quad \mathrm{Re}(s)>\sigma_0 \tag{6-21}$$

4．卷积特性

若

$$f_1(t)\overset{L}{\longleftrightarrow}F_1(s),\quad \mathrm{Re}(s)>\sigma_1$$

$$f_2(t)\overset{L}{\longleftrightarrow}F_2(s),\quad \mathrm{Re}(s)>\sigma_2$$

则

$$f_1(t)*f_2(t)\overset{L}{\longleftrightarrow}F_1(s)F_2(s),\quad \mathrm{Re}(s)>\max(\sigma_1,\sigma_2) \tag{6-22}$$

5．乘积特性

若

$$f_1(t)\overset{L}{\longleftrightarrow}F_1(s),\quad \mathrm{Re}(s)>\sigma_1$$

$$f_2(t)\overset{L}{\longleftrightarrow}F_2(s),\quad \mathrm{Re}(s)>\sigma_2$$

则

$$f_1(t)f_2(t)\overset{L}{\longleftrightarrow}\frac{1}{2\pi\mathrm{j}}[F_1(s)*F_2(s)],\quad \mathrm{Re}(s)>\sigma_1+\sigma_2 \tag{6-23}$$

6．指数加权特性

若

$$f(t)\overset{L}{\longleftrightarrow}F(s),\quad \mathrm{Re}(s)>\sigma_0$$

则

$$\mathrm{e}^{-\lambda t}f(t)\overset{L}{\longleftrightarrow}F(s+\lambda),\quad \lambda>0,\quad \mathrm{Re}(s)>\sigma_0-\lambda \tag{6-24}$$

7．线性加权特性

若

$$f(t)\overset{L}{\longleftrightarrow}F(s),\quad \mathrm{Re}(s)>\sigma_0$$

则

$$-tf(t)\overset{L}{\longleftrightarrow}\frac{\mathrm{d}F(s)}{\mathrm{d}s},\quad \mathrm{Re}(s)>\sigma_0 \tag{6-25}$$

8．微分特性

若

$$f(t)\overset{L}{\longleftrightarrow}F(s),\quad \mathrm{Re}(s)>\sigma_0$$

则

$$\frac{\mathrm{d}f(t)}{\mathrm{d}t}\overset{L}{\longleftrightarrow}sF(s)-f(0^-),\quad \mathrm{Re}(s)>\sigma_0 \tag{6-26}$$

9.积分特性

若

$$f(t)\overset{L}{\longleftrightarrow}F(s),\quad \mathrm{Re}(s)>\sigma_0$$

则

$$\int_{-\infty}^{t}f(\tau)\mathrm{d}\tau\overset{L}{\longleftrightarrow}\frac{F(s)}{s}+\frac{f^{-1}(0^-)}{s},\quad \mathrm{Re}(s)>\max(\sigma_0,0) \tag{6-27}$$

10.初值定理和终值定理

若

$$f(t)\overset{L}{\longleftrightarrow}F(s),\quad \mathrm{Re}(s)>\sigma_0$$

则

$$\lim_{t\to 0^+}f(t)=f(0^+)=\lim_{s\to\infty}sF(s) \tag{6-28}$$

$$\lim_{t\to\infty}f(t)=f(\infty)=\lim_{s\to 0}sF(s) \tag{6-29}$$

表 6-2 列出了单边拉普拉斯变换的一些常用性质。

表 6-2 单边拉普拉斯变换的基本性质

类别	性质	收敛域
线性特性	$af_1(t)+bf_2(t)\overset{F}{\longleftrightarrow}aF_1(s)+bF_2(s)$	$\mathrm{Re}(s)>\max(\sigma_1,\sigma_2)$
展缩特性	$f(at)\overset{F}{\longleftrightarrow}\frac{1}{a}F\left(\frac{s}{a}\right),\quad a>0$	$\mathrm{Re}(s)>a\sigma_0$
时移特性	$f(t-t_0)u(t-t_0)\overset{F}{\longleftrightarrow}F(s)\cdot\mathrm{e}^{-st_0}$	$\mathrm{Re}(s)>\sigma_0$
卷积特性	$f_1(t)*f_2(t)\overset{F}{\longleftrightarrow}F_1(s)\cdot F_2(s)$	$\mathrm{Re}(s)>\max(\sigma_1,\sigma_2)$
乘积特性	$f_1(t)f_2(t)\overset{L}{\longleftrightarrow}\frac{1}{2\pi\mathrm{j}}[F_1(s)*F_2(s)]$	$\mathrm{Re}(s)>\sigma_1+\sigma_2$
指数加权特性	$\mathrm{e}^{-\lambda t}f(t)\overset{L}{\longleftrightarrow}F(s+\lambda),\quad \lambda>0$	$\mathrm{Re}(s)>\sigma_0-\lambda$
线性加权特性	$-tf(t)\overset{L}{\longleftrightarrow}\frac{\mathrm{d}F(s)}{\mathrm{d}s}$	$\mathrm{Re}(s)>\sigma_0$
微分特性	$\frac{\mathrm{d}f(t)}{\mathrm{d}t}\overset{L}{\longleftrightarrow}sF(s)-f(0^-)$	$\mathrm{Re}(s)>\sigma_0$
积分特性	$\int_{-\infty}^{t}f(\tau)\mathrm{d}\tau\overset{L}{\longleftrightarrow}\frac{F(s)}{s}+\frac{f^{-1}(0^-)}{s}$	$\mathrm{Re}(s)>\max(\sigma_0,0)$
初值定理	$\lim_{t\to 0^+}f(t)=f(0^+)=\lim_{s\to\infty}sF(s)$	
终值定理	$\lim_{t\to\infty}f(t)=f(\infty)=\lim_{s\to 0}sF(s)$	

6.1.4　拉普拉斯反变换

由于时域和 s 域存在一一对应关系，对于简单的 s 域表示式，可以应用常用信号的拉普拉斯变换或拉普拉斯变换的性质直接求得相应的时间函数。对于复杂的 s 域表达式，常用部分分式展开法和留数法进行拉普拉斯反变换的计算。下面重点介绍部分分式展开法。

部分分式展开法是先将 $F(s)$ 展开成部分分式的形式，通过各部分分式对应的时域表示式，叠加起来求得 $f(t)$。$F(s)$ 一般为有理分式，通常表示为

$$F(s) = \frac{N(s)}{D(s)} = \frac{b_m s^m + b_{m-1} s^{m-1} + \cdots + b_1 s + b_0}{s^n + a_{n-1} s^{n-1} + \cdots + a_1 s + a_0} \tag{6-30}$$

由 $F(s)$ 是否为真分式以及它的极点情况，部分分式的展开可分为以下几种形式。

（1）$F(s)$ 为有理真分式（$m < n$），极点为一阶极点，则 $F(s)$ 可分解为

$$F(s) = \frac{N(s)}{D(s)} = \frac{N(s)}{(s-p_1)(s-p_2)\cdots(s-p_n)} = \frac{k_1}{s-p_1} + \frac{k_2}{s-p_2} + \cdots + \frac{k_n}{s-p_n} \tag{6-31}$$

式（6-31）中，k_i 可采用下面方法计算，即

$$k_i = (s-p_i)F(s)\Big|_{s=p_i} \quad i = 1, 2, \cdots, n \tag{6-32}$$

因此，式（6-31）反变换为

$$f(t) = (k_1 e^{p_1 t} + k_2 e^{p_2 t} + \cdots + k_n e^{p_n t}) u(t)$$

（2）$F(s)$ 为有理真分式（$m < n$），极点为 r 阶极点，则 $F(s)$ 可分解为

$$F(s) = \frac{N(s)}{D(s)} = \frac{N(s)}{(s-p_1)^r (s-p_{r+1})\cdots(s-p_n)}$$

$$= \frac{k_1}{s-p_1} + \frac{k_2}{(s-p_1)^2} + \cdots + \frac{k_r}{(s-p_1)^r} + \frac{k_{r+1}}{s-p_{r+1}} + \cdots + \frac{k_n}{s-p_n} \tag{6-33}$$

式（6-33）中，单阶极点对应的系数 $k_{r+1}, \cdots, k_n$ 可利用式（6-32）计算。重阶极点对应的系数 $k_1, \cdots, k_r$ 的计算可采用下面方法计算，即

$$k_j = \frac{1}{(r-j)!} \frac{\mathrm{d}^{r-j}}{\mathrm{d}s^{r-j}} [(s-p_1)^r F(s)] \Bigg|_{s=p_1}, \quad j = 1, 2, \cdots, r \tag{6-34}$$

因此，式（6-33）反变换为

$$f(t) = \left(\sum_{j=1}^{r} \frac{k_j}{(j-1)!} t^{j-1} e^{p_1 t} \right) u(t) + \left(\sum_{i=r+1}^{n} k_i e^{p_i t} \right) u(t) \tag{6-35}$$

（3）$F(s)$ 为有理假分式（$m \geqslant n$），先将 $F(s)$ 分解为 s 的多项式与有理真分式两部分，即

$$F(s) = \frac{N(s)}{D(s)} = B_0 + B_1 s + \cdots + B_{m-n} s^{m-n} + \frac{N_1(s)}{D(s)} \tag{6-36}$$

式（6-36）中，$\dfrac{N_1(s)}{D(s)}$ 为真分式，根据极点情况按（1）或（2）展开。多项式部分对应冲激和冲激的高阶导数，即

$$B_0 \overset{L}{\longleftrightarrow} B_0 \delta(t)$$

$$B_1 s \overset{L}{\longleftrightarrow} B_1 \delta'(t)$$

$$B_{m-n} s^{m-n} \overset{L}{\longleftrightarrow} B_{m-n} \delta^{(m-n)}(t)$$

【例 6-2】 求下列 $F(s)$，$\mathrm{Re}(s) > 0$ 的单边拉普拉斯反变换。

（1）$F(s) = \dfrac{s+2}{s^3 + 4s^2 + 3s}$ \qquad （2）$F(s) = \dfrac{s^2 + 8}{(s+4)^2}$

解：（1）$F(s)$ 为有理真分式，极点为一阶极点

$$F(s) = \frac{s+2}{s^3 + 4s^2 + 3s} = \frac{s+2}{s(s+1)(s+3)} = \frac{k_1}{s} + \frac{k_2}{s+1} + \frac{k_3}{s+3}$$

其中

$$k_1 = sF(s)\Big|_{s=0} = \frac{s+2}{(s+1)(s+3)}\Big|_{s=0} = \frac{2}{3}$$

$$k_2 = (s+1)F(s)\Big|_{s=-1} = \frac{s+2}{s(s+3)}\Big|_{s=-1} = -\frac{1}{2}$$

$$k_3 = (s+3)F(s)\Big|_{s=-3} = \frac{s+2}{s(s+1)}\Big|_{s=-3} = -\frac{1}{6}$$

故反变换为

$$f(t) = \frac{2}{3}u(t) - \frac{1}{2}\mathrm{e}^{-t}u(t) - \frac{1}{6}\mathrm{e}^{-3t}u(t)$$

（2）先将 $F(s)$ 进行部分分式展开，即

$$F(s) = 1 + \frac{-8s - 8}{(s+4)^2} = 1 + \frac{k_1}{(s+4)^2} + \frac{k_2}{s+4}$$

其中

$$k_1 = (s+4)^2 F(s)\Big|_{s=-4} = (s^2 + 8)\Big|_{s=-4} = 24$$

$$k_2 = \frac{\mathrm{d}}{\mathrm{d}s}(s+4)^2 F(s)\Big|_{s=-4} = 2s\Big|_{s=-4} = -8$$

故反变换为

$$f(t) = \delta(t) - 8\mathrm{e}^{-4t}u(t) + 24t\mathrm{e}^{-4t}u(t)$$

6.2 离散时间信号的复频域分析

6.2.1 单边 z 变换

与连续时间信号类似，有一些常用的离散信号也不存在离散时间傅里叶变换（DTFT），例如指数增长离散信号 $f[k]=\alpha^k u[k]$，$\alpha>1$。若将这个指数增长信号乘以衰减因子 r^{-k}，当 $r>\alpha$ 时，信号 $\alpha^k u[k]\cdot r^{-k}$ 就变为指数衰减信号，这时就可对其进行离散时间傅里叶变换了。如果 $r\geqslant0$ 时 $f[k]\cdot r^{-k}$ 满足绝对可和的条件，对于序列 $f[k]\cdot r^{-k}$ 进行 DTFT，则有

$$\text{DTFT}[f[k]\cdot r^{-k}]=\sum_{k=-\infty}^{\infty}f[k]\cdot r^{-k}\mathrm{e}^{-\mathrm{j}\omega k}=\sum_{k=-\infty}^{\infty}f[k]\cdot(r\mathrm{e}^{\mathrm{j}\omega})^{-k}$$

定义复频率 $z=r\mathrm{e}^{\mathrm{j}\omega}$，其中 $|z|=r$，则上式可写为

$$\text{DTFT}[f[k]\cdot r^{-k}]=\sum_{k=-\infty}^{\infty}f[k]\cdot z^{-k}$$

上式中，求和后的变量不再是 ω，而是变为 z，故把求和结果函数命名为 $F(z)$，即有

$$F(z)=\sum_{k=-\infty}^{\infty}f[k]\cdot z^{-k} \tag{6-37}$$

式（6-37）即为信号 $f[k]$ 的双边 z 变换。

如果 $f[k]$ 存在时间范围是 $k\geqslant0$，则式（6-37）变为式（6-38）：

$$F(z)=\sum_{k=0}^{\infty}f[k]\cdot z^{-k} \tag{6-38}$$

式（6-38）称为信号的单边 z 变换。

由于 $f[k]$ 与 $F(z)$ 一一对应，两者之间的关系简记为

$$f[k]\xleftrightarrow{\ z\ }F(z)$$

式（6-38）表明 $F(z)$ 是复变量 z^{-1} 的幂级数，若使 $F(z)$ 存在，级数和必须收敛。通常把使级数收敛的所有 $|z|$ 值范围称作 $F(z)$ 的收敛域（ROC）。

【例 6-3】 求下列序列的单边 z 变换及其收敛域。

（1）$f[k]=\begin{cases}1, & 0\leqslant k\leqslant N-1 \\ 0, & 其他\end{cases}=R_N[k]$；

（2）$f[k]=a^k u[k]$。

解：（1）该序列为有限长序列，$F(z)$ 是公比为 z^{-1} 的有限项等比级数求和，当满足 $|z|>0$ 时，级数收敛，即

$$F(z)=\sum_{k=0}^{N-1}z^{-k}=\frac{1-z^{-N}}{1-z^{-1}}, \quad |z|>0$$

（2）该序列为因果序列，$F(z)$ 为无限长等比级数求和，公比为 a/z。当 $|a/z|<1$ 时，级数收敛，即

$$F(z) = \sum_{k=0}^{\infty} a^k z^{-k} = \frac{1}{1-az^{-1}} , \quad |z|>|a|$$

收敛域可以在以 z 的实部为横坐标轴，z 的虚部为纵坐标的 z 平面绘出，如图 6-2 所示。图 6-2（a）为 $|a|<1$ 时的收敛域，图 6-2（b）为 $|a|>1$ 时的收敛域。图中 $|z|=1$ 的圆称为单位圆。可见对于因果序列，其 z 变换的收敛域为一圆外区域。

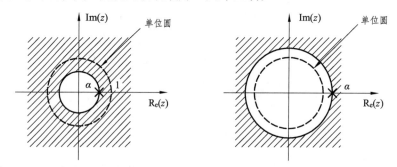

图 6-2　因果序列 z 变换的收敛域

6.2.2　常用因果序列的单边 z 变换

1．单位脉冲序列

$$Z\{\delta[k]\} = 1, \quad |z| \geqslant 0 \tag{6-39}$$

2．指数序列

$$Z\{\alpha^k u[k]\} = \frac{1}{1-\alpha z^{-1}}, \quad |z|>|a| \tag{6-40}$$

3．单位阶跃序列

令式（6-40）中 $\alpha=1$，即得

$$Z\{u[k]\} = \frac{1}{1-z^{-1}}, \quad |z|>1 \tag{6-41}$$

4．复指数序列

令式（6-40）中 $\alpha=\mathrm{e}^{j\omega_0}$，即得

$$Z\{\mathrm{e}^{j\omega_0 k} u[k]\} = \frac{1}{1-\mathrm{e}^{j\omega_0}z^{-1}} = \frac{1-\cos\omega_0 z^{-1}+j\sin\omega_0 z^{-1}}{1-2z^{-1}\cos\omega_0+z^{-2}}, \quad |z|>1 \tag{6-42}$$

5．正弦序列

$$\cos(\omega_0 k)u[k] \xleftrightarrow{z} \frac{1-\cos\omega_0 z^{-1}}{1-2z^{-1}\cos\omega_0+z^{-2}}, \quad |z|>1 \tag{6-43}$$

$$\sin(\omega_0 k)u[k] \xleftrightarrow{\quad z \quad} \frac{\sin\omega_0 z^{-1}}{1 - 2z^{-1}\cos\omega_0 + z^{-2}}, \quad |z| > 1 \qquad (6\text{-}44)$$

表 6-3 中列出了一些常用的因果序列的单边 z 变换。

表 6-3 常用因果序列的单边 z 变换

$f[k]$	$F(z)$	收敛域
$\delta[k]$	1	$\lvert z \rvert \geqslant 0$
$\alpha^k u[k]$	$\dfrac{1}{1-\alpha z^{-1}}$	$\lvert z \rvert > \lvert a \rvert$
$u[k]$	$\dfrac{1}{1-z^{-1}}$	$\lvert z \rvert > 1$
$\mathrm{e}^{j\omega_0 k}u[k]$	$\dfrac{1}{1-\mathrm{e}^{j\omega_0}z^{-1}}$	$\lvert z \rvert > 1$
$\cos(\omega_0 k)u[k]$	$\dfrac{1-\cos\omega_0 z^{-1}}{1-2z^{-1}\cos\omega_0 + z^{-2}}$	$\lvert z \rvert > 1$
$\sin(\omega_0 k)u[k]$	$\dfrac{\sin\omega_0 z^{-1}}{1-2z^{-1}\cos\omega_0 + z^{-2}}$	$\lvert z \rvert > 1$

6.2.3　单边 z 变换的性质

1．线性特性

若

$$f_1[k]u[k] \xleftrightarrow{\quad z \quad} F_1(z), \; |z| > R_{f1}$$

$$f_2[k]u[k] \xleftrightarrow{\quad z \quad} F_2(z), |z| > R_{f2}$$

则有

$$af_1[k]u[k] + bf_2[k]u[k] \xleftrightarrow{\quad z \quad} aF_1(z) + bF_2(z), \quad |z| > \max(R_{f1}, R_{f2}) \qquad (6\text{-}45)$$

此性质说明，时域两序列线性加权组成的新序列，其 z 变换等于两个时域序列各自的 z 变换的线性加权，其收敛域是两个时域序列各自 z 变换收敛域的重叠部分。但在某些情况下，其收敛域也可能扩大。

2．位移特性

若

$$f[k]u[k] \xleftrightarrow{\quad z \quad} F(z), \quad |z| > R_f$$

则

$$f[k-n]u[k-n] \xleftrightarrow{z} z^{-n}F(z), \ |z| > R_f \qquad (6-46)$$

证明：

$$Z\{f[k-n]u[k-n]\} = \sum_{k=n}^{\infty} f[k-n]z^{-k}$$

$$\xrightarrow{k-n=i} \sum_{i=0}^{\infty} f[i]z^{-(i+n)} = z^{-n}\sum_{i=0}^{\infty} f[i]z^{-i} = z^{-n}F(z)$$

【例 6-4】 求 $R_N[k] = u[k] - u[k-N]$ 的 z 变换及其收敛域。

解： 利用 z 变换线性特性

$$F(z) = \frac{1}{1-z^{-1}} - \frac{z^{-N}}{1-z^{-1}} = \frac{1-z^{-N}}{1-z^{-1}}, \quad |z| > 0$$

由于矩形序列 $R_N[k]$ 是有限长序列，所以其收敛域为 $|z| > 0$。可见，线性加权序列 z 变换的收敛域扩大了（单位阶跃序列 $u[k]$ 的收敛域为 $|z| > 1$）。

3. 卷积特性

若

$$f_1[k]u[k] \xleftrightarrow{z} F_1(z), \ |z| > R_{f1}$$

$$f_2[k]u[k] \xleftrightarrow{z} F_2(z), \ |z| > R_{f2}$$

则

$$f_1[k]u[k] * f_2[k]u[k] \xleftrightarrow{z} F_1(z)F_2(z), \ |z| > \max(R_{f1}, R_{f2}) \qquad (6-47)$$

4. 指数加权特性

若

$$f[k]u[k] \xleftrightarrow{z} F(z), \ |z| > R_f$$

则

$$a^k f[k]u[k] \xleftrightarrow{z} F(z/a), \ |z| > |a|R_f \qquad (6-48)$$

5. 线性加权特性

若

$$f[k]u[k] \xleftrightarrow{z} F(z), \ |z| > R_f$$

则

$$kf[k] \xleftrightarrow{z} -z\frac{\mathrm{d}F(z)}{\mathrm{d}z}, \ |z| > R_f \qquad (6-49)$$

6. 初值定理和终值定理

若

$$f[k]u[k] \xleftrightarrow{\ z\ } F(z), \quad |z| > R_f$$

则

$$f[0] = \lim_{z \to \infty} F(z) \qquad (6\text{-}50)$$

$$f[\infty] = \lim_{z \to 1}(z-1)F(z) \qquad (6\text{-}51)$$

表 6-4 列出了单边 z 变换的一些常用性质。

表 6-4　单边 z 变换的基本性质

类别	性质	收敛域
线性特性	$af_1[k]u[k] + bf_2[k]u[k] \xleftrightarrow{\ z\ } aF_1(z) + bF_2(z)$	$\lvert z \rvert > \max(R_{f1}, R_{f2})$
时移特性	$f[k-n]u[k-n] \xleftrightarrow{\ z\ } z^{-n}F(z)$	$\lvert z \rvert > R_f$
卷积特性	$f_1[k]u[k] * f_2[k]u[k] \xleftrightarrow{\ z\ } F_1(z)F_2(z)$	$\lvert z \rvert > \max(R_{f1}, R_{f2})$
指数加权特性	$a^k f[k]u[k] \xleftrightarrow{\ z\ } F(z/a)$	$\lvert z \rvert > \lvert a \rvert R_f$
线性加权特性	$kf[k] \xleftrightarrow{\ z\ } -z\dfrac{dF(z)}{dz}$	$\lvert z \rvert > R_f$
初值定理	$f[0] = \lim\limits_{z \to \infty} F(z)$	
终值定理	$f[\infty] = \lim\limits_{z \to 1}(z-1)F(z)$	

6.2.4　单边 z 反变换

重写 z 变换的定义式（6-37），即

$$F(z) = \sum_{k=-\infty}^{\infty} f[k] \cdot z^{-k}$$

在式（6-37）两边乘以 z^{m-1}，然后使用围线积分，积分路径环绕原点并完全位于 $F(z)$ 的 ROC 内，可得

$$\oint_C F(z)z^{m-1}dz = \oint_C \sum_{k=-\infty}^{\infty} f[k] \cdot z^{(m-1-k)}dz$$

交换积分与求和的顺序，得

$$\oint_C F(z)z^{m-1}dz = \sum_{k=-\infty}^{\infty} f[k]\left(\oint_C z^{(m-1-k)}dz\right) \qquad (6\text{-}52)$$

根据复变函数中的柯西积分定理

$$\oint_C z^{m-1}dz = \begin{cases} 2\pi j, & m = 0 \\ 0, & m \neq 0 \end{cases}$$

可知，式（6-52）右边的积分只有 $k=m$ 时不等于零，其他项均为零，即

$$\oint_C F(z)z^{m-1}\mathrm{d}z = 2\pi\mathrm{j}\cdot f[m]$$

用 k 代替 m 可得用围线积分给出的 z 反变换

$$f[k] = \frac{1}{2\pi\mathrm{j}}\oint_C F(z)z^{k-1}\mathrm{d}z \tag{6-53}$$

式（6-53）中，C 为 $F(z)$ 的收敛域中的一条环绕 z 平面原点的逆时针方向的闭合围线。式（6-53）是 z 反变换的一般表示式，对于双边或单边 z 变换均适用。

计算 z 反变换可以直接由式（6-53）的定义利用留数定理求得，也可以采用部分分式展开法进行计算。下面简要讨论一下这两种方法。

1. 留数法

对于式（6-53），由于围线 C 包围了 $F(z)z^{k-1}$ 的所有孤立奇点（极点），此积分可以利用留数来计算。根据柯西留数定理，式（6-53）的积分可写为

$$f[k] = \frac{1}{2\pi\mathrm{j}}\oint_C F(z)z^{k-1}\mathrm{d}z = \sum_{i=1}^{n}\operatorname*{Res}_{z=p_i}[F(z)z^{k-1}] \tag{6-54}$$

式（6-54）中，p_i 为 $F(z)z^{k-1}$ 在围线 C 中的极点，$\operatorname*{Res}_{z=p_i}[F(z)z^{k-1}]$ 是 $F(z)z^{k-1}$ 在极点 p_i 处的留数。

如果 $F(z)z^{k-1}$ 在 $z=p_i$ 处有一阶极点，则该极点的留数为

$$\operatorname*{Res}_{z=p_i}[F(z)z^{k-1}] = (z-p_i)F(z)z^{k-1}\Big|_{z=p_i} \tag{6-55}$$

如果 $F(z)z^{k-1}$ 在 $z=p$ 处有 n 阶极点，则该极点的留数为

$$\operatorname*{Res}_{z=p}[F(z)z^{k-1}] = \frac{1}{(n-1)!}\left[\frac{\mathrm{d}^{n-1}(z-p)^n F(z)z^{k-1}}{\mathrm{d}z^{n-1}}\right]_{z=p} \tag{6-56}$$

【例 6-5】 已知 $F(z) = \dfrac{2z^2-0.5z}{z^2-0.5z-0.5}$，$|z|>1$，试用留数法求 $f[k]$。

解： 该序列为因果序列

$$F(z)z^{k-1} = \frac{(2z^2-0.5z)z^{k-1}}{z^2-0.5z-0.5} = \frac{(2z-0.5)z^k}{(z-1)(z+0.5)}$$

当 $k \geqslant 0$ 时，$F(z)z^{k-1}$ 有 $z=1$，$z=-0.5$ 两个一阶极点，由式（6-54）可得

$$f[k] = \operatorname{Res}[F(z)z^{k-1}]_{z=1} + \operatorname{Res}[F(z)z^{k-1}]_{z=-0.5}$$

各极点的留数分别为

$$\operatorname{Res}[F(z)z^{k-1}]_{z=1} = (z-1)F(z)z^{k-1}\Big|_{z=1} = \frac{2z-0.5}{z+0.5}z^k\Big|_{z=1} = 1$$

$$\text{Res}[F(z)z^{k-1}]_{z=-0.5} = (z+0.5)F(z)z^{k-1}\Big|_{z=-0.5} = \frac{2z-0.5}{z-1}z^k\Big|_{z=-0.5} = (-0.5)^k$$

所以

$$f[k] = [1+(-0.5)^k]u[k]$$

2．部分分式展开法

与拉普拉斯反变换的部分分式展开规律类似，对于 z 反变换式，将 $F(z) = B(z)/A(z)$ 的真分式部分展开成部分分式之和，然后根据各部分分式得到原序列。再将这些序列相加便可求得整个原序列 $f[k]$。

有理多项式 $F(z)$ 可表示为

$$F(z) = \frac{B(z)}{A(z)} = \frac{\sum_{j=1}^{m} b_j z^{-j}}{1 + \sum_{i=1}^{n} a_i z^{-i}} \tag{6-57}$$

其中 $A(z)$ 和 $B(z)$ 是 z^{-1} 的多项式。

（1）$F(z)$ 为有理真分式（$m < n$），分母多项式无重根，则式（6-57）可展开为

$$F(z) = \sum_{i=1}^{n} \frac{r_i}{1 - p_i z^{-1}} \tag{6-58}$$

式（6-58）中，p_i 是分母多项式的根，各部分分式的系数 r_i 为

$$r_i = (1 - p_i z^{-1})F(z)\Big|_{z=p_i} \tag{6-59}$$

（2）$F(z)$ 为有理真分式（$m < n$），分母多项式在 $z = u$ 处有 l 阶重极点，则式（6-57）可展开为

$$F(z) = \sum_{i=1}^{n-l} \frac{r_i}{1 - p_i z^{-1}} + \sum_{i=1}^{l} \frac{q_i}{(1 - u z^{-1})^i} \tag{6-60}$$

式（6-60）中，系数 r_i 由式（6-59）得到，系数 q_i 可由下式确定

$$q_i = \frac{1}{(-u)^{l-i}(l-i)!} \frac{\mathrm{d}^{l-i}}{\mathrm{d}(z^{-1})^{l-i}}[(1 - u z^{-1})^l F(z)]\Big|_{z=u}, \quad i = 1, \cdots, l \tag{6-61}$$

（3）$F(z)$ 为假分式（$m \geqslant n$），则式（6-57）可展开为

$$F(z) = \sum_{i=1}^{m-n} k_i z^{-i} + \sum_{i=1}^{n-l} \frac{r_i}{1 - p_i z^{-1}} + \sum_{i=1}^{l} \frac{q_i}{(1 - u z^{-1})^i} \tag{6-62}$$

式（6-62）中，多项式系数 k_i 可由长除法确定，r_i 和 q_i 可分别由式（6-59）和式（6-61）确定。

【例 6-6】 已知 $F(z) = \dfrac{2z^2 - 0.5z}{z^2 - 0.5z - 0.5}$，$|z| > 1$，试用部分分式展开法求 $f[k]$。

解： $F(z)$ 为两个一阶极点的有理真分式，整理变为 z^{-1} 的多项式

$$F(z) = \frac{2 - 0.5z^{-1}}{1 - 0.5z^{-1} - 0.5z^{-2}} = \frac{A}{1 - z^{-1}} + \frac{B}{1 + 0.5z^{-1}}$$

$$A = (1 - z^{-1})F(z)\Big|_{z=1} = \frac{2 - 0.5z^{-1}}{1 + 0.5z^{-1}}\Big|_{z=1} = 1$$

$$B = (1 + 0.5z^{-1})F(z)\Big|_{z=-0.5} = \frac{2 - 0.5z^{-1}}{1 - z^{-1}}\Big|_{z=-0.5} = 1$$

$$F(z) = \frac{1}{1 - z^{-1}} + \frac{1}{1 + 0.5z^{-1}}$$

所以

$$f[k] = u[k] + (-0.5)^k u[k]$$

【例 6-7】 已知 $F(z) = \dfrac{1}{(1 - 2z^{-1})^2(1 - 4z^{-1})}$，$|z| > 4$，试用部分分式展开法求 $f[k]$。

解： $F(z)$ 具有重极点，可将 $F(z)$ 展开为

$$F(z) = \frac{A}{1 - 2z^{-1}} + \frac{B}{(1 - 2z^{-1})^2} + \frac{C}{1 - 4z^{-1}}$$

$$A = \frac{1}{(-2)} \frac{\mathrm{d}}{\mathrm{d}z^{-1}} [F(z)(1 - 2z^{-1})^2]\Big|_{z=2} = -2$$

$$B = (1 - 2z^{-1})^2 F(z)\Big|_{z=2} = -1$$

$$C = (1 - 4z^{-1})F(z)\Big|_{z=4} = 4$$

所以

$$f[k] = [-2 \times 2^k - (k+1)2^k + 4 \times 4^k]u[k]$$

6.3   MATLAB 实现及应用

6.3.1   利用 MATLAB 实现拉普拉斯反变换的部分分式展开

已知连续信号的拉普拉斯变换为 $F(s) = \dfrac{2s + 4}{s^3 + 4s}$，试用 MATLAB 求其拉普拉斯反变换 $f(t)$。

首先利用 MATLAB 的 residue 函数可以得到 $F(s)$ 的部分分式展开式，其调用形式为

```
[r,p,k]=residue(num,den)
```

其中，num,den 分别为 $F(s)$ 分子多项式和分母多项式的系数向量，r 为部分分式中分子，p 为极点，k 为多项式系数，若 $F(s)$ 为真分式，则 k 为空。

也可利用 MATLAB 的 ilaplace 函数直接计算拉普拉斯反变换式，其调用形式为

```
                        f=ilaplace(F)
```

其中，F 表示 $F(s)$ ，f 表示 $f(t)$ 。

程序代码：

```
num=[2 4];
den=[1 0 4 0];
[r,p,k]=residue(num,den)
syms s;
Fs=(2*s+4)./(s^3+4*s);
ft=ilaplace(Fs)        %拉普拉斯反变换
```

运行结果为

```
r =
-0.5000 - 0.5000i
-0.5000 + 0.5000i
 1.0000 + 0.0000i
p =
 0.0000 + 2.0000i
 0.0000 - 2.0000i
 0.0000 + 0.0000i
k =[ ]
ft =
sin(2*t) - cos(2*t) + 1
```

以上结果表示为

$$f(t) = (-0.5 - 0.5\mathrm{j})\mathrm{e}^{2jt} + (-0.5 + 0.5\mathrm{j})\mathrm{e}^{-2jt} + 1$$

$$= -\cos 2t + \sin 2t + 1$$

6.3.2 利用 MATLAB 实现 z 反变换的部分分式展开

已知 $F_1(z) = \dfrac{z}{z-0.5}$, $F_2(z) = \dfrac{z}{(z-2)(z-3)}$, $F_3(z) = \dfrac{z}{(z+2)(z+3)}$ ，假定时间序列为因果序列，用 MATLAB 方法求它们的反变换。

程序代码：

```
syms z
F1=z/(z-0.5);
f1=iztrans(F1)
F2=z/((z-2)*(z-3));
f2=iztrans(F2)
F3=z/((z+2)*(z+3));
```

```
f3=iztrans(F3)
```

运行结果为

```
f1=(1/2)^n
f2=3^n - 2^n
f3=(-2)^n - (-3)^n
```

以上结果表示为

$$f_1[k] = \left(\frac{1}{2}\right)^k u[k], \ f_2[k] = (3^k - 2^k)u[k], \ f_2[k] = [(-2)^k - (-3)^k]u[k]$$

线性时不变离散系统问题的重要工具，并且在数字信号处理、计算机控制系统等领域有着广泛的应用。

　　z 变换具有许多重要的特性：如线性、时移性、微分性、序列卷积特性和复卷积定理，等等。这些性质在解决信号处理问题时都具有重要的作用。其中最具有典型意义的是卷积特性。由于信号处理的任务是将输入信号序列经过某个（或一系列）系统的处理后输出所需要的信号序列，因此，首要的问题是如何由输入信号和所使用的系统的特性求得输出信号。通过理论分析可知，若直接在时域中求解，则由于输出信号序列等于输入信号序列与所用系统的单位脉冲响应序列的卷积和，故为求输出信号，必须进行烦琐的求卷积和的运算。而利用 z 变换的卷积特性则可将这一过程大大简化。只要先分别求出输入信号序列及系统的单位脉冲响应序列的 z 变换，然后再求出二者乘积的反变换即可得到输出信号序列。这里的反变换即逆 z 变换，是由信号序列的 z 变换反回去求原信号序列的变换方式。

习　题

一、单项选择题

1. $f(t)=e^{2t}u(t)$ 的 Laplace 变换及收敛域为（　　　）。

　　A. $\dfrac{1}{s+2},\mathrm{Re}\{s\}>-2$ 　　　　　　　B. $\dfrac{1}{s+2},\mathrm{Re}\{s\}<-2$

　　C. $\dfrac{1}{s-2},\mathrm{Re}\{s\}>2$ 　　　　　　　D. $\dfrac{1}{s-2},\mathrm{Re}\{s\}<2$

2. 信号 $f(t)=te^{-3t}u(t-2)$ 的单边 Laplace 变换 $F(s)$ 等于（　　　）。

　　A. $\dfrac{(2s+7)e^{-2(s+3)}}{(s+3)^2}$ 　　　　　　B. $\dfrac{e^{-2s}}{(s+3)^2}$

　　C. $\dfrac{se^{-2(s+3)}}{(s+3)^2}$ 　　　　　　　D. $\dfrac{e^{-2s+3}}{s(s+3)}$

3. 设 $F(s)=\dfrac{1}{s+2}+\dfrac{1}{(s+1)^2}$ 的收敛域为 $\mathrm{Re}\{s\}>-1$，则 $F(s)$ 的反变换为（　　　）。

　　A. $e^{-t}u(t)+e^{-2t}u(t)$ 　　　　　　B. $te^{-t}u(t)+e^{-2t}u(t)$

　　C. $e^{-t}u(t)+te^{-2t}u(t)$ 　　　　　　D. $e^{-t}u(t)+te^{-t}u(t)$

4. 信号 $f(t)=u(t)-u(t-1)$ 的 Laplace 变换为（　　　）。

　　A. $(1-e^{-s})/s$ 　　　B. $(1-e^{s})/s$ 　　　C. $s(1-e^{-s})$ 　　　D. $s(1-e^{s})$

5. 阶跃信号的 Laplace 变换为（　　　）。

　　A. 1 　　　　　　B. $\dfrac{1}{s}$ 　　　　　　C. $\dfrac{1}{s+1}$ 　　　　　D. $\pi\delta(s)+1/s$

6. 已知信号 $y(t)=u(t)*\delta(t-4)$，则其 Laplace 变换 $Y(s)=$（　　　）。

　　A. $Y(s)=\dfrac{1}{s}e^{4s}$ 　　　　　　　B. $Y(s)=\dfrac{1}{s}-\dfrac{1}{s+4}$

C. $Y(s) = \dfrac{1}{s} e^{-4s}$
D. $Y(s) = \dfrac{1}{s} + \dfrac{1}{s+4}$

7. 已知 $ku[k]$ 对应的 z 变换为 $\dfrac{z}{(z-1)^2}$，则 $ku[k]-(k-1)u[k-1]$ 的 z 变换为（　　　）。

A. $\dfrac{1}{z(z-1)}$　　　　　B. $\dfrac{1}{z-1}$　　　　　C. $\dfrac{z}{z-1}$　　　　　D. $\dfrac{z^2}{z-1}$

8. 单边 z 变换 $F(z) = \dfrac{z}{2z+1}$ 的原序列 $f[k]$ 等于（　　　）。

A. $\left(-\dfrac{1}{2}\right)^k u[k]$　　B. $\left(\dfrac{1}{2}\right)^{k+1} u[k]$　　C. $-\left(-\dfrac{1}{2}\right)^{k+1} u[k]$　　D. $\left(\dfrac{1}{2}\right)^k u[k]$

9. 如果 $f(k)$ 是因果序列，且单边 z 变换为 $F(z)$，则以下表达式正确的是（　　　）。

A. $f(k-1) \leftrightarrow z^{-1}F(z)$　　　　　B. $f(k-1) \leftrightarrow zF(z)$

C. $f(k-1) \leftrightarrow z^{-1}F(z) + f(-1)$　　D. $f(k-1) \leftrightarrow z^{-1}F(z) - f(1)$

10. 已知 z 变换 $F(z) = \dfrac{1}{1-3z^{-1}}$，收敛域 $|z|>3$，则逆变换 $f[k]$ 为（　　　）。

A. $3^k u[k]$　　　B. $3^k u[k-1]$　　　C. $-3^k u[-k]$　　　D. $-3^{-k} u[-k-1]$

11. $F(z) = \dfrac{1}{z-a}$，$(|z|>a)$ 的逆变换为（　　　）。

A. $a^k u[k]$　　　B. $a^{k-1}u[k-1]$　　　C. $a^{k-1}u[k]$　　　D. $a^k u[k-1]$

12. 已知某序列 $f[k]$ 的 z 变换 $F(z) = \dfrac{1}{1-z^{-1}}$，收敛域为 $|z|>1$，则 $f[k-2]$ 的 z 变换为（　　　）。

A. $\dfrac{2}{1-z^{-1}}$　　　B. $\dfrac{1}{1-z^{-2}}$　　　C. $\dfrac{z^{-2}}{1-z^{-1}}$　　　D. $\dfrac{z^{-1}}{1-z^{-1}}$

13. 序列 $f[k] = \sum_{n=0}^{k} \delta[n]$ 的单边 z 变换为（　　　）。

A. 1　　　　　B. 2　　　　　C. $\dfrac{1}{1-z^{-1}}$　　　　　D. $\dfrac{1}{1-2z^{-1}}$

14. 序列 $f[k] = u[k] * a^k u[k]$（其中 $a \neq 1$）的 z 变换为（　　　）。

A. $\dfrac{1}{1-z^{-1}}$　　B. $\dfrac{1}{1-az^{-1}}$　　C. $\dfrac{a}{1-z^{-1}}$　　D. $\dfrac{1}{1-z^{-1}} \cdot \dfrac{1}{1-az^{-1}}$

二、填空题

1. 信号 $f(t) = (t-1)u(t)$ 的 Laplace 变换为_____。

2. 已知连续时间因果信号 $f(t)$ 的 Laplace 变换为 $F(s)$，则信号 $\int_{-\infty}^{t} f(\tau-1)\mathrm{d}\tau$ 的 Laplace 变换为_____。

3. 使 $F(z) = \sum_{k=0}^{\infty} f[k]z^{-k}$ 收敛的 $|z|$ 取值范围称为_____。

4. 已知 $F(z) = \dfrac{z}{z-1}$，若收敛域 $|z|>1$，则逆变换为 $f[k] =$_____。

5. 单位脉冲序列 $\delta[k]$ 的 z 变换为_____，收敛域为_____。

6. 指数序列 $a^k u[k]$ 的 z 变换为_____，收敛域为_____。

三、判断题

1. Laplace 变换是对离散时间系统进行分析的一种方法。（　　　）

2. 一个信号存在 Laplace 变换就一定存在 Fourier 变换。（　　　）

3. z 变换是对连续时间系统进行分析的一种方法。（　　　）

4. 对于单边 z 变换，序列与 z 变换一一对应。（　　　）

5. 单边 z 变换位移特性表明，因果序列延时 n 个样本，其相应的 z 变换是原来的 z 变换乘以 z^{-n}。（　　　）

6. 时域两序列卷积和的 z 变换等于原两个时域序列各自 z 变换的乘积。（　　　）

7. 单边 z 变换指数加权特性表明，若序列被指数 a^k 加权，则加权序列的 z 变换展缩 a 倍，因此也称为 z 域尺度变换特性。（　　　）

四、综合题

1. 试求下列信号的单边 Laplace 变换及其收敛条件。

（1）$\cos(\Omega_0 t + \theta) u(t)$　　　　（2）$t^5 e^{-2t} u(t)$　　　　（3）$A[u(t) - u(t-2)]$　　　　（4）$e^{-2t} u(t-1)$

2. 已知 $f(t)$ 的 Laplace 变换 $F(s) = \dfrac{s}{(s+4)^2}$，$\text{Re}(s) > -4$，利用 Laplace 变换的性质求下列两式的 Laplace 变换。

（1）$f_1(t) = f(2t-2)$　　　　（2）$f_2(t) = e^{-t} f(t)$

3. 试用部分分式展开法，求下列 $F(s)$ 的单边 Laplace 反变换 $f(t)$。

（1）$F(s) = \dfrac{3s+1}{s^2+4s+3}$　　　　（2）$F(s) = \dfrac{1}{(s+1)(s+2)^2}$。

4. 根据定义求以下序列的单边 z 变换及其收敛域。

（1）$\{\overset{\downarrow}{1}, 2, 3, 4, 5\}$　　　　（2）$u[k] - u[k-N]$

5. 根据单边 z 变换的性质，求以下序列的 z 变换及其收敛域。

（1）$\delta[k-N]$　　　　（2）$u[k-N]$　　　　（3）$ka^k u[k]$

6. 已知 $f[k] = a^k u[k]$，其 z 变换为 $F(z)$，不必计算 $F(z)$，利用 z 变换的性质，求下列各式的原函数。

（1）$F_1(z) = z^{-N} F(z)$　　　　（2）$F_2(z) = F(2z)$

7. 求以下各式的单边 z 反变换 $f[k]$。

（1）$F(z) = \dfrac{1}{(1-z^{-1})^2}$　　　　（2）$F(z) = \left(1 + \dfrac{1}{4} z^{-2}\right)^2$

第 7 章
系统的复频域分析

利用拉普拉斯变换或 z 变换得到了信号的复频域表达式，如果将系统的输入输出信号都用拉普拉斯变换或 z 变换表示，并将系统用其复频域模型描述，这就得到了系统的复频域分析方法。

视频：系统的复频域分析　　PPT：系统的复频域分析

7.1 连续时间系统的复频域分析

7.1.1 复指数信号激励下系统的零状态响应

系统分析的一个基本任务是求取系统对任意输入激励信号的响应。为此，必须先将任意信号表示为基本信号的线性组合。在复频域分析方法中，选用的基本信号是复指数信号 e^{st}。将任意信号分解为复指数信号的线性组合，是由拉普拉斯变换完成的。由单边拉普拉斯反变换的定义式（6-3）有

$$f(t) = \frac{1}{2\pi j} \int_{\sigma-j\infty}^{\sigma+j\infty} F(s)e^{st} ds$$

式（6-3）表明，对于任意因果信号 $f(t)$，若其单边拉普拉斯变换 $F(s)$ 存在，则可将其分解为复指数信号 e^{st} 的线性组合，其加权系数为 $\frac{1}{2\pi j} F(s) ds$。

则当系统输入激励为复指数信号 $f(t) = e^{st}$ 时，系统的零状态响应 $y(t)$ 为

$$y(t) = e^{st} * h(t) = \int_{-\infty}^{\infty} e^{js(t-\tau)} h(\tau) d\tau = e^{st} \int_{-\infty}^{\infty} e^{-s\tau} h(\tau) d\tau \qquad (7-1)$$

定义

$$H(s) = \int_{-\infty}^{\infty} e^{-s\tau} h(\tau) d\tau \qquad (7-2)$$

式（7-2）中，$H(s)$ 称为系统函数。由式（7-2）可知系统函数 $H(s)$ 等于系统单位冲激响应的拉普拉斯变换。

由系统函数的定义，再根据式（7-1），可得

$$y(t) = e^{st} H(s) \qquad (7-3)$$

式（7-3）说明，当复指数信号 e^{st} 作用于 LTI 系统时，系统的零状态响应仍为同频率的复指数信号，这个复指数信号的幅度和相位由系统函数 $H(s)$ 确定。

由系统的线性时不变性，可推出任意信号 $f(t)$ 作用于系统的零状态响应 $y(t)$ 为

$$y(t) = T\left[\frac{1}{2\pi}\int_{-\infty}^{\infty} F(s)e^{st}ds\right] = \frac{1}{2\pi}\int_{-\infty}^{\infty} F(s)H(s)e^{st}ds \tag{7-4}$$

对式（7-4）左右两边同时进行拉普拉斯变换，得

$$Y(s) = F(s)H(s) \tag{7-5}$$

即信号 $f(t)$ 作用于系统的零状态响应的复频谱等于激励信号的复频谱乘以系统函数。

【例 7-1】 已知 LTI 系统的单位冲激响应为 $h(t) = e^{-5t}u(t)$，求系统对信号 $f(t) = e^{-2t}u(t)$ 激励的零状态响应 $y(t)$。

解： 利用拉普拉斯变换求解

$$H(s) = L[h(t)] = \frac{1}{s+5}$$

$$F(s) = L[f(t)] = \frac{1}{s+2}$$

$$Y(s) = F(s)H(s) = \frac{1}{s+2} \cdot \frac{1}{s+5} = \frac{1}{3}\left(\frac{1}{s+2} + \frac{-1}{s+5}\right)$$

$$y(t) = \frac{1}{3}e^{-2t}u(t) - \frac{1}{3}e^{-5t}u(t)$$

$$= \frac{1}{3}(e^{-2t} - e^{-5t})u(t)$$

7.1.2　LTI 系统微分方程的复频域求解

前面给出了 LTI 系统对任意激励信号响应的复频域求解的一种方法，这种方法基于将任意信号分解为以复指数信号作为基本信号的线性组合的思想，具有清晰的物理意义。它通过拉普拉斯变换使时域卷积运算变换为复频域的代数运算，大大简化了系统响应求解的复杂度。但是，这种方法需要已知系统的单位冲激响应，而且也仅求出了系统的零状态响应，并未给出系统完全响应的求解。

实际上，在给出系统的模型时，往往是给出系统的数学模型而不是给出系统的单位冲激响应；或者说，当给定的是系统的微分方程时，如何采用复频域方法求解系统的完全响应，本节就讨论这种情况。

描述 LTI 系统的微分方程的一般表达式为

$$a_n y^{(n)}(t) + a_{n-1} y^{(n-1)}(t) + \cdots + a_1 y'(t) + a_0 y(t)$$

$$= b_m f^{(m)}(t) + b_{m-1} f^{(m-1)}(t) + \cdots + b_1 f'(t) + b_0 f(t)$$

设激励 $f(t)$ 为因果信号，系统的初始状态为 $y(0^-), y'(0^-), y''(0^-), \cdots, y^n(0^-)$ ，对该式两边取单边拉普拉斯变换，并利用时域微分特性，有

$$a_n[s^n Y(s) - \sum_{k=0}^{n-1} s^{n-1-k} y^{(k)}(0^-)] + a_{n-1}[s^{n-1} Y(s) - \sum_{k=0}^{n-2} s^{n-2-k} y^{(k)}(0^-)] + \cdots + a_1[sY(s) - y(0^-)] + a_0 Y(s)$$

$$= b_m s^m F(s) + b_{m-1} s^{m-1} F(s) + \cdots + b_1 s F(s) + b_0 F(s)$$

整理上式得

$$Y(s) = \frac{b_m s^m + b_{m-1} s^{m-1} + \cdots + b_1 s + b_0}{a_n s^n + a_{n-1} s^{n-1} + \cdots + a_1 s + a_0} F(s) +$$

$$\frac{a_n \sum_{k=0}^{n-1} s^{n-1-k} y^{(k)}(0^-) + a_{n-1} \sum_{k=0}^{n-2} s^{n-2-k} y^{(k)}(0^-) + \cdots + a_1 y(0^-)}{a_n s^n + a_{n-1} s^{n-1} + \cdots + a_1 s + a_0} \qquad (7\text{-}6)$$

式（7-6）右端第一项为不计系统初始状态仅由激励 $F(s)$ 产生的响应，称为系统的零状态响应，即

$$Y_f(s) = \frac{b_m s^m + b_{m-1} s^{m-1} + \cdots + b_1 s + b_0}{a_n s^n + a_{n-1} s^{n-1} + \cdots + a_1 s + a_0} F(s) \qquad (7\text{-}7)$$

式（7-6）右端第二项仅由初始状态产生的响应，称为系统的零输入响应，即

$$Y_x(s) = \frac{a_n \sum_{k=0}^{n-1} s^{n-1-k} y^{(k)}(0^-) + a_{n-1} \sum_{k=0}^{n-2} s^{n-2-k} y^{(k)}(0^-) + \cdots + a_1 y(0^-)}{a_n s^n + a_{n-1} s^{n-1} + \cdots + a_1 s + a_0} \qquad (7\text{-}8)$$

系统的全响应为

$$y(t) = y_f(t) + y_x(t) = L^{-1}[Y_f(s)] + L^{-1}[Y_x(s)] \qquad (7\text{-}9)$$

【例 7-2】 已知系统的微分方程为 $y''(t) + 5y'(t) + 6y(t) = 2f'(t) + 8f(t)$，初始条件为 $y(0^-) = 3$, $y'(0^-) = 2$ ，求当激励为 $f(t) = e^{-t} u(t)$ 时系统的零输入响应、零状态响应以及完全响应。

解： 对微分方程取拉普拉斯变换可得

$$s^2 Y(s) - sy(0^-) - y'(0^-) + 5[sY(s) - y(0^-)] + 6Y(s) = 2sF(s) + 8F(s)$$

$$Y(s) = \frac{2s+8}{s^2 + 5s + 6} F(s) + \frac{(s+5)y(0^-) + y'(0^-)}{(s^2 + 5s + 6)} = Y_f(s) + Y_x(s)$$

$$Y_x(s) = \frac{3s+17}{s^2 + 5s + 6} = \frac{11}{s+2} - \frac{8}{s+3}$$

$$y_x(t) = L^{-1}\{Y_x(s)\} = (11e^{-2t} - 8e^{-3t})u(t)$$

$$Y_f(s) = \frac{2s+8}{s^2 + 5s + 6} \cdot \frac{1}{s+1} = \frac{2s+8}{(s+2)(s+3)} \cdot \frac{1}{s+1} = \frac{3}{s+1} - \frac{4}{s+2} + \frac{1}{(s+3)}$$

$$y_f(t) = L^{-1}\{Y_f(s)\} = (3e^{-t} - 4e^{-2t} + e^{-3t}) \cdot u(t)$$

$$y(t) = y_f(t) + y_x(t) = (3e^{-t} + 7e^{-2t} - 7e^{-3t})u(t)$$

由此可见，利用拉普拉斯变换方法求解系统微分方程，将微分运算转化为乘法运算，从而将微分方程转化为代数方程，而且，初始条件也被自动包含在变换式中了，不仅大大简化了求解的过程，而且同时获得了系统方程的全解。因此，基于拉普拉斯变换的复频域分析方法是连续时间线性时不变系统分析的强有力工具。

7.1.3 连续时间线性时不变系统的系统函数

1. 系统函数的定义

对于初始状态为零的系统，由式（7-5）可得

$$H(s) = \frac{Y_f(s)}{F(s)} \qquad\qquad (7\text{-}10)$$

$H(s)$ 是复变量 s 的函数，它只与微分方程的结构有关，而与系统输入 $f(t)$ 及系统零状态响应 $y_f(t)$ 无关。当系统微分方程确定时，$H(s)$ 也随之确定。另外，由式（7-2）可知，$H(s)$ 正是 LTI 系统单位冲激响应的拉普拉斯变换。因此，$H(s)$ 也能完整地描述系统的特性，称 $H(s)$ 为 LTI 系统的系统函数。

【例 7-3】 已知系统的微分方程为 $y''(t) + 3y'(t) + 2y(t) = 2f'(t) + 6f(t)$，求系统的系统函数及其单位冲激响应。

解：对系统取零初始状态时，对微分方程两边取拉普拉斯变换

$$s^2 Y_f(s) + 3s Y_f(s) + 2 Y_f(s) = 2s F(s) + 6F(s)$$

$$(s^2 + 3s + 2) Y_f(s) = (2s + 6)F(s)$$

$$H(s) = \frac{Y_f(s)}{F(s)} = \frac{2s + 6}{s^2 + 3s + 2} = \frac{4}{s+1} + \frac{-2}{s+2}$$

$$h(t) = 4e^{-t}u(t) - 2e^{-2t}u(t)$$

2. 系统的零极点图

将系统函数的定义式（7-10），表示为

$$H(s) = \frac{Y_f(s)}{F(s)} = \frac{N(s)}{D(s)} = \frac{\displaystyle\prod_{j=1}^{m}(s - z_j)}{\displaystyle\prod_{i=1}^{n}(s - p_i)} \qquad\qquad (7\text{-}11)$$

式（7-11）中，分子多项式 $N(s)$ 分解为一阶因式的乘积，分母多项式 $D(s)$ 也分解为一阶因式的乘积。z_j 是分子多项式 $N(s) = 0$ 的根，对任一 z_j，有 $s = z_j$ 时 $H(s) = 0$，称 z_j 为系统函数 $H(s)$ 的零点。同理，p_i 是分母多项式 $D(s) = 0$ 的根，对任一 p_i，有 $s = p_i$ 时 $H(s) = \infty$，称 p_i 为系统函数 $H(s)$ 的极点。

一般，z_j 和 p_i 为复数，将 z_j 和 p_i 标注在 s 平面上，z_j 用小圆 "。" 表示，p_i 用小叉 "×" 表示，所得的图形称为系统的零极点图。如图 7-1 所示。

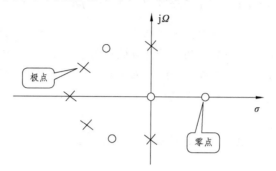

图 7-1　系统的零极点分布图

【例 7-4】　求下列连续时间 LTI 系统的零极点分布，并判断阶数。

$$H(s)\frac{(s^2+1)(s-3)}{(s+1)^2(s+3-j)(s+3+j)}$$

解： 令分子多项式 $(s^2+1)(s-3)=0$，可解得系统三个零点，在虚轴上有一对共轭零点 $\pm j$，在 $s=3$ 处有一个零点，以上三个零点都为一阶零点。

再令分母多项式 $(s+1)^2(s+3-j)(s+3+j)=0$，可解得系统三个极点，在 $s=-1$ 处有一个二阶极点，还有一对共轭一阶极点 $s=-3\pm j$。

研究系统函数的零极点分布，不仅可以了解连续时间 LTI 系统冲激响应的形式，还可以了解系统的频率响应特性，以及系统的因果性与稳定性。

3. 零极点分布与系统频响特性

频响特性是指系统在正弦信号激励之下稳态响应随信号频率的变化情况。系统稳定时，令 $H(s)$ 中 $s=j\Omega$，则得系统频响特性，可表示为以下两式：

$$H(j\Omega)=H(s)\big|_{s=j\Omega} \tag{7-12}$$

$$H(j\Omega)=\left|H(j\Omega)\right|e^{j\varphi(\Omega)} \tag{7-13}$$

式（7-13）中，$\left|H(j\Omega)\right|$ 为幅频特性，$\varphi(\Omega)$ 为相频特性。对于零极点表示的系统函数可表示为

$$H(s)=K\frac{\displaystyle\prod_{j=1}^{m}(s-z_j)}{\displaystyle\prod_{i=1}^{n}(s-p_i)} \tag{7-14}$$

当系统稳定时，令 $s=j\Omega$，则得

$$H(j\Omega)=K\frac{\displaystyle\prod_{j=1}^{m}(j\Omega-z_j)}{\displaystyle\prod_{i=1}^{n}(j\Omega-p_i)} \tag{7-15}$$

复数值在复平面内可以用原点到坐标点的向量表示，例如复数 a 和 b 及 $a-b$ 的向量表示，如图 7-2（a）所示。而向量 $\boldsymbol{a}-\boldsymbol{b}$ 还可用模和相位角表示为 $\boldsymbol{a}-\boldsymbol{b}=|\boldsymbol{a}-\boldsymbol{b}|\mathrm{e}^{\mathrm{j}\varphi}$，如图 7-2（b）所示。式（7-15）中 $\mathrm{j}\varOmega$、z_j、p_i 均为复数，因此 $(\mathrm{j}\varOmega-z_j)$ 可以用 z_j 点指向 $\mathrm{j}\varOmega$ 点的向量表示，而 $(\mathrm{j}\varOmega-p_i)$ 可以用 p_i 点指向 $\mathrm{j}\varOmega$ 点的向量表示，如图 7-3 所示，这两个向量可用模和相角表示为

$$(\mathrm{j}\boldsymbol{\varOmega}-\boldsymbol{z}_j)=N_j\mathrm{e}^{\mathrm{j}\psi_j}, \quad (\mathrm{j}\boldsymbol{\varOmega}-\boldsymbol{p}_i)=D_i\mathrm{e}^{\mathrm{j}\theta_i} \tag{7-16}$$

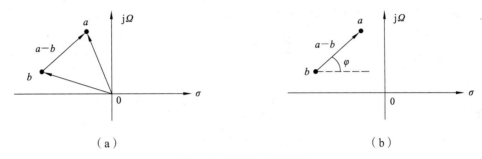

图 7-2　复数的向量表示

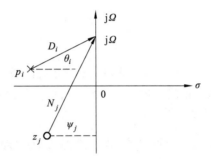

图 7-3　系统函数的向量表示

根据前面的向量表示，式（7-15）又可表示为

$$H(\mathrm{j}\varOmega)=K\frac{N_1N_2\cdots N_m}{D_1D_2\cdots D_n}\cdot\mathrm{e}^{\mathrm{j}[(\psi_1+\psi_2+\cdots+\psi_m)-(\theta_1+\theta_2+\cdots+\theta_n)]}=|H(\mathrm{j}\varOmega)|\cdot\mathrm{e}^{\mathrm{j}\varphi(\varOmega)} \tag{7-17}$$

式（7-17）中

$$|H(\mathrm{j}\varOmega)|=K\frac{N_1N_2\cdots N_m}{D_1D_2\cdots D_n} \tag{7-18}$$

$$\varphi(\varOmega)=(\psi_1+\psi_2+\cdots+\psi_m)-(\theta_1+\theta_2+\cdots+\theta_n) \tag{7-19}$$

当 $\varOmega$ 自 $-\infty$ 沿虚轴运动并趋于 $+\infty$ 时，各零点向量和极点向量的模和相角都随之改变，于是得到系统的幅度响应和相位响应。

【例 7-5】　已知 $H(s)=\dfrac{1}{s+1}$，求系统的频响特性。

解：如图 7-4（a）所示，$H(\mathrm{j}\varOmega)=H(s)\big|_{s=\mathrm{j}\varOmega}=\dfrac{1}{\mathrm{j}\varOmega+1}$

$$|H(\mathrm{j}\Omega)|\big|_{\Omega=0}=\frac{1}{D_0}=1 \ , \quad \varphi(\Omega)\big|_{\Omega=0}=0-\theta_0=0$$

$$|H(\mathrm{j}\Omega)|\big|_{\Omega=1}=\frac{1}{D_1}=\frac{1}{\sqrt{2}} \ , \quad \varphi(\Omega)\big|_{\Omega=1}=0-\theta_1=-\arctan 1=-45°$$

$$|H(\mathrm{j}\Omega)|\big|_{\Omega\to\infty}=\frac{1}{D_\infty}=0 \ , \quad \varphi(\Omega)\big|_{\Omega=\infty}=0-\theta_\infty=-90°$$

由上面的计算结果，可画出幅度响应和相位响应，如图 7-4（b）和图 7-4（c）所示。

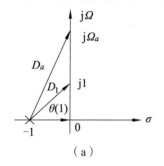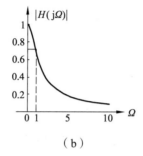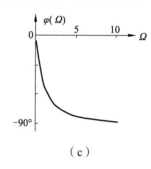

（a）　　　　　　　　　　（b）　　　　　　　　　　（c）

图 7-4　例 7-5 系统的频率响应

4．系统函数的应用

通过前面知识的学习可知，描述系统有多种方式，系统的微分方程、系统的单位冲激响应、系统的频率响应以及系统函数都能完整地表达系统的特性。下面简要介绍系统函数的应用。

（1）根据 $H(s)$ 可写出系统的微分方程。

（2）根据初始值，从 $H(s)$ 的极点可以求零输入响应 $y_{\mathrm{x}}(t)$，即 $y_{\mathrm{x}}(t)=\sum_{i=0}^{n}A_i\mathrm{e}^{p_it}$，系数 A_i 由系统初值确定。

（3）对给定激励 $f(t)$，可以求系统零状态响应 $y_{\mathrm{f}}(t)$，即 $y_{\mathrm{f}}(t)=L^{-1}[H(s)F(s)]$。

（4）可以求系统的频率特性 $H(\mathrm{j}\Omega)$。根据拉普拉斯变换与傅里叶变换的关系，由 $s=\sigma+\mathrm{j}\Omega$，令 $\sigma=0$，即有 $s=\mathrm{j}\Omega$，故有 $H(\mathrm{j}\Omega)=H(s)\big|_{s=\mathrm{j}\Omega}$，以此进一步可求系统的正弦稳态响应。

（5）可以研究 $H(s)$ 极、零点分布对 $h(t)$ 的影响。由于 $H(s)$ 与 $h(t)$ 是一对拉普拉斯变换对，因此，由 $H(s)$ 可以求出 $h(t)$，即可分析系统单位冲激响应的特性。$H(s)$ 与 $h(t)$ 的关系如图 7-5 所示。

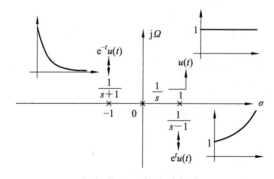

（a）位于 σ 轴的单极点

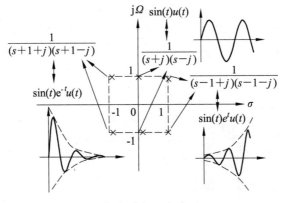

（b）共轭双极点

图 7-5　通过极点建立 $H(s)$ 与 $h(t)$ 的关系

①　$H(s)$ 具有位于左半平面 σ 轴上的单极点，则冲激响应 $h(t)$ 为衰减的指数信号。

②　$H(s)$ 具有位于坐标原点处的单极点，则冲激响应 $h(t)$ 为阶跃信号。

③　$H(s)$ 具有位于右半平面 σ 轴上的单极点，则冲激响应 $h(t)$ 为增幅的指数信号。

④　$H(s)$ 具有位于左半平面 σ 轴上一对共轭单极点，则冲激响应 $h(t)$ 为振幅按衰减指数信号变化的正弦信号。

⑤　$H(s)$ 具有位于 $j\Omega$ 轴上一对共轭单极点，则冲激响应 $h(t)$ 为等幅正弦信号。

⑥　$H(s)$ 具有位于右半平面 σ 轴上一对共轭单极点，则冲激响应 $h(t)$ 为振幅按增长指数信号变化的正弦信号。

（6）根据 $H(s)$ 极点分布判断系统的稳定性。由于稳定系统的拉普拉斯变换的收敛域要包含 $j\Omega$ 虚轴，而收敛域内不能包含极点，对于 LTI 因果系统，只有其极点全部位于 s 平面的左半平面时，系统是稳定的。

（7）根据 $H(s)$ 的收敛域判断系统的因果性。若系统函数的收敛域为最右边极点的右边，则为因果系统；若系统函数的收敛域为最左边极点的左边，则为非因果系统。

（8）可以进行系统的模拟。由 $H(s)$ 可得 $D(s)Y(s) = N(s)F(s)$，从这个表达式可见，由 $F(s)$ 到 $Y(s)$ 的运算，只有三种运算，即加法、数量乘法、积分或微分。因此，利用这三种运算器，就可以给出系统的运算结构图，这就是系统的运算框图或者系统的信号流图表示。利用系统的运算框图或者系统的信号流图来描述系统，就是系统的模拟。这种方法不仅在理论上，而且在工程实际上都具有重要的实用价值。

【例 7-6】　计算下列信号的拉普拉斯变换与傅里叶变换。

（1）$e^{-3t}u(t)$　（2）$e^{3t}u(t)$　（3）$\cos 2t\,u(t)$

解：利用拉普拉斯变换与傅里叶变换的关系求解本题，为了方便比较，将上述 3 个小题列于表 7-1 中求解。

表 7-1　例 7-6 用表

序号	时域信号	傅里叶变换	拉普拉斯变换	收敛域
（1）	$e^{-3t}u(t)$	$\dfrac{1}{j\Omega+3}$	$\dfrac{1}{s+3}$	$\sigma>-3$
（2）	$e^{3t}u(t)$	不存在	$\dfrac{1}{s-3}$	$\sigma>3$
（3）	$\cos 2t\,u(t)$	$\dfrac{j\Omega}{(j\Omega)^2+4}+\dfrac{\pi}{2}[\delta(\Omega-2)+\delta(\Omega-2)]$	$\dfrac{1}{s^2+4}$	$\sigma>0$

【例 7-7】　判断下述系统是否稳定。

（1）$H_1(s)=\dfrac{s+3}{(s+1)(s+2)}$；（2）$H_2(s)=\dfrac{s}{s^2+\Omega_0^2}$。

解：（1）极点为 $s=-1$ 和 $s=-2$，都在 s 左半平面，所以系统稳定。

（2）极点为 $\pm j\Omega_0$，是虚轴上的一对共轭极点，所以系统不稳定。

7.2　离散时间系统的复频域分析

7.2.1　离散时间线性时不变系统的系统函数 $H(z)$

设线性时不变离散时间系统的输入为 $f[k]$，单位脉冲响应为 $h[k]$，系统的零状态响应为

$$y_f[k]=f[k]*h[k]$$

两边取 z 变换，有

$$Y_f(z)=Z\{y_f[k]\}=Z\{f[k]*h[k]\}=F(z)H(z)$$

整理得

$$H(z)=\frac{Y_f(z)}{F(z)} \tag{7-20}$$

$H(z)$ 称为线性时不变离散时间系统的系统函数。

离散系统零状态响应的 z 域求解可按以下步骤进行：

第一步，计算系统输入 $f[k]$ 的 z 变换 $F(z)$。

第二步，根据单位脉冲响应 $h[k]$ 计算离散系统 z 域的系统函数 $H(z)$。

第三步，计算系统零状态响应的 z 变换。

第四步，计算 $Y_f(z)$ 的 z 反变换，求得系统零状态响应的时域解 $y_f[k]$。

【例 7-8】　已知某线性时不变离散时间系统，当输入为 $f_1[k]=u[k]$ 时，零状态响应为 $y_1[k]=2^k u[k]$，求输入为 $f_2[k]=(k+1)u[k]$ 时的零状态响应 $y_2[k]$。

解：先求出系统函数

$$F_1(z) = Z\{f_1[k]\} = Z\{u[k]\} = \frac{z}{z-1}, \quad |z| > 1$$

$$Y_1(z) = Z\{y_1[k]\} = Z\{2^k u[k]\} = \frac{z}{z-2}, \quad |z| > 2$$

则系统函数为

$$H(z) = \frac{Y_1(z)}{X_1(z)} = \frac{z-1}{z-2}, \quad |z| > 2$$

又因为

$$F_2(z) = Z\{(k+1)u[k]\} = \frac{z}{(z-1)^2} + \frac{z}{z-1} = \frac{z^2}{(z-1)^2}, \quad |z| > 1$$

可得

$$Y_2(z) = Z\{y_2[k]\} = F_2(z)H(z) = \frac{z^2}{(z-1)(z-2)} = \frac{2z}{z-2} - \frac{z}{z-1}, \quad |z| > 2$$

最后得

$$y_2[k] = Z^{-1}\{Y_2(z)\} = 2 \cdot 2^k u[k] - u[k] = (2^{k+1} - 1)u[k]$$

7.2.2 用 z 变换求解离散 LTI 系统的差分方程

用线性常系数差分方程描述的 LTI 离散时间系统，可以根据 z 变换的性质把差分方程变换成 z 域的代数方程，计算系统的零输入响应、零状态响应和完全响应。

对于一般的 N 阶离散因果系统，已知 n 个初始条件 $\{y[-1], y[-2], y[-3], \cdots, y[-n]\}$，可以用差分方程来描述，重写式（3-30），得

$$\sum_{i=0}^{n} a_i y[k-i] = \sum_{j=0}^{m} b_j f[k-j]$$

对式（3-30）两边取单边 z 变换，得

$$\sum_{i=0}^{n} a_i z^{-i} \left[Y(z) \sum_{l=1}^{i} y[-l]z^l \right] = \sum_{j=0}^{m} b_j z^{-j} F(z)$$

上式中，$y[-l]$ 为初始条件，整理上式得

$$Y(z) = -\frac{\sum_{i=0}^{n} \sum_{l=1}^{i} a_i y[-l] z^{l-i}}{\sum_{i=0}^{n} a_i z^{-i}} + \frac{\sum_{j=0}^{m} b_j z^{-j}}{\sum_{i=0}^{n} a_i z^{-i}} F(z) \qquad (7\text{-}21)$$

式（7-21）中，零输入响应部分为

$$Y_x(z) = -\frac{\sum_{i=0}^{n}\sum_{l=1}^{i}a_i y[-l]z^{l-i}}{\sum_{i=0}^{n}a_i z^{-i}} \tag{7-22}$$

式（7-21）中，零状态响应部分为

$$Y_f(z) = \frac{\sum_{j=0}^{m}b_j z^{-j}}{\sum_{i=0}^{n}a_i z^{-i}}F(z) \tag{7-23}$$

系统的完全响应为

$$Y(z) = Y_f(z) + Y_x(z) \tag{7-24}$$

$$y[k] = y_f[k] + y_x[k] \tag{7-25}$$

【例 7-9】 已知二阶离散 LTI 系统的差分方程为 $y[k]-4[k-1]-5y[k-2]=f[k-1]$，$f[k]=u[k]$，$y[-1]=1$，$y[-2]=1$，求系统的完全响应 $y[k]$，零输入响应 $y_x[k]$，零状态响应 $y_f[k]$。

解： $f[k]$ 的 z 变换为

$$F(z) = Z\{u[k]\} = \frac{z}{z-1}, \quad |z| > 1$$

对系统差分方程两端取单边 z 变换，得

$$Y(z) - 4[z^{-1}Y(z) + y(-1)] - 5[z^{-2}Y(z) + y(-2) + y(-1)z^{-1}] = z^{-1}F(z)$$

把 $F(z)$ 和初始条件 $y[-1]=1$，$y[-2]=1$ 代入上式，得

$$Y_x(z) = \frac{(4+5z^{-1})y(-1) + 5y(-2)}{1 - 4z^{-1} - 5z^{-2}} = \frac{9z^2 + 5z}{z^2 - 4z - 5}$$

$$Y_f(z) = \frac{z^{-1}}{1 - 4z^{-1} - 5z^{-2}}F(z) = \frac{z}{z^2 - 4z - 5}F(z) = \frac{z}{z^2 - 4z - 5} \cdot \frac{z}{z-1}$$

$$= \frac{z^2}{(z+1)(z-5)(z-1)} = \frac{-\frac{1}{12}z}{z+1} + \frac{\frac{5}{24}z}{z-5} + \frac{-\frac{1}{8}z}{z-1}, \quad |z| > 5$$

求 z 反变换，得

$$y_x[k] = Z^{-1}[Y_x(z)] = Z^{-1}\left[\frac{\frac{2}{3}z}{z+1} + \frac{8\frac{1}{3}z}{z-5}\right] = \frac{2}{3}(-1)^k u[k] + 8\frac{1}{3}(5)^k u[k], \quad k \geqslant 0$$

$$y_f[k] = Z^{-1}[Y_f(z)] = Z^{-1}\left[\frac{-\frac{1}{12}z}{z+1} + \frac{\frac{5}{24}z}{z-5} + \frac{-\frac{1}{8}z}{z-1}\right] = -\frac{1}{12}(-1)^k u[k] + \frac{5}{24}(5)^k u[k] - \frac{1}{8}u[k], \quad k \geqslant 0$$

$$y[k] = y_x[k] + y_f[k] = \frac{7}{12}(-1)^k u[k] + 8\frac{13}{24}(5)^k u[k] - \frac{1}{8}u[k], \quad k \geqslant 0$$

7.2.3 系统函数的零极点分布

系统函数 $H(z)$ 通常可以表示为 z 的有理分式

$$H(z) = \frac{B(z)}{A(z)} = \frac{b_0 + b_1 z^{-1} + b_2 z^{-2} + \cdots + b_m z^{-m}}{1 + a_1 z^{-1} + a_2 z^{-2} + \cdots + a_n z^{-n}} = \frac{\sum_{r=0}^{m} b_r z^{-r}}{1 + \sum_{k=1}^{n} a_k z^{-k}} \tag{7-26}$$

也可以表示为

$$H(z) = \frac{\sum_{r=0}^{m} b_r z^{-r}}{1 + \sum_{k=1}^{n} a_k z^{-k}} = G\frac{\prod_{r=1}^{m}(1 - z_r z^{-1})}{\prod_{k=1}^{n}(1 - p_k z^{-1})} \tag{7-27}$$

式（7-27）中，G 为系统函数的幅度因子。

对于式（7-27），分子中的因子 $(1 - z_r z^{-1})$ 在 $z = z_r$ 处产生一个 $H(z)$ 的零点，在 $z = 0$ 处产生一个极点。分母中的因子 $(1 - p_k z^{-1})$ 在 $z = p_k$ 处产生一个 $H(z)$ 的极点，在 $z = 0$ 处产生一个零点。$H(z)$ 的极点 $z = p_k$ 和零点 $z = z_r$，可以是实数、虚数或复数。由于系数 a_k、b_r 都是实数，所以，若极点（零点）为虚数或复数，则必然共轭成对出现。从式（7-27）可以看出，除常数 G 外，系统函数完全由其极点和零点决定。因此，系统函数的零、极点分布和它的收敛域决定了系统的特性。离散系统的零、极点分布如图 7-6 所示，图中带有括号的数字表示零点或极点的阶数。

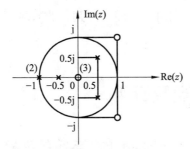

图 7-6 离散系统的零、极点分布

另外，离散系统的零、极点分布与时域响应有对应关系，对于线性时不变因果系统来说，系统函数 $H(z)$ 和单位脉冲响应 $h[k]$ 是一对单边 z 变换对。$H(z)$ 的极点性质及极点在 z 平面上的分布决定了 $h[k]$ 的形式。$H(z)$ 的零点影响 $h[k]$ 的幅度和相位，$H(z)$ 的极点决定系统响应的形式。

7.2.4 线性时不变离散系统的稳定性

根据时域中稳定性的定义可知，要求系统的有界输入产生有界输出（BIBO），对于线性时

不变离散系统而言，其稳定的充要条件是单位脉冲响应 $h[k]$ 绝对可和。即

$$\sum_{k=-\infty}^{\infty} |h[k]| < \infty$$

上式也为离散时间傅里叶变换（DTFT）存在的条件，所以 $h[k]$ 存在 DTFT 与系统稳定是等价的。再根据离散时间傅里叶变换与 z 变换的关系，即单位圆上的 z 变换等于傅里叶变换，即

$$H(e^{j\omega}) = H(z)\big|_{z=e^{j\omega}} \qquad\qquad (7\text{-}28)$$

所以当 $H(z)$ 的收敛域中存在单位圆时，才存在 $H(e^{j\omega})$，进而 $H(z)$ 所表示的系统才是稳定的。因此，离散时间 LTI 系统稳定的充要条件是系统函数 $H(z)$ 的收敛域中包括单位圆。

对于因果的离散时间 LTI 系统，因为 $h[k]$ 是因果序列，$H(z)$ 的收敛域为一圆外区域，且在收敛域中不能有极点。所以只有当 $H(z)$ 的全部极点位于 z 平面的单位圆内时，其收敛域才能够包括单位圆。由此可见，因果的离散时间 LTI 系统稳定的充要条件可表达为 $H(z)$ 的所有极点都在单位圆内。

【例 7-10】 线性时不变离散系统的系统函数为 $H(z) = \dfrac{1}{(1-0.5z^{-1})(1+1.5z^{-1})}$，试根据 $H(z)$ 的收敛域判断该系统的因果性和稳定性。

解：该系统 $H(z)$ 有 2 个极点，将 z 平面分为 3 个区域。

（1）$|z| < 0.5$；　（2）$0.5 < |z| < 1.5$；　（3）$1.5 < |z| \leqslant \infty$；

① 收敛域 $|z| < 0.5$ 时，$h[k]$ 是一左边序列，收敛域不包括单位圆，系统是非因果且不稳定的。

② 收敛域 $0.5 < |z| < 1.5$ 时，$h[k]$ 是一双边序列，收敛域包括单位圆，系统是非因果且稳定的。

③ 收敛域 $1.5 < |z| \leqslant \infty$ 时，$h[k]$ 是一因果序列，收敛域不包括单位圆，系统是因果且非稳定的。

7.3　MATLAB 实现及应用

7.3.1　利用 MATLAB 绘出连续 LTI 系统的零极点分布图

已知 $H(s) = \dfrac{2s+1}{s^3+2s^2+2s+1}$，画系统函数的零、极点图。

程序代码：

```
num=[2 1];          % 分子多项式系数
den=[1 2 2 1];      % 分母多项式系数
sys=tf(num,den);    % 求系统函数
subplot(111)
pzmap(sys)          % 画零、极点图
```

仿真结果如图 7-7 所示。

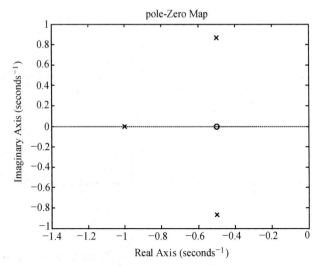

图 7-7　MATLAB 绘出的连续 LTI 系统函数的零极点分布图

7.3.2　利用 MATLAB 绘出离散 LTI 系统的零极点分布图

设有系统函数 $H_1(z) = \dfrac{z}{z-0.5}$；$H_2(z) = \dfrac{z^2}{(z-0.5)^2}$；$H_3(z) = \dfrac{z}{z^2-1.2z+0.7}$，画出零、极点分布和单位脉冲响应。

程序代码：

```
b1=[1 0];
a1=[1 -0.5];
subplot(321)
zplane(b1,a1)
subplot(322)
impz(b1,a1)
b2=[1 0 0];
a2=[1 -1 0.25];
subplot(323)
zplane(b2,a2)
subplot(324)
impz(b2,a2)
b3=[1 0];
a3=[1 -1.2 0.7];
subplot(325)
zplane(b3,a3)
subplot(326)
impz(b3,a3)
```

仿真结果如图 7-8 所示。

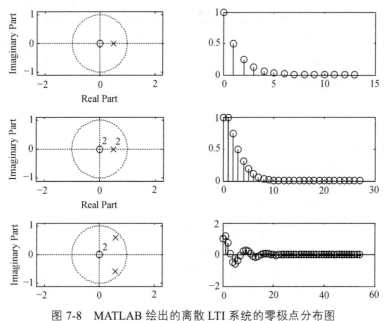

图 7-8　MATLAB 绘出的离散 LTI 系统的零极点分布图

阅读材料

傅里叶变换，拉普拉斯变换，z 变换三者之间的关系

1. 傅里叶级数展开与傅里叶变换

之所以要将一个信号 $f(t)$ 进行傅里叶级数展开或傅里叶变换是因为一般自然界信号都非常复杂，且表面上并不能直观地表现出频率与幅值的关系，而一个信号的大部分有效信息恰藏于其频谱上，即其幅频关系和相频关系上。通过傅里叶级数展开或傅里叶变换，可将自然界中复杂的信号分解成简单的、有规律的基本信号之和或积分的形式，并且可以明确表达出周期信号的离散频谱和非周期信号的连续频谱函数。

傅里叶级数展开是对于周期信号而言，如果该周期信号满足狄里赫利条件（在电子和通信中大部分周期信号均满足），周期信号就能展开成一组正交函数的无穷级数之和。三角函数集在一个周期内是完备的正交函数集，使用三角函数集的周期函数展开就是傅里叶级数展开，而欧拉公式是将三角函数和复指数连接了起来，所以傅里叶级数可展开成三角函数或复指数两种形式。此时就可画出信号的频谱图，并可直观地看到频率与幅值和相位的关系。

既然是级数展开，则频谱图中横轴表示 n 倍的角频率，是一个离散频谱图，那么由离散频谱的间隔与周期的反比关系知当 $f(t)$ 的周期 T 趋近于无穷大时，周期信号变成了非周期信号，谱线间隔趋近于无穷小，谱线无限的密集而变成为连续频谱。该连续频谱即为频谱密度函数，简称频谱函数，该表达形式即是我们熟悉的傅里叶变换。傅里叶变换将信号的时间函数变为频率函数，则其反变换是将频率函数变为时间函数。所以傅里叶变换建立了信号的时域与频域表示之间的关系，而傅里叶变换的性质则揭示了信号的时域变换相应地引起频域变换的关系。

2. 傅里叶变换与拉普拉斯变换

上述的傅里叶变换必须是在一个信号满足绝对可积的条件下才成立，那么对于不可积的信号，要将它从时域移到频域上，就要将原始信号乘上一个衰减信号将其变为绝对可积信号再做傅里叶变换，即

$$F[f(t)\mathrm{e}^{-\sigma t}] = \int_{-\infty}^{\infty} f(t)\mathrm{e}^{-\sigma t}\mathrm{e}^{-\mathrm{j}\Omega t}\mathrm{d}t = \int_{-\infty}^{\infty} f(t)\mathrm{e}^{-(\sigma+\mathrm{j}\Omega)t}\mathrm{d}t = \int_{-\infty}^{\infty} f(t)\mathrm{e}^{-st}\mathrm{d}t$$

上式中，$s = \sigma + \mathrm{j}\Omega$，则傅里叶变换变为拉普拉斯变换。如令 $\sigma = 0$ 则拉普拉斯变换就变成了傅里叶变换，所以傅里叶变换是 s 域仅在虚轴上取值的拉普拉斯变换，拉普拉斯变换是傅里叶变换的推广。拉普拉斯变换的收敛域就是 $f(t)\mathrm{e}^{-\sigma t}$ 满足绝对可积条件的 σ 值的范围，在收敛域内可积，拉普拉斯变换存在，否则拉普拉斯变换不存在。拉普拉斯变换针对于连续时间信号，主要用于连续时间系统的分析中，对一个线性微分方程两边同时进行拉普拉斯变换，可将微分方程转化成简单的代数运算，可方便求出系统的传递函数，简化运算。

3. 拉普拉斯变换与 z 变换

对于离散的时间信号和系统而言，对理想抽样信号表达式两边进行拉普拉斯变换，再以 $z = \mathrm{e}^{sT}$ 代入可得 z 变换的表达式 $F(z) = \sum_{k=-\infty}^{\infty} f[k] \cdot z^{-k}$，所以从理想抽样信号的拉普拉斯变换到 z 变换，就是由复变量 s 平面到复变量 z 平面的映射变换，映射关系为 $z = \mathrm{e}^{sT}$，可见 z 变换也可以看作是抽样信号拉普拉斯变换的一种特殊情况，此时 $s = \sigma + \mathrm{j}\Omega$，$t = kT$，$\omega = \Omega T$,则 z 变换可看作是针对离散的信号和系统的拉普拉斯变换，由 $z = \mathrm{e}^{sT} = \mathrm{e}^{\sigma T}\mathrm{e}^{\mathrm{j}\Omega T}$ 可得，$\sigma = 0$ 时，$|z| = 1$，故 z 域可用极坐标描述，s 域上的虚轴对应 z 域上的单位圆，当 $\sigma < 0$ 时，z 的幅值小于 1，即 s 域上虚轴的左边对应 z 域的单位圆内，反之，s 域上虚轴的右边对应 z 域的单位圆外。

4. 傅里叶级数展开与 z 变换

对于傅里叶级数展开而言，一般周期信号的频谱都具有离散性、谐波性和收敛性，但如果一个周期信号的频谱不收敛，我们要将它从时域移到频域上就要将原始信号频谱乘上一个衰减信号将其变为收敛的再做傅里叶级数展开，有

$$\sum_{k=-\infty}^{\infty} (f[k]\mathrm{e}^{-\sigma Tk})\mathrm{e}^{-\mathrm{j}\Omega Tk} = \sum_{k=-\infty}^{\infty} f[k]\mathrm{e}^{-sTk} = \sum_{k=-\infty}^{\infty} f[k]z^{-k}$$

则傅里叶级数展开变为 z 变换。如令 $\sigma = 0$，即 $|z| = 1$，则 z 变换就变成了傅里叶级数展开，所以傅里叶级数展开是 z 域仅在单位圆上取值的 z 变换，z 变换是傅里叶级数展开的推广。对于给定的序列 $f[k]$，使级数 $\sum_{k=-\infty}^{\infty} f[k]z^{-k}$ 收敛的 z 平面中的区域称为其收敛域。

抽样定理是连接连续时间信号和系统与离散时间信号和系统的桥梁，以上三个变换均满足线性性质，即叠加性和齐次性。

习 题

一、单项选择题

1. 以下单位冲激响应所代表的线性时不变系统中因果稳定的是（　　）。

    A. $h(t) = e^t u(t) + e^{-2t} u(t)$
           B. $h(t) = e^{-t} u(t) + e^{-2t} u(t)$

    C. $h(t) = u(t)$
                   D. $h(t) = e^{-t} u(-t) + e^{-2t} u(t)$

2. 已知某系统的系统函数 $H(s) = \dfrac{s+2}{s^2+4s+3}$，$\mathrm{Re}\{s\} > -1$，则该系统是（　　）。

    A. 因果稳定
           B. 因果不稳定

    C. 反因果稳定
           D. 反因果不稳定

3. 某连续时间系统的单位阶跃响应为 $g(t) = (1 + te^{-2t})u(t)$，则该系统的系统函数 $H(s) = $（　　）。

    A. $1 + \dfrac{s}{(s+2)^2}$
           B. $\dfrac{1}{s} + \dfrac{s}{(s+2)^2}$

    C. $\dfrac{1}{s} + \dfrac{1}{s+2} + \dfrac{1}{(s+2)^2}$
           D. $1 + \dfrac{1}{(s+2)^2}$

4. 已知信号 $y(t) = u(t) * (\delta(t) - \delta(t-4))$，则其 Laplace 变换 $Y(s) = $（　　）。

    A. $Y(s) = \dfrac{1}{s}(1 - e^{4s})$
           B. $Y(s) = \dfrac{1}{s} - \dfrac{1}{s+4}$

    C. $Y(s) = \dfrac{1}{s}(1 - e^{-4s})$
           D. $Y(s) = \dfrac{1}{s} + \dfrac{1}{s+4}$

5. 一 LTI 系统有两个极点 $p_1 = -3, p_2 = -1$，一个零点 $z = -2$，已知 $H(0) = 2$，则系统的系统函数为（　　）。

    A. $H(s) = \dfrac{2(s+2)}{(s+1)(s+3)}$
           B. $H(s) = \dfrac{2(s+3)}{(s+2)(s+1)}$

    C. $H(s) = \dfrac{3(s+2)}{(s+1)(s+3)}$
           D. $H(s) = \dfrac{(s+2)}{(s+1)(s+3)}$

6. 某一因果线性时不变系统，其系统函数为 $H(z) = \dfrac{1 - 3z^{-1}}{(1 - 0.5z^{-1})(1 - 2z^{-1})}$，则系统函数 $H(z)$ 的收敛域为（　　）。

    A. $|z| > 0.5$
    B. $|z| < 2$
    C. $|z| > 2$
    D. $0.5 < |z| < 2$

7. 若离散时间系统是稳定因果的，则它的系统函数的极点（　　）。

    A. 全部落于单位圆外
           B. 全部落于单位圆上

    C. 全部落于单位圆内
           D. 上述三种情况都不对

8. 如果一离散时间系统的系统函数 $H(z)$ 只有一个在单位圆上实数为 1 的极点,则它的 $h[k]$ 应是(   )。

    A. $u[k]$ 　　　　 B. $-u[k]$ 　　　　 C. $(-1)^k u[k]$ 　　　　 D. 1

9. 某系统的系统函数为 $H(z)$,若同时存在频响函数 $H(e^{j\omega})$,则该系统必须满足(   ) 的条件。

    A. 时不变系统 　　 B. 因果系统 　　 C. 稳定系统 　　 D. 线性系统

10. 已知 $f[k]$ 的 z 变换 $F(z) = \dfrac{1}{\left(z + \dfrac{1}{2}\right)(z+2)}$, $f[k]$ 为因果信号,则 $F(z)$ 的收敛域为(   )。

    A. $|z| > 0.5$ 　　 B. $|z| < 0.5$ 　　 C. $|z| > 2$ 　　　　 D. $0.5 < |z| < 2$

二、填空题

1. 设因果连续时间 LTI 系统的系统函数 $H(s) = \dfrac{1}{s+2}$,则该系统的频率响应 $H(j\Omega) = $ _____ ,单位冲激响应 $h(t) = $ _____ 。

2. 已知某因果连续时间系统稳定,则其系统函数 $H(s)$ 的极点一定在 s 平面的_____。

3. 某连续时间 LTI 因果系统的系统函数 $H(s) = \dfrac{1}{s-a}$,且系统稳定,则 a 应满足_____。

4. 已知系统函数 $H(s) = \dfrac{1}{s^2 + (1-k)s + k + 1}$,要使系统稳定,试确定 k 值的范围_____。

5. 某离散系统的系统函数 $H(z) = \dfrac{\dfrac{1}{2}z + 1}{z^2 - kz - \dfrac{1}{4}}$,欲使其稳定的 k 取值范围是_____。

三、判断题

1. 系统的极点分布对系统的稳定性有比较大的影响。(   )

2. 稳定系统的 $H(s)$ 极点一定在 s 平面的左半平面。(   )

3. 因果稳定系统的系统函数的极点一定在 s 平面的左半平面。(   )

4. z 变换是对连续时间系统进行分析的一种方法。(   )

5. $H(z)$ 在单位圆内的极点所对应的响应序列为衰减的。(   )

四、综合题

1. 已知一线性时不变因果系统的系统函数 $H(s) = \dfrac{s+1}{s^2 + 5s + 6}$,求当输入信号 $f(t) = e^{-3t}u(t)$ 时系统的输出 $y(t)$ 。

2. 已知某线性时不变系统在阶跃信号 $f(t) = u(t)$ 激励下产生的阶跃响应为 $y_1(t) = e^{-2t}u(t)$,试由 s 域求系统在 $f_2(t) = e^{-3t}u(t)$ 激励下产生的零状态响应 $y_2(t)$ 。

3. 已知离散系统差分方程为 $y[k+2] + 6y[k+1] + 8y[k] = f[k+2] + 5f[k+1] + 12f[k]$,若 $f[k] = u[k]$ 时系统响应为 $y[k] = [1.2 + (-2)^{k+1} + 2.8 \times (-4)^k]u[k]$,试判断该系统的稳定性。

4. 已知离散系统差分方程为 $y[k] - \dfrac{3}{4}y[k-1] + \dfrac{1}{8}y[k-2] = f[k]$,求此系统的系统函数 $H(z)$,单位脉冲响应 $h[k]$ 及其阶跃响应 $g[k]$ 。

第 8 章

信号与系统的 MATLAB 仿真补充练习

8.1 连续时间信号与系统的时域分析

8.1.1 学习目的

（1）学会用 MATLAB 表示常用连续信号的方法。
（2）学会用 MATLAB 进行信号基本运算的方法。
（3）学会用 MATLAB 求解连续系统的零状态响应。
（4）学会用 MATLAB 求解系统冲激响应及阶跃响应。
（5）学会用 MATLAB 实现连续信号卷积的方法。

8.1.2 学习内容

1．基本连续信号的 MATLAB 表示

【例 8-1】 实指数信号在 MATLAB 中用 exp 函数表示。调用格式为 ft=A*exp(a*t)。

```
A=1; a=-0.4;
t=0:0.01:10;              % 定义时间点
ft=A*exp(a*t);           % 计算这些点的函数值
plot(t,ft,'k');          % 画图命令，用黑色线连接函数值曲线
```

程序运行结果如图 8-1 所示。

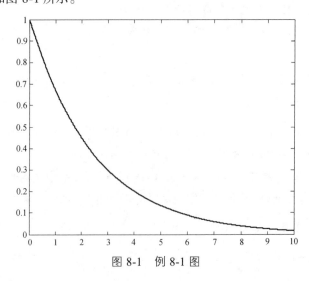

图 8-1 例 8-1 图

【例8-2】 抽样信号 $\text{Sa}(t)=\sin t/t$ 在 MATLAB 中用 sinc 函数表示。定义为 $\text{Sa}(t)=\text{sinc}(t/\pi)$。

```
t=-3*pi:pi/100:3*pi;
ft=sinc(t/pi);
plot(t,ft,'k');
axis([-10,10,-0.5,1.2]);        % 定义画图范围，横轴，纵轴
title('抽样信号')               % 定义图的标题名字
```

程序运行结果如图 8-2 所示。

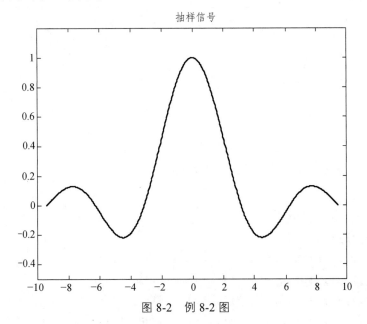

图 8-2　例 8-2 图

【例8-3】 虚指数信号的调用格式为 f=exp((j*w)*t)。

```
t=0:0.01:15;
w=pi/4;
X=exp(j*w*t);
Xr=real(X);       % 取实部
Xi=imag(X);       % 取虚部
Xa=abs(X);        % 取模
Xn=angle(X);      % 取相位
subplot(2,2,1),plot(t,Xr,'k'),axis([0,15,-(max(Xa)+0.5),max(Xa)+0.5]),
title('实部');
subplot(2,2,3),plot(t,Xi,'k'),axis([0,15,-(max(Xa)+0.5),max(Xa)+0.5]),
title('虚部');
subplot(2,2,2), plot(t,Xa,'k'),axis([0,15,0,max(Xa)+1]),title('模');
subplot(2,2,4),plot(t,Xn,'k'),axis([0,15,-(max(Xn)+1),max(Xn)+1]),title(
'相角');
```

程序运行结果如图 8-3 所示。

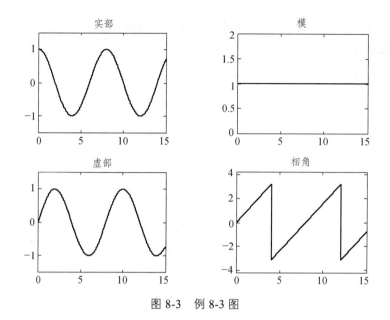

图 8-3　例 8-3 图

【例 8-4】　复指数信号的调用格式是 f=exp((a+j*b)*t)。

```
t=0:0.01:3;
a=-1;b=10;
f=exp((a+j*b)*t);
subplot(2,2,1),plot(t,real(f)),title('实部');
subplot(2,2,3),plot(t,imag(f)),title('虚部');
subplot(2,2,2),plot(t,abs(f)),title('模');
subplot(2,2,4),plot(t,angle(f)),title('相角');
```

程序运行结果如图 8-4 所示。

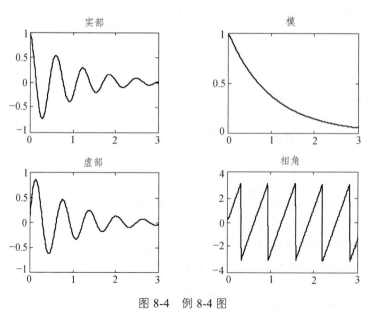

图 8-4　例 8-4 图

【例 8-5】 矩形脉冲信号可用 rectpuls 函数产生，调用格式为 y=rectpuls(t,width)，幅度是 1，宽度是 width，以 t=0 为对称中心。

```
t=-2:0.01:2;
width=1;
ft=2*rectpuls(t,width);
plot(t,ft);
```

程序运行结果如图 8-5 所示。

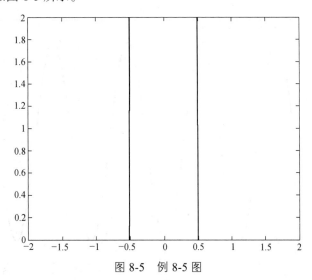

图 8-5　例 8-5 图

【例 8-6】 单位阶跃信号 $u(t)$ 用 "t>=0" 产生，调用格式为 ft=(t>=0)。

```
t=-1:0.01:5;
ft=(t>=0);
plot(t,ft);
axis([-1,5,-0.5,1.5]);
```

程序运行结果如图 8-6 所示。

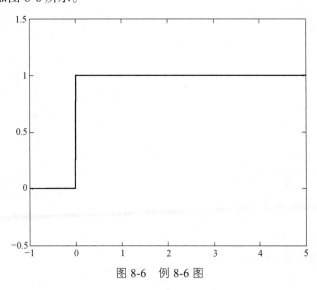

图 8-6　例 8-6 图

【例 8-7】 正弦信号符号算法。

```
syms t                          % 定义符号变量 t
y=sin(pi/4*t)                   % 符号函数表达式
h=ezplot(y,[-16,16])            % 符号函数画图命令
set(h,'color','k')              % 曲线颜色为黑色
```

程序运行结果如图 8-7 所示。

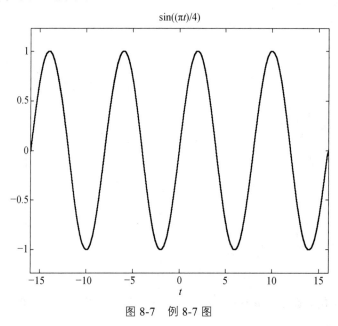

图 8-7　例 8-7 图

2．信号基本运算的 MATLAB 实现

【例 8-8】 设 $f(t)$ 为三角信号，求 $f(2t)$，$f(2-2t)$。

```
t=-3:0.001:3;
ft=tripuls(t,4,0.5);
subplot(3,1,1);
plot(t,ft);
title ('f(t) ');
ft1= tripuls(2*t,4,0.5);
subplot(3,1,2);
plot(t,ft1);
title ('f(2t) ');
ft2= tripuls(2-2*t,4,0.5);
subplot(3,1,3);
plot(t,ft2);
title ('f(2-2t)');
```

程序运行结果如图 8-8 所示。

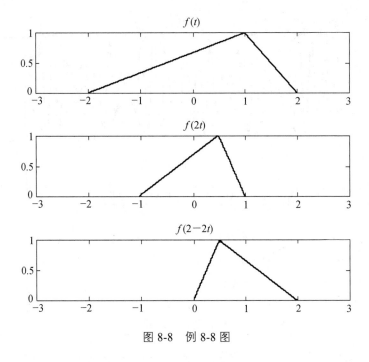

图 8-8 例 8-8 图

【例 8-9】 已知 $f_1(t) = \sin\Omega t$，$f_2(t) = \sin 8\Omega t$，$\Omega = 2\pi$，求 $f_1(t) + f_2(t)$ 和 $f_1(t) \cdot f_2(t)$ 的波形图。

```
w=2*pi;
t=0:0.01:3;
f1=sin(w*t);
f2=sin(8*w*t);
subplot(211);
plot(t,f1+1,':',t,f1-1,':',t,f1+f2);
title('f1(t)+f2(t))');
subplot(212);
plot(t,f1,':',t,-f1,':',t,f1.*f2);
title('f1(t)f2(t)');
```

程序运行结果如图 8-9 所示。

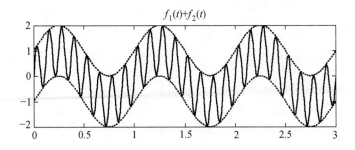

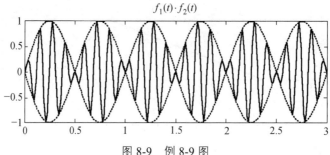

图 8-9   例 8-9 图

【例 8-10】   求一阶导数，$y_1 = \sin(ax^2)$，$y_2 = x \sin x \ln x$。

```
clear
syms a x y1 y2          % 定义符号变量 a, x, y1, y2
y1=sin(a*x^2);          % 符号函数 y1
y2=x*sin(x)*log(x);     % 符号函数 y2
dy1=diff(y1,'x')        % 行末无分号直接显示结果
dy2=diff(y2)            % 行末无分号直接显示结果
```

程序运行结果：

```
dy1 =2*a*x*cos(a*x^2)
dy2 =sin(x) + log(x)*sin(x) + x*cos(x)*log(x)
```

【例 8-11】   求积分：$\int \left(x^5 - ax^2 + \dfrac{\sqrt{x}}{2} \right) dx$，$\int_0^1 \dfrac{xe^x}{(1+x)^2} dx$。

```
clear
syms a x y3 y4
y3=x^5-a*x^2+sqrt(x)/2;
y4=(x*exp(x))/(1+x)^2;
iy3=int(y3,'x')
iy4=int(y4,0,1)
```

程序运行结果：

```
iy3 =x^(3/2)/3-(a*x^3)/3+x^6/6
iy4 =exp(1)/2-1
```

3．连续时间系统零状态响应的数值计算

在 MATLAB 中，控制系统工具箱提供了一个用于求解零初始条件微分方程数值解的函数 lsim。其调用格式

y=lsim(sys,f,t)

式中，t 表示计算系统响应的抽样点向量，f 是系统输入信号向量，sys 是 LTI 系统模型，用来表示微分方程，差分方程或状态方程。其调用格式为

sys=tf(b,a)

式中，b 和 a 分别是微分方程的右端和左端系数向量。例如，对于以下方程：

$$a_3 y'''(t) + a_2 y''(t) + a_1 y'(t) + a_0 y(t) = b_3 f'''(t) + b_2 f''(t) + b_1 f'(t) + b_0 f(t)$$

可用 a=[a_3,a_2,a_1,a_0]，b=[b_3,b_2,b_1,b_0]，sys=tf(b,a)，获得其 LTI 模型。

注意，如果微分方程的左端或右端表达式中有缺项，则其向量 a 或 b 中的对应元素应为零，不能省略不写，否则出错。

【例 8-12】 已知某 LTI 系统的微分方程为

$$y''(t) + 2y'(t) + 100y(t) = f(t)$$

其中，$y(0) = y'(0) = 0$，$f(t) = 10\sin(2\pi t)$，画出系统的输出 $y(t)$ 波形。

```
ts=0;te=5;dt=0.01;
sys=tf([1],[1,2,100]);
t=ts:dt:te;
f=10*sin(2*pi*t);
y=lsim(sys,f,t);
plot(t,y,'k');
xlabel('t(s)');
ylabel('y(t)');
```

程序运行结果如图 8-10 所示。

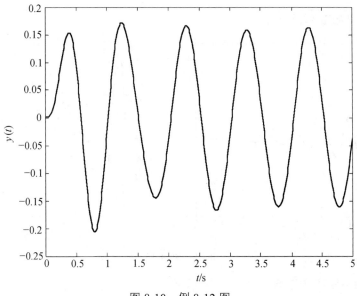

图 8-10　例 8-12 图

4．连续时间系统冲激响应和阶跃响应的求解

在 MATLAB 中，对于连续 LTI 系统的冲激响应和阶跃响应，可分别用控制系统工具箱提供的函数 impluse 和 step 来求解。其调用格式为

y=impluse(sys,t)

```
                y=step(sys,t)
```
式中，t 表示计算系统响应的抽样点向量，sys 是 LTI 系统模型。

【例 8-13】 已知某 LTI 系统的微分方程为

$$y''(t) + 2y'(t) + 100y(t) = 10f(t)$$

画出系统的冲激响应和阶跃响应的波形。

```
ts=0;te=5;dt=0.01;
sys=tf([10],[1,2,100]);
t=ts:dt:te;
h=impulse(sys,t);
figure;
plot(t,h,'k');
xlabel('t(s)');
ylabel('h(t)');
g=step(sys,t);
figure;
plot(t,g,'k');
xlabel('t(s)');
ylabel('g(t)');
```

程序运行结果如图 8-11 所示。

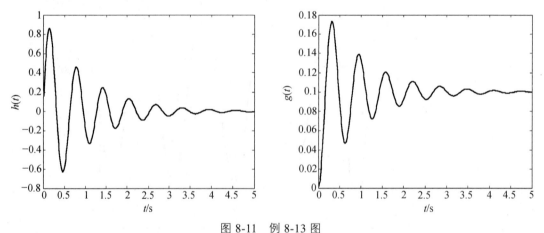

图 8-11　例 8-13 图

5．用 MATLAB 实现连续时间信号的卷积

信号的卷积运算有符号算法和数值算法，此处采用数值计算法，需调用 MATLAB 的 conv( ) 函数近似计算信号的卷积积分。连续信号的卷积积分定义是

$$f(t) = f_1(t) * f_2(t) = \int_{-\infty}^{\infty} f_1(\tau)f_2(t-\tau)\mathrm{d}\tau$$

如果对连续信号 $f_1(t)$ 和 $f_2(t)$ 进行等时间间隔 Δ 均匀抽样，则 $f_1(t)$ 和 $f_2(t)$ 分别变为离散时

间信号 $f_1(m\Delta)$ 和 $f_2(m\Delta)$。其中，m 为整数。当 Δ 足够小时，$f_1(m\Delta)$ 和 $f_2(m\Delta)$ 即为连续时间信号 $f_1(t)$ 和 $f_2(t)$。因此连续时间信号卷积积分可表示为

$$f(t) = f_1(t) * f_2(t) = \int_{-\infty}^{\infty} f_1(\tau) f_2(t-\tau) \mathrm{d}\tau$$

$$= \lim_{\Delta \to 0} \sum_{m=-\infty}^{\infty} f_1(m\Delta) \cdot f_2(t-m\Delta) \cdot \Delta$$

采用数值计算时，只求当 $t = n\Delta$ 时卷积积分 $f(t)$ 的值 $f(n\Delta)$，其中，n 为整数，即

$$f(n\Delta) = \sum_{m=-\infty}^{\infty} f_1(m\Delta) \cdot f_2(n\Delta - m\Delta) \cdot \Delta$$

$$= \Delta \sum_{m=-\infty}^{\infty} f_1(m\Delta) \cdot f_2[(n-m)\Delta]$$

其中，$\sum\limits_{m=-\infty}^{\infty} f_1(m\Delta) \cdot f_2[(n-m)\Delta]$ 实际就是离散序列 $f_1(m\Delta)$ 和 $f_2(m\Delta)$ 的卷积和。当 Δ 足够小时，序列 $f(n\Delta)$ 就是连续信号 $f(t)$ 的数值近似，即

$$f(t) \approx f(n\Delta) = \Delta[f_1(n) * f_2(n)]$$

上式表明，连续信号 $f_1(t)$ 和 $f_2(t)$ 的卷积，可用各自抽样后的离散时间序列的卷积再乘以抽样间隔 Δ。抽样间隔 Δ 越小，误差越小。

【例 8-14】 用数值计算法求 $f_1(t) = u(t) - u(t-2)$ 与 $f_2(t) = \mathrm{e}^{-3t}u(t)$ 的卷积积分。

因为 $f_2(t) = \mathrm{e}^{-3t}u(t)$ 是一个持续时间无限长的信号，而计算机数值计算不可能计算真正的无限长信号，所以在进行 $f_2(t)$ 的抽样离散化时，所取的时间范围让 $f_2(t)$ 衰减到足够小就可以了，本例取 $t = 2.5$。程序是

```
dt=0.01; t=-1:dt:2.5;
f1=heaviside(t)-heaviside(t-2);
f2=exp(-3*t).*heaviside(t);
f=conv(f1,f2)*dt; n=length(f); tt=(0:n-1)*dt-2;
subplot(221), plot(t,f1);
axis([-1,2.5,-0.2,1.2]); title('f1(t)'); xlabel('t')
subplot(222), plot(t,f2);
axis([-1,2.5,-0.2,1.2]); title('f2(t)'); xlabel('t')
subplot(212), plot(tt,f);
title('f(t)=f1(t)*f2(t)'); xlabel('t');
```

由于 $f_1(t)$ 和 $f_2(t)$ 的时间范围都是从 $t = -1$ 开始，所以卷积结果的时间范围从 $t = -2$ 开始，增量还是取样间隔 Δ，这就是语句 tt=(0:n-1)*dt-2 的由来。

程序运行结果如图 8-12 所示。

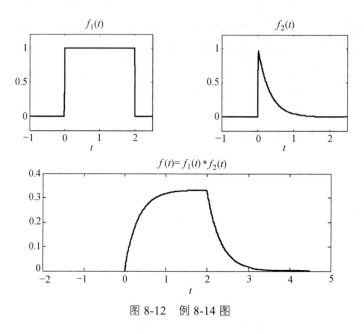

图 8-12 例 8-14 图

8.2 离散时间信号与系统的时域分析

8.2.1 学习目的

（1）学会用 MATLAB 表示常用离散信号的方法。
（2）学会用 MATLAB 实现离散信号卷积的方法。
（3）学会用 MATLAB 求解离散系统的单位脉冲响应。
（4）学会用 MATLAB 求解离散系统的零状态响应。

8.2.2 学习内容

1．离散信号的 MATLAB 表示

表示离散时间信号 $f[k]$ 需要两个行向量，一个是表示序号 k=[ ]，一个是表示相应函数值 f=[ ]，画图命令是 stem。

【例 8-15】   正弦序列信号可直接调用 MATLAB 函数 cos，例如 $\cos(\omega k)$，当 $2\pi/\omega$ 是整数或分数时，才是周期信号。画 $\cos(k\pi/8)$、$\cos(2k)$ 波形程序为如下：

```
k=0:40;
subplot(2,1,1);
stem(k,cos(k*pi/8),'k','filled');
title('cos(k\pi/8)');
subplot(2,1,2);
stem(k,cos(2*k),'k','filled');
title('cos(2k)');
```

程序运行结果如图 8-13 所示。

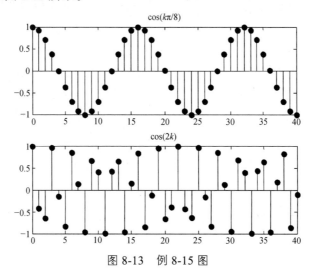

图 8-13　例 8-15 图

【例 8-16】　单位脉冲序列 $\delta[k] = \begin{cases} 1, & k = 0, \\ 0, & k \neq 0. \end{cases}$ 先建立一个画单位脉冲序列 $\delta[k+k_0]$ 的 M 函数文件，画图时调用，用函数名保存文件名。

```
function impulses(k1,k2,k0);    % k1 , k2 是画图时间范围，k0 是脉冲位置
k=k1:k2;
n=length(k);
f=zeros(1,n);
f(1,-k0-k1+1)=1;
stem(k,f,'filled')
axis([k1,k2,0,1.5])
title('单位脉冲序列')
```

保存为文件名 impulse1s.m，画图时在命令窗口调用，例如：impulses (-5,5,0)。

程序运行结果如图 8-14 所示。

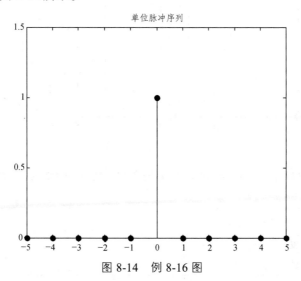

图 8-14　例 8-16 图

【**例 8-17**】 单位阶跃序列 $u[k] = \begin{cases} 1, & k \geqslant 0, \\ 0, & k < 0。\end{cases}$ 先建立一个画单位阶跃序列 $u[k+k_0]$ 的 M 函数文件，画图时调用。

```
function step(k1,k2,k0)
k=k1:-k0-1;
kk=-k0:k2;
n=length(k);
nn=length(kk)
u=zeros(1,n);
uu=ones(1,nn);
stem(kk,uu,'filled');
hold on;
stem(k,u,'filled');
hold off;
title('单位阶跃序列');
axis([k1 k2 0 1.5]);
```

保存为文件名 step.m，画图时在命令窗口调用，例如：step(-3,8,0)。

程序运行结果如图 8-15 所示。

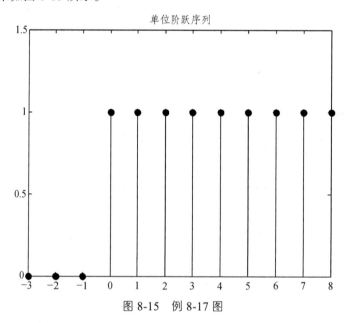

图 8-15　例 8-17 图

【**例 8-18**】 实指数序列 $f[k] = Ar^k$，A、r 是实数。建立一个画实指数序列的 M 函数文件，画图时调用。

```
function rexp(a,r,k1,k2)
%a：指数序列的幅度
%r：指数序列的底数
```

```
%k1：绘制序列的起始序号
%k2：绘制序列的终止序号
k=k1:k2;
x=c*(r.^k);
stem(k,x,'filled');
hold on;
plot([k1,k2],[0,0]);
hold off;
title('实指数序列');
```

画图时在命令窗口调用该函数画信号：$f_1[k] = \left(\dfrac{5}{4}\right)^k u[k]$，$f_2[k] = \left(-\dfrac{3}{4}\right)^k u[k]$ 波形。

rexp(1,5/4,0,40)

rexp(1,-3/4,0,40)

程序运行结果如图 8-16 所示。

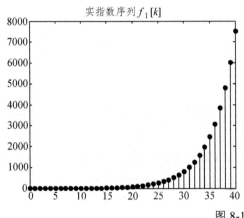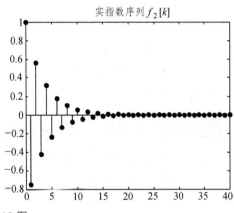

图 8-16　例 8-18 图

2．离散信号的卷积和

两个有限长序列 f1，f2 卷积可调用 MATLAB 函数 conv，调用格式是 f=conv(f1,f2)，f 是卷积结果，但不显示时间序号，可自编一个函数 dconv 给出 f 和 k，并画图。

```
function [f,k]=dconv(f1,f2,k1,k2)
%The function of compute  f=f1*f2
%  f:  卷积和序列 f(k)对应的非零样值向量
%  k:  序列 f(k)的对应序号向量
%  f1: 序列 f1(k)非零样值向量
%  f2: 序列 f2(k)的非零样值向量
%  k1: 序列 f1(k)的对应序号向量
%  k2: 序列 f2(k)的对应序号向量
f=conv(f1,f2)                    %计算序列 f1 与 f2 的卷积和 f
k0=k1(1)+k2(1);                  %计算序列 f 非零样值的起点位置
```

```
k3=length(f1)+length(f2)-2;              % 计算卷积和 f 的非零样值的宽度
k=k0:k0+k3                                % 确定卷积和 f 非零样值的序号向量
subplot(2,2,1)
stem(k1,f1)                              % 在子图 1 绘序列 f1(k) 时域波形图
title('f1(k)')
xlabel('k')
ylabel('f1(k)')
subplot(2,2,2)
stem(k2,f2)                              % 在子图 2 绘序列 f2(k) 时波形图
title('f1(k)')
xlabel('k')
ylabel('f2(k)')
subplot(2,2,3)
stem(k,f);                              % 在子图 3 绘序列 f(k) 的波形图
title('f(k)f1(k)与 f2(k)的卷积和 f(k)')
xlabel('k')
ylabel('f(k)')
h=get(gca,'position');
h(3)=2.5*h(3);
set(gca,'position',h)                   % 将第三个子图的横坐标范围扩为原来的 2.5 倍
```

【例 8-19】 求下面两个序列的卷积和。

$$f_1[k] = \delta[k-1] + 2\delta[k] + \delta[k-1], \; f_2[k] = \delta[k+2] + \delta[k+1] + \delta[k] + \delta[k-1] + \delta[k-2]$$

```
f1=[1 2 1];
k1=[-1 0 1];
f2=ones(1,5);
k2=-2:2;
[f, k]=dconv(f1,f2,k1,k2)
```

由运行结果知，f 的长度等于 f1 和 f2 长度之和减一， f 的起点是 f1 和 f2 的起点之和，f 的终点是 f1 和 f2 的终点之和。

程序运行结果如图 8-17 所示。

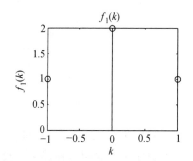
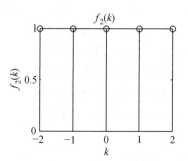

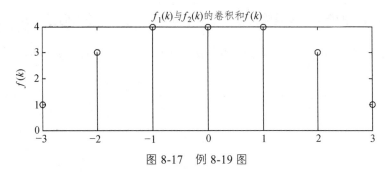

图 8-17 例 8-19 图

3.离散系统的单位脉冲响应

MATLAB 提供画系统单位脉冲响应函数 impz,调用格式是 impz(b,a),其中 b 和 a 是表示离散系统的行向量;impz(b,a,n),式中 b 和 a 是表示离散系统的行向量,时间范围是 $0 \sim n$;impz(b,a,n1,n2),时间范围是 $n1 \sim n2$;y=impz(b,a,n1,n2),由 y 给出数值序列。

【例 8-20】 已知 $y[k]-y[k-1]+0.9y[k-2]=f[k]$,求单位脉冲响应。

```
a=[1,-1,0.9];
b=[1];
impz(b,a);
impz(b,a,60);
impz(b,a,-10:40);
```

程序运行结果如图 8-18 所示。

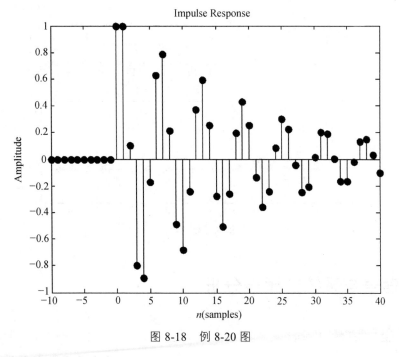

图 8-18 例 8-20 图

4.离散系统的零状态响应

MATLAB 提供求离散系统零状态响应数值解函数 filter,调用格式为 filter(b,a,x),式中 b

和 a 是表示离散系统的向量，x 是输入序列非零样值点行向量，输出向量序号同 x 一样。

【例 8-21】 已知 $y[k]-0.25y[k-2]+0.5y[k-2]=f[k]+f[k-1]$，$f[k]=\left(\dfrac{1}{2}\right)^k u[k]$，求零状态响应。

```
a=[1 -0.25 0.5];
b=[1 1];
t=0:20;
x=(1/2).^t;
y=filter(b,a,x)
subplot(2,1,1)
stem(t,x)
title('输入序列')
subplot(2,1,2)
stem(t,y)
title('输出序列')
```

程序运行结果如图 8-19 所示。

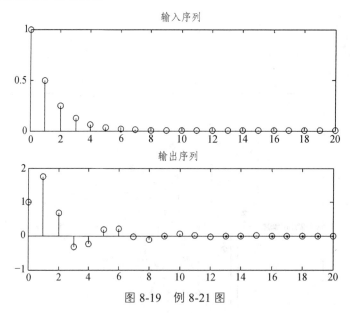

图 8-19　例 8-21 图

8.3　信号与系统的频域分析

8.3.1　学习目的

（1）学会用 MATLAB 实现连续时间信号傅里叶变换。
（2）学会用 MATLAB 分析 LTI 系统的输出响应。

（3）学会用 MATLAB 实现连续信号的采样和重建。

8.3.2 学习内容

1．傅里叶变换的 MATLAB 求解

MATLAB 的 symbolic Math Toolbox 提供了直接求解傅里叶变换及逆变换的函数 fourier( ) 及 ifourier( )，两者的调用格式如下。

Fourier 变换的调用格式：

F=fourier(f)：它是符号函数 f 的 fourier 变换，默认返回是关于 w 的函数。

F=fourier(f，v)：它返回函数 F 是关于符号对象 v 的函数，而不是默认的 w。

Fourier 逆变换的调用格式：

f=ifourier(F)：它是符号函数 F 的 fourier 逆变换，默认的独立变量为 w，默认返回是关于 x 的函数。

f=ifourier(f,u)：它的返回函数 f 是 u 的函数，而不是默认的 x。

注意：在调用函数 fourier()及 ifourier()之前，要用 syms 命令对所用到的变量（如 t,u,v,w）进行说明,即将这些变量说明成符号变量。

【例 8-22】 求 $f(t) = e^{-2|t|}$ 的傅里叶变换。

```
syms t
Fw=fourier(exp(-2*abs(t)))
```

程序运行结果如下：

```
Fw =4/(w^2 + 4)
```

【例 8-23】 求 $F(j\Omega) = \dfrac{1}{1+\Omega^2}$ 的逆变换 $f(t)$。

```
syms t  w
ft=ifourier(1/(1+w^2),t)
```

程序运行结果如下：

```
ft =(pi*exp(-t)*heaviside(t) + pi*heaviside(-t)*exp(t))/(2*pi)
```

2．连续时间信号的频谱图

【例 8-24】 求调制信号 $f(t) = AG_\tau(t)\cos\Omega_0 t$ 的频谱，式中

$$A = 4, \quad \Omega_0 = 12\pi, \tau = \frac{1}{2}, \quad G_\tau(t) = u\left(t + \frac{\tau}{2}\right) - u\left(t - \frac{\tau}{2}\right)$$

```
ft=sym('4*cos(2*pi*6*t)*(heaviside(t+1/4)-heaviside(t-1/4))');
Fw=simplify(fourier(ft));
subplot(121);
h1=ezplot(ft,[-0.5 0.5]);
set(h1,'color','k')
```

```
subplot(122);
h2=ezplot(abs(Fw),[-24*pi 24*pi]);
set(h2,'color','k')
```
程序运行结果如图 8-20 所示。

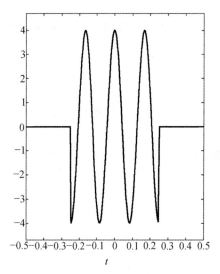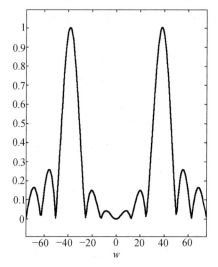

图 8-20　例 8-24 图

【例 8-25】　用数值计算法求信号 $f(t)=u(t+1)-u(t-1)$ 的傅里叶变换。

信号频谱是 $F(j\Omega)=2Sa(\Omega)$，第一个过零点是 π，一般将此频率视为信号的带宽，若将精度提高到该值的 50 倍，既 $W0=50\pi$，据此确定取样间隔，$\tau<\dfrac{1}{2F_0}=0.02$。

```
R=0.02;t=-2:R:2;
f=heaviside(t+1)-heaviside(t-1);
W1=2*pi*5;
N=500;k=0:N;W=k*W1/N;
F=f*exp(-j*t'*W)*R;
F=real(F);
W=[-fliplr(W),W(2:501)];
F=[fliplr(F),F(2:501)];
subplot(2,1,1);plot(t,f,'k');
xlabel('t');ylabel('f(t)');
title('f(t)=u(t+1)-u(t-1)');
subplot(2,1,2);plot(W,F,'k');
xlabel('\Omega');ylabel('F(\Omega)');
title('f(t)的傅氏变换 F(\Omega)');
```
程序运行结果如图 8-21 所示。

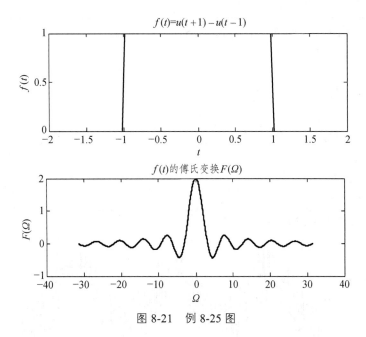

图 8-21　例 8-25 图

3．用 MATLAB 分析 LTI 系统的输出响应

【例 8-26】　已知一 RC 电路如图 8-22 所示，系统的输入电压为 $f(t)$，输出信号为电阻两端的电压 $y(t)$。当 $RC = 0.04$，$f(t) = \cos 5t + \cos 100t$，其中 $-\infty < t < +\infty$，试求该系统的响应 $y(t)$。

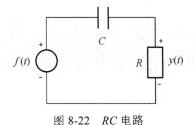

图 8-22　RC 电路

由图 8-22 可知，该电路为一个微分电路，其频率响应为

$$H(\mathrm{j}\Omega) = \frac{R}{R + 1/\mathrm{j}\Omega C} = \frac{\mathrm{j}\Omega}{\mathrm{j}\Omega + 1/RC}$$

由此可求出余弦信号 $\cos \Omega_0 t$ 通过 LTI 系统的响应为

$$y(t) = |H(\mathrm{j}\Omega_0)| \cos(\Omega_0 t + \varphi(\Omega_0))$$

计算该系统响应的 MATLAB 程序及响应波形如下。

```
RC=0.04;
t=linspace(-2,2,1024);
w1=5;w2=100;
H1=j*w1/(j*w1+1/RC);
H2=j*w2/(j*w2+1/RC);
f=cos(5*t)+cos(100*t);
```

```
y=abs(H1)*cos(w1*t+angle(H1))+ abs(H2)*cos(w2*t+angle(H2));
subplot(2,1,1);
plot(t,f,'k');
ylabel('f(t)');
xlabel('t(s)');
subplot(2,1,2);
plot(t,y,'k');
ylabel('y(t)');
xlabel('t(s)');
```

程序运行结果如图 8-23 所示。

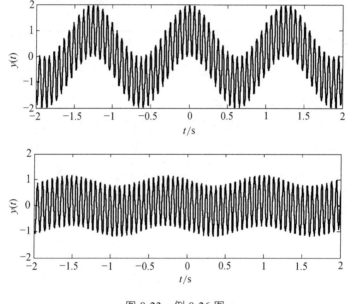

图 8-23　例 8-26 图

4．抽样定理与信号重建

若 $f(t)$ 是带限信号，带宽为 Ω_m，$f(t)$ 经采样后的频谱 $F_s(j\Omega)$ 就是将 $f(t)$ 的频谱 $F(j\Omega)$ 在频率轴上以采样频率 Ω_s 为间隔进行周期延拓。因此，当 $\Omega_s \geqslant 2\Omega_m$ 时，不会发生频率混叠；而当 $\Omega_s < 2\Omega_m$ 时将发生频率混叠。

经采样后得到信号 $f_s(t)$，经理想低通 $h(t)$ 则可得到重建信号 $f(t)$，即

$$f(t) = f_s(t) * h(t)$$

其中

$$f_s(t) = f(t)\sum_{-\infty}^{\infty}\delta(t-nT_s) = \sum_{-\infty}^{\infty}f(nT_s)\delta(t-nT_s)$$

$$h(t) = T_s\frac{\Omega_c}{\pi}\mathrm{Sa}(\Omega_c t)$$

所以

$$f(t) = f_s(t) * h(t) = \sum_{-\infty}^{\infty} f(nT_s)\delta(t - nT_s) * T_s\frac{\Omega_c}{\pi}\mathrm{Sa}(\Omega_c t)$$

$$= T_s\frac{\Omega_c}{\pi}\sum_{-\infty}^{\infty} f(nT_s)\mathrm{Sa}[\Omega_c(t - nT_s)]$$

上式表明，连续信号可以展开成抽样函数的无穷级数。

利用 MATLAB 中的 $\mathrm{sinc}\,(t) = \dfrac{\sin(\pi t)}{\pi t}$ 来表示 $\mathrm{Sa}(t)$，有 $\mathrm{Sa}(t) = \mathrm{sinc}\left(\dfrac{t}{\pi}\right)$，所以可以得到在 MATLAB 中信号由 $f(nT_s)$ 重建 $f(t)$ 的表达式如下：

$$f(t) = T_s\frac{\Omega_c}{\pi}\sum_{-\infty}^{\infty} f(nT_s)\mathrm{sinc}\left[\frac{\Omega_c}{\pi}(t - nT_s)\right]$$

选取信号 $f(t) = \mathrm{Sa}(t)$ 作为被采样信号，当采样频率 $\Omega_s = 2\Omega_m$ 时，称为临界采样。取理想低通的截止频率 $\Omega_c = \Omega_m$。下面程序实现对信号 $f(t) = \mathrm{Sa}(t)$ 的采样及由该采样信号恢复重建 $\mathrm{Sa}(t)$。

【例 8-27】 $\mathrm{Sa}(t)$ 的临界采样及信号重构。

```
wm=1;                        % 信号带宽
wc=wm;                       % 滤波器截止频率
Ts=pi/wm;                    % 采样间隔
ws=2*pi/Ts;                  % 采样角频率
n=-100:100;                  % 时域采样点数
nTs=n*Ts                     % 时域采样点
f=sinc(nTs/pi);
Dt=0.005;t=-15:Dt:15;
fa=f*Ts*wc/pi*sinc((wc/pi)*(ones(length(nTs),1)*t-nTs'*ones(1,length(t)
)));  % 信号重构
t1=-15:0.5:15;
f1=sinc(t1/pi);
subplot(211);
stem(t1,f1,'k');
xlabel('kTs');
ylabel('f(kTs)');
title('sa(t)=sinc(t/\pi)的临界采样信号');
subplot(212);
plot(t,fa,'k')
xlabel('t');
ylabel('fa(t)');
title('由 sa(t)=sinc(t/\pi)的临界采样信号重构 sa(t)');
```

程序运行结果如图 8-24 所示。

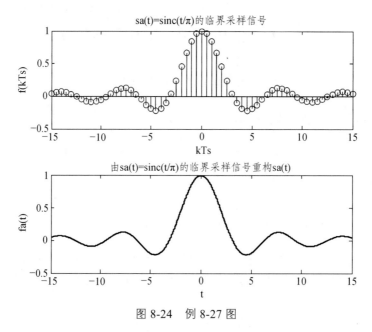

图 8-24   例 8-27 图

【例 8-28】   Sa(t) 的过采样及信号重构和绝对误差分析。

程序和例 8-27 类似,将采样间隔改成 Ts=0.7*pi/wm,滤波器截止频率改为 wc=1.1*wm,添加一个误差函数。

```
wm=1;
wc=1.1*wm;
Ts=0.7*pi/wm;
ws=2*pi/Ts;
n=-100:100;
nTs=n*Ts
f=sinc(nTs/pi);
Dt=0.005;t=-15:Dt:15;
fa=f*Ts*wc/pi*sinc((wc/pi)*(ones(length(nTs),1)*t-nTs'*ones(1,length(t))
));
error=abs(fa-sinc(t/pi));    %重构信号与原信号误差
t1=-15:0.5:15;
f1=sinc(t1/pi);
subplot(311);
stem(t1,f1);
xlabel('kTs');
ylabel('f(kTs)');
title('sa(t)=sinc(t/pi)的采样信号');
subplot(312);
plot(t,fa)
```

```
xlabel('t');
ylabel('fa(t)');
title('由 sa(t)=sinc(t/pi)的过采样信号重构 sa(t)');
grid;
subplot(313);
plot(t,error);
xlabel('t');
ylabel('error(t)');
title('过采样信号与原信号的误差 error(t)');
```

程序运行结果如图 8-25 所示。

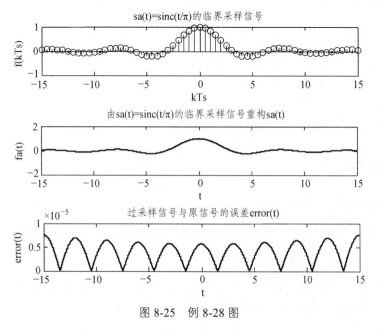

图 8-25　例 8-28 图

【例 8-29】　Sa(t) 的欠采样及信号重构和绝对误差分析。

程序和例 8-29 类似，将采样间隔改成 Ts=1.5*pi/wm，滤波器截止频率改为 wc=wm=1。

程序运行结果如图 8-26 所示。

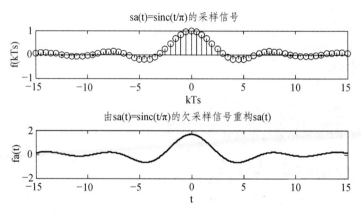

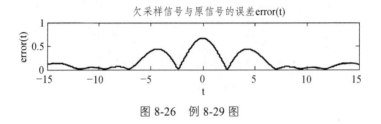

欠采样信号与原信号的误差error(t)

图 8-26   例 8-29 图

8.4   信号与系统的复频域分析

8.4.1   学习目的

（1）学会用 MATLAB 进行部分分式展开。
（2）学会用 MATLAB 分析 LTI 系统的特性。
（3）学会用 MATLAB 进行 Laplace 正、反变换
（4）学会用 MATLAB 画离散系统零极点图。
（5）学会用 MATLAB 分析离散系统的频率特性。

8.4.2   学习内容

1．用 MATLAB 进行部分分式展开

用 MATLAB 函数 residue 可以得到复杂有理分式 $F(s)$ 的部分分式展开式，其调用格式为

$$[r,p,k] = residue(num,den)$$

其中，num,den 分别为 $F(s)$ 的分子和分母多项式的系数向量，r 为部分分式的系数，p 为极点，k 为 $F(s)$ 中整式部分的系数，若 $F(s)$ 为有理真分式，则 k 为零。

【例 8-30】   用部分分式展开法求 $F(s) = \dfrac{s+2}{s^3 + 4s^2 + 3s}$ 的反变换。

```
format rat;
num=[1,2];
den=[1,4,3,0];
[r,p]=residue(num,den)
```

程序运行结果为：

```
r =-1/6    -1/2    2/3
p =-3      -1      0
```

程序中 format rat 是将结果数据以分数形式显示，$F(s)$ 可展开为

$$F(s) = \frac{2/3}{s} + \frac{-0.5}{s+1} + \frac{-1/6}{s+3}$$

所以，$F(s)$ 的反变换为 $f(t) = \left[\dfrac{2}{3} - \dfrac{1}{2}\mathrm{e}^{-t} - \dfrac{1}{6}\mathrm{e}^{-3t}\right]u(t)$。

2．用 MATLAB 分析 LTI 系统的特性

系统函数 $H(s)$ 通常是一个有理分式，其分子和分母均为多项式。计算 $H(s)$ 的零极点可以应用 MATLAB 中的 roots 函数，求出分子和分母多项式的根，然后用 plot 命令画图。在 MATLAB 中还有一种更简便的方法画系统函数 $H(s)$ 的零极点分布图，即用 pzmap 函数画图。其调用格式为 pzmap(sys)，sys 表示 LTI 系统的模型，要借助 tf 函数获得，其调用格式为 sys=tf(b,a)，式中，b 和 a 分别为系统函数 $H(s)$ 的分子和分母多项式的系数向量。如果已知系统函数 $H(s)$，求系统的单位冲激响应 $h(t)$ 和频率响应 $H(\mathrm{j}\Omega)$ 可以用以前介绍过的 impulse 和 freqs 函数。

【**例 8-31**】 已知系统函数为 $H(s) = \dfrac{1}{s^3 + 2s^2 + 2s + 1}$，试画出其零极点分布图，求系统的单位冲激响应 $h(t)$ 和频率响应 $H(\mathrm{j}\Omega)$，并判断系统是否稳定。

```
num=[1];
den=[1,2,2,1];
sys=tf(num,den);
figure(1);pzmap(sys);
t=0:0.02:10;
h=impulse(num,den,t);
figure(2);plot(t,h,'k')
title('Impulse Response')
[H,w]=freqs(num,den);
figure(3);plot(w,abs(H),'k')
xlabel('\Omega')
title('Magnitude Response')
```

程序运行结果如图 8-27 所示。

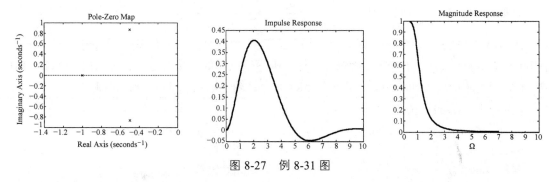

图 8-27　例 8-31 图

3．用 MATLAB 进行 Laplace 正、反变换

MATLAB 的符号数学工具箱提供了计算 Laplace 正、反变换的函数 laplace 和 ilaplace，其调用格式为 F=laplace(f)，f=ilaplace(F)，上述两式右端的 f 和 F 分别为时域表示式和 s 域表示式的符号表示，可以应用函数 sym 实现，其调用格式为 S=sym(A)，式中，A 为待分析表示式的字符串，S 为符号数字或变量。

【例 8-32】 试分别用 laplace 和 ilaplace 函数求：

（1） $f(t) = e^{-t}\sin(at)u(t)$ 的 Laplace 变换。

（2） $F(s) = \dfrac{s^2}{s^2+1}$ 的 Laplace 反变换。

解：（1）程序为：

```
f=sym('exp(-t)*sin(a*t)');
F=laplace(f)
```

或

```
syms a t
F=laplace(exp(-t)*sin(a*t))
```

程序运行结果为：

```
F =a/((s + 1)^2 + a^2)
```

（2）程序为：

```
F=sym('s^2/(s^2+1)');
ft=ilaplace(F)
```

或

```
syms s
ft=ilaplace(s^2/(s^2+1))
```

程序运行结果为：

```
ft =dirac(t)-sin(t)
```

4．离散系统零极点图

离散系统可以用下述差分方程描述： $\displaystyle\sum_{i=0}^{N} a_i y(k-i) = \sum_{m=0}^{M} b_m f(k-m)$

z 变换后可得系统函数： $H(z) = \dfrac{Y(z)}{F(z)} = \dfrac{b_0 + b_1 z^{-1} + \cdots + b_M z^{-M}}{a_0 + a_1 z^{-1} + \cdots + a_N z^{-N}}$

用 MATLAB 提供的 root 函数可分别求零点和极点，调用格式是 p=[a0,a1...an]，q=[b0,b1...bm,0,0...0]，补 0 使二者维数一样。画零极点图的方法有多种，可以用 MATLAB 函数[z,p,k]=tf2zp(b,a)和 zplane(q,p)，也可用 plot 命令自编一函数 pzd.m，画图时调用。

```
function pzd(A,B)
% The function to draw the pole-zero diagram for discrete system
p=roots(A);                        % 求系统极点
q=roots(B);                        % 求系统零点
p=p';                              % 将极点列向量转置为行向量
q=q';                              % 将零点列向量转置为行向量
x=max(abs([p q 1]));               % 确定纵坐标范围
x=x+0.1;
y=x;                               % 确定横坐标范围
```

```
clf
hold on
axis([-x x -y y])                          % 确定坐标轴显示范围
w=0:pi/300:2*pi;
t=exp(i*w);
plot(t)                                    % 画单位圆
axis('square')
plot([-x x],[0 0])                         % 画横坐标轴
plot([0 0],[-y y])                         % 画纵坐标轴
text(0.1,x,'jIm[z]')
text(y,1/10,'Re[z]')
plot(real(p),imag(p),'x')                  % 画极点
plot(real(q),imag(q),'o')                  % 画零点
title('pole-zero diagram for discrete system');      % 标注标题
hold off;
```

【例 8-33】　求系统函数零极点图 $H(z)=\dfrac{z+1}{3z^5-z^4+1}$。

```
a=[3 -1 0 0 0 1];
b=[1 1];
pzd(a,b)
p=roots(a)
q=roots(b)
pa=abs(p)
```

程序运行结果如图 8-28 所示。

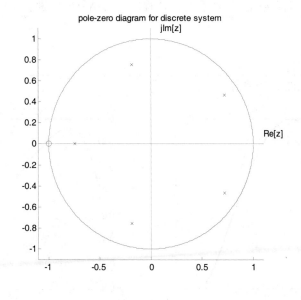

图 8-28　例 8-33 图

5．离散系统的频率特性

离散系统的频率特性可由系统函数求出，既令 $z = e^{j\omega}$, MATLAB 函数 freqz 可计算频率特性，调用格式如下：[H，W]=freqz(b,a,n)，其中 b 和 a 是系统函数分子分母系数，n 是 $0 \sim \pi$ 范围内的 n 个等分点（默认值为 512），H 是频率响应函数值，W 是相应频率点；[H，W]=freqz(b,a,n,'whole')，其中 n 是 $0 \sim 2\pi$ 范围内的 n 个等分点；freqz(b,a,n)，直接画频率响应幅频和相频曲线。

【例 8-34】　画出系统函数 $H(z) = \dfrac{z-0.5}{z}$ 的幅频特性与相位特性。

```
A=[1 0];
B=[1 -0.5];
[H,W]=freqz(B,A,10)
% 运行以上语句，可得 10 个频率点的计算结果
B=[1 -0.5];
A =[1 0];
[H,w]=freqz(B,A,400,'whole');
Hf=abs(H);
Hx=angle(H);
clf
figure(1)
plot(w,Hf)
title('离散系统幅频特性曲线')
figure(2)
plot(w,Hx)
title('离散系统相频特性曲线');
% 运行以上语句，可将 400 个频率点的计算结果用 plot 语句画幅频和相频曲线
```

还可用 freqz 语句直接画图，注意与上述程序运行结果的区别。

```
A=[1 0];
B=[1 -0.5];
freqz(B,A,400)
```

程序运行结果如图 8-29 所示。

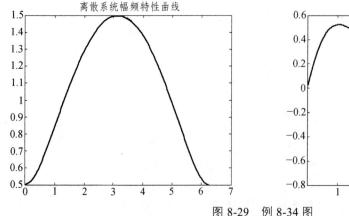
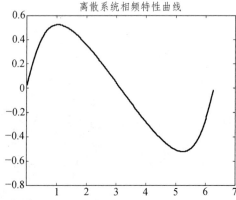

图 8-29　例 8-34 图

习题答案

第1章 信号与系统概述

一、单项选择题

1. B　　2. B　　3. D　　4. D　　5. D　　6. A　　7. B　　8. B　　9. C　　10. C

二、填空题

1. 2

2. 4

3. 均匀特性，叠加特性

4. 时变，非因果

5. 加法器，乘法器，积分器

三、判断题

1. √　　　　　2. √　　　　　3. ×　　　　　4. ×　　　　　5. √

四、综合题

1. 证明：设 $f(t) = f_1(t) + f_2(t)$ 的周期为 T，则存在

$$f(t+T) = f_1(t+T) + f_2(t+T) = f(t) = f_1(t) + f_2(t)$$

而 $f_1(t) + f_2(t) = f_1(t+mT_1) + f_2(t+nT_2)$，

所以 $mT_1 = nT_2 = T$

2. 解：连续周期虚指数信号经等间隔采样得到的离散虚指数信号不一定是周期的，若为周期离散信号，则取样间隔 T_s 必须满足一定的条件：$\dfrac{\omega_0}{2\pi} = \dfrac{m}{N}$，其中，$m$、$N$ 是整数，$\omega_0 = \Omega_0 T_s$，

所以有 $\dfrac{\Omega_0 T_s}{2\pi} = \dfrac{m}{N}$，可得 $T_s = \dfrac{2\pi m}{\Omega_0 N} = \dfrac{mT}{N}$。

3. 解：（1）对数为非线性运算，所以系统是非线性系统。

（2）积分是线性运算，所以系统是线性系统。

（3）$3t^2 f(t)$ 是线性的，所以系统是线性系统。

（4）$f[k]f[k-1]$ 是非线性的，所以系统是非线性系统。

4. 解：在判断系统的时变性时不涉及初始状态，只考虑系统的零状态响应。

（1）$T\{f(t-t_0)\} = g(t) \cdot f(t-t_0)$

$y(t-t_0) = g(t-t_0)f(t-t_0) \neq T\{f(t-t_0)\}$，因此，该系统为时变系统。

（2）$T\{f(t-t_0)\} = Kf(t-t_0) + f^2(t-t_0)$

$y(t-t_0) = Kf(t-t_0) + f^2(t-t_0) = T\{f(t-t_0)\}$，因此，该系统为时不变系统。

（3）$T\{f(t-t_0)\} = t \cdot \cos t \cdot f(t-t_0)$

$y(t-t_0) = (t-t_0) \cdot \cos(t-t_0) \cdot f(t-t_0) \neq T\{f(t-t_0)\}$，因此，该系统为时变系统。

（4）$T\{f[k-k_0]\}=f^2[k-k_0]$

$y[k-k_0]=f^2[k-k_0]=T\{f[k-k_0]\}$，因此，该系统为时不变系统。

第2章　信号的时域分析

一、单项选择题

1. A　　2. C　　3. C　　4. A　　5. B　　6. B　　7. D　　8. B　　9. A　　10. D

二、填空题

1. 1

2. $\mathrm{e}^{\mathrm{j}\Omega_0 t}=\cos\Omega_0 t+\mathrm{j}\sin\Omega_0 t$

3. $(t+1)u(t+1)$

4. $u(t)+u(t-1)+u(t-2)-3u(t-3)$

5. $\delta[k]=u[k]-u[k-1]$

三、判断题

1. ×　　　　2. ×　　　　3. √　　　　4. √　　　　5. √

四、综合题

1. 解：（1）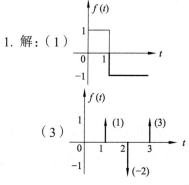 （2）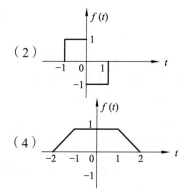

（3） （4）

2. 解：（1）$\sin t\cdot\delta(t-\pi/2)=\sin\dfrac{\pi}{2}\cdot\delta(t-\pi/2)=\delta(t-\pi/2)$

（2）$\mathrm{e}^{-2t}\cdot\delta(-t)=\mathrm{e}^0\cdot\delta(-t)=\delta(-t)=\delta(t)$

（3）$\displaystyle\int_{-\infty}^{\infty}\delta(t-2)\mathrm{e}^{-2t}u(t)\mathrm{d}t=\int_{-\infty}^{\infty}\delta(t-2)\mathrm{e}^{-4}u(2)\mathrm{d}t=\mathrm{e}^{-4}\int_{-\infty}^{\infty}\delta(t-2)\mathrm{d}t=\mathrm{e}^{-4}$

（4）$\displaystyle\int_{-\infty}^{\infty}\delta(t-a)u(t-b)\mathrm{d}t=\int_{-\infty}^{\infty}\delta(t-a)u(a-b)\mathrm{d}t=\int_{-\infty}^{\infty}\delta(t-a)\mathrm{d}t=1$

3. 解：（1）$f(t)=u(t)-u(t-T)$，$f'(t)=\delta(t)-\delta(t-T)$

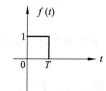

（2）$f(t)=t[u(t)-u(t-T)]$

$$f'(t) = u(t) - u(t-T) + t[\delta(t) - \delta(t-T)] = u(t) - u(t-T) - T\delta(t-T)$$

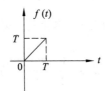

4. 解：（1）$f[k] = (3/2)^k \{u[k+2] - u[k-4]\}$

（2）$f[k] = (3/2)^k \{\delta[k+2] + \delta[k+1] + \delta[k] + \delta[k-1] + \delta[k-2] + \delta[k-3]\}$

或　$f[k] = \sum_{n=-2}^{3} (3/2)^n \delta[k-n]$

（3）

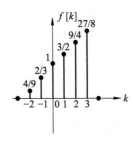

第3章　系统的时域分析

一、单项选择题

1. A　　2. B　　3. D　　4. C　　5. B　　6. B　　7. D　　8. B　　9. C　　10. C

二、填空题

1. $e^{-t}u(t)$

2. $\int_{-\infty}^{t} h(\tau)\mathrm{d}\tau$

3. $\dfrac{t^2}{2}u(t)$

4. $tu(t)$

5. $h_1(t) + h_2(t)$

三、判断题

1. √　　　　2. ×　　　　3. √　　　　4. ×　　　　5. √

四、综合题

1. 解：（1）根据单位阶跃信号与单位斜坡信号的关系：$r(t) = \int_{-\infty}^{t} u(\tau)\mathrm{d}\tau$ 和卷积的位移性质，可得

$$[u(t) - u(t-1)] * [u(t-2) - u(t-3)]$$

$$= u(t) * u(t-2) - u(t) * u(t-3) - u(t-1) * u(t-2) + u(t-1) * u(t-3)$$

$$= r(t-2) - 2r(t-3) + r(t-4)$$

（2）因为 $u(t)*e^{-2t}u(t) = \dfrac{1}{2}(1-e^{-2t})u(t)$，利用卷积的位移性质，可得

$$[u(t)-u(t-1)]*e^{-2t}u(t) = \frac{1}{2}(1-e^{-2t})u(t) - \frac{1}{2}(1-e^{-2(t-1)})u(t-1)$$

（3）由 $2^k u[k]*u[k] = \displaystyle\sum_{n=-\infty}^{k} 2^n u[n] = \sum_{n=0}^{k} 2^n = (2^{k+1}-1)u[k]$ 和卷积的位移性质，可得

$$2^k u[k]*u[k-4] = (2^{k-3}-1)u[k-4]$$

（4）由 $u[k]*u[k] = r[k+1] = (k+1)u[k]$ 和卷积的位移性质，可得

$$u[k]*u[k-2] = r[k-1] = (k-1)u[k-2]$$

2. 解：根据信号 $\delta(t)$ 是信号 $u(t)$ 的微分，可得系统的单位冲激响应为
$h(t) = y_1'(t) = -2e^{-2t}u(t) + \delta(t)$，所以有

$$y_2(t) = f_2(t)*h(t)$$

$$= e^{-3t}u(t)*[-2e^{-2t}u(t) + \delta(t)]$$

$$= -2\int_{-\infty}^{\infty} e^{-3\tau}u(\tau)e^{-2(t-\tau)}u(t-\tau)\mathrm{d}\tau + e^{-3t}u(t)$$

$$= -2\int_{0}^{t} e^{-3\tau}e^{-2(t-\tau)}\mathrm{d}\tau + e^{-3t}u(t)$$

$$= (3e^{-3t} - 2e^{-2t})u(t)$$

3. 解：$f(t) = \delta(t+1) + \delta(t) + \delta(t-1)$，$h(t) = -\delta(t+1) + \delta(t-1)$，所以，

$$y(t) = f(t)*h(t)$$

$$= [\delta(t+1) + \delta(t) + \delta(t-1)]*[-\delta(t+1) + \delta(t-1)]$$

$$= -\delta(t+2) - \delta(t+1) + \delta(t-1) + \delta(t-2)$$

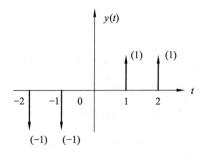

4. 解：由 $f_1(t)$ 和 $f_2(t)$ 的图形可以看出，$f_2(t)$ 和 $f_1(t)$ 存在如下关系：

$$f_2(t) = \int_{-\infty}^{t+1} f_1(\tau) d\tau$$

根据线性时不变的性质，$y_2(t)$ 和 $y_1(t)$ 也存在如下关系：

$$y_2(t) = \int_{-\infty}^{t+1} y_1(\tau) d\tau = \int_{-\infty}^{t+1} e^{-2\tau} u(\tau) d\tau = \int_{0}^{t+1} e^{-2\tau} d\tau = \frac{1}{2}[1 - e^{-2(t+1)}] u(t+1)$$

第 4 章　信号的频域分析

一、单项选择题

1. D　　2. D　　3. C　　4. B　　5. C　　6. A　　7. D　　8. C　　9. C　　10. C

11. C　　12. B　　13. A　　14. B　　15. B　　16. C　　17. B

二、填空题

1. $f(t) = \sum_{n=-\infty}^{+\infty} C_n e^{jn\Omega_0 t}$, $C_n = \frac{1}{T} \int_{t_0}^{T+t_0} f(t) e^{-jn\Omega_0 t} dt$

2. 收敛性

3. $\int_{t_0}^{T+t_0} | f(t) | dt < \infty$，信号 $f(t)$ 在一个周期内不连续点个数有限，极大值和极小值个数有限

4. $P = \frac{1}{T} \int_0^T | f(t) |^2 dt = \sum_{n=-\infty}^{\infty} | C_n |^2$，Parseval 功率守恒

5. $\Omega_{\mathrm{B}} = 2\pi / \tau$

6. $\frac{1}{2}\left[F(j(\Omega+200)) + F(j(\Omega-200)) \right]$, $j\frac{1}{2}\frac{d}{d\Omega} F\left(j\frac{\Omega}{2} \right)$, $\frac{1}{3} F\left(j\frac{\Omega}{3} \right) e^{-j\Omega}$

7. $f(t-t_0), f(t) e^{j\Omega_0 t}$

8. $\frac{1}{2\pi} e^{2jt}$

9. $2\pi\delta(\Omega - \Omega_0)$

10. $\Omega_0 \sum_{n=-\infty}^{\infty} \delta(\Omega - n\Omega_0)$

11. 1200π

三、判断题

1. √　　2. √　　3. √　　4. √　　5. √　　6. √　　7. √　　8. √　　9. √　　10. ×

11. ×

四、综合题

1. 解：为简化积分计算，取积分区间为 $\left[-\frac{T}{2}, \frac{T}{2} \right]$，则有下式：

$$C_n = \frac{1}{T} \int_{-T/2}^{T/2} f(t) e^{-j\Omega_0 t} dt = \frac{1}{T} \int_{-\tau/2}^{\tau/2} A e^{-j\Omega_0 t} dt = \frac{A}{T} e^{-j\Omega_0 t} \Big|_{t=-\tau/2}^{t=\tau/2}$$

$$= \tau \frac{A\sin(n\Omega_0\tau/2)}{Tn\Omega_0\tau/2} = \frac{\tau A}{T}\text{Sa}(n\Omega_0\tau/2)$$

2. 解：（1）$f(t) = \sin 2\Omega_0 t = \frac{1}{2j}(e^{j2\Omega_0 t} - e^{-j2\Omega_0 t}) = 0.5j(e^{-j2\Omega_0 t} - e^{j2\Omega_0 t})$

即 $C_{-2} = 0.5j$，$C_2 = -0.5j$，$C_n = 0, n \neq \pm 2$

（2）$f(t) = \sin^2 \Omega_0 t = \frac{1 - \cos(2\Omega_0 t)}{2} = \frac{1}{2} - \frac{1}{4}e^{j2\Omega_0 t} - \frac{1}{4}e^{-j2\Omega_0 t}$

即 $C_0 = 0.5$，$C_{\pm 2} = -0.25$，$C_n = 0,\ n \neq 0,\ \pm 2$

3. 解：令 $\Omega_0 = 2\pi$，根据欧拉公式，$f(t)$ 可写为

$$f(t) = e^{j(2\pi t - 3)} + e^{-j(2\pi t - 3)} - 0.5je^{j6\pi t} + 0.5je^{-j6\pi t}$$

$$= e^{-j3}e^{j\Omega_0 t} + e^{j3}e^{-j\Omega_0 t} - 0.5je^{j3\Omega_0 t} + 0.5je^{-j3\Omega_0 t}$$

即 $C_1 = e^{-j3}$，$C_{-1} = e^{j3}$，$C_3 = -0.5j$，$C_{-3} = 0.5j$，$C_n = 0,\ n \neq \pm 1, \pm 3$

由此可画出信号 $f(t)$ 的幅度谱和相位谱：

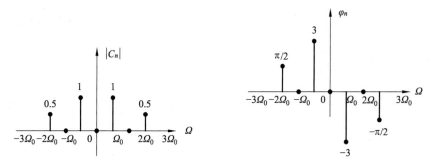

4. 解：$F_1(j\Omega) = \int_{-\infty}^{\infty} f_1(t)e^{-j\Omega t}dt = \int_{-0.5}^{0.5} e^{-j\Omega t}dt = -\frac{1}{j\Omega}e^{-j\Omega t}\Big|_{-0.5}^{0.5} = \text{Sa}\left(\frac{\Omega}{2}\right)$

由于三角波 $f_2(t)$ 可由两个单位方波的卷积构成，即 $f_1(t) * f_1(t) = f_2(t)$，因为 $F_1(j\Omega) = \text{Sa}\left(\frac{\Omega}{2}\right)$，所以利用 Fourier 变换的卷积特性可得：$F_2(j\Omega) = \text{Sa}^2\left(\frac{\Omega}{2}\right)$

5. 解：（1）$F(j\Omega) = j\pi[\delta(\Omega + \Omega_0) - \delta(\Omega - \Omega_0)] + \pi[\delta(\Omega + \Omega_0) + \delta(\Omega - \Omega_0)] \cdot e^{-j\Omega_0 t}$

（2）因为 $f(t) = e^{-2t}u(t)\cos\Omega_0 t$，由乘积特性可得

$$F(j\Omega) = \frac{1}{2\pi}\left(\frac{1}{2 + j\Omega}\right) * \pi[\delta(\Omega + \Omega_0) + \delta(\Omega - \Omega_0)]$$

$$= \frac{1}{2}\left[\frac{1}{2 + j(\Omega + \Omega_0)} + \frac{1}{2 + j(\Omega - \Omega_0)}\right]$$

6. 解：

（1）由展缩特性，$f(-5t) \leftrightarrow \frac{1}{5}F\left(-j\frac{\Omega}{5}\right)$，所以 $f(5 - 5t) = f(-5(t-1)) \leftrightarrow \frac{1}{5}F\left(-j\frac{\Omega}{5}\right)e^{-j\Omega}$

（2）由频域微分特性得

$$(t-2)f(t) = tf(t) - 2f(t) \leftrightarrow j\frac{dF(j\Omega)}{d\Omega} - 2F(j\Omega)$$

7. 解：（1）由于 $e^{-\alpha t}u(t) \leftrightarrow \dfrac{1}{\alpha + j\Omega}$

所以 $f(t) = 3e^{-2t}u(t) + 4e^{-3t}u(t)$

（2）由于 $\dfrac{1}{2\pi} \leftrightarrow \delta(\Omega)$，所以 $\dfrac{1}{2\pi}e^{j\Omega_0 t} \leftrightarrow \delta(\Omega - \Omega_0)$，即：$f(t) = \dfrac{1}{2\pi}e^{j\Omega_0 t}$

第 5 章　系统的频域分析

一、单项选择题

　　1. C　　　　2. C　　　　3. B　　　　4. B　　　　5. D　　　　6. B　　　　7. C　　　　8. B

二、填空题

　　1. $10\cos(120\pi t)$　　　　2. $4u(t-3)$　　　　3. 频率响应

4.（1）幅度响应在整个频率范围内为常数。

（2）相位响应在整个频率范围内与频率成正比。

三、判断题

　　1. √　　　　　　　　2. ×　　　　　　　　3. √　　　　　　　　4. √

四、综合题

　　1. 解：$F(j\Omega) = \pi\delta(\Omega) + \dfrac{1}{j\Omega}$

$$Y(j\Omega) = H(j\Omega)F(j\Omega) = \left(\frac{1}{j\Omega+2}\right)\left(\pi\delta(\Omega) + \frac{1}{j\Omega}\right)$$

$$= \frac{\pi\delta(\Omega)}{2} + \frac{1}{(j\Omega+2)j\Omega} = 0.5\pi\delta(\Omega) + \frac{0.5}{j\Omega} - \frac{0.5}{j\Omega+2}$$

所以，$y(t) = 0.5u(t) - 0.5e^{-2t}u(t)$

　　2. 解：$j\Omega Y(j\Omega) + 3Y(j\Omega) = 2F(j\Omega)$, $F(j\Omega) = \dfrac{1}{j\Omega+4}$

$$Y(j\Omega) = \frac{2}{j\Omega+3}F(j\Omega) = \frac{2}{(j\Omega+3)(j\Omega+4)}$$

　　3. 解：$F(j\Omega) = \pi\delta(\Omega) + \dfrac{1}{j\Omega} + e^{-3j\Omega}$

$$Y(j\Omega) = H(j\Omega)F(j\Omega) = -3\left(\pi\delta(\Omega) + \frac{1}{j\Omega}\right)e^{-2j\Omega} - 3e^{-5j\Omega}$$

所以，$y(t) = -3u(t-2) - 3\delta(t-5)$

4. 解：（1）由欧拉公式得

$$H(\mathrm{j}\Omega) = \begin{cases} \mathrm{e}^{-\mathrm{j}\frac{\pi}{2}}, & \Omega > 0 \\ \mathrm{e}^{\mathrm{j}\frac{\pi}{2}}, & \Omega < 0 \end{cases} = \begin{cases} -\mathrm{j}, & \Omega > 0 \\ \mathrm{j}, & \Omega < 0 \end{cases} = -\mathrm{j}\,\mathrm{sign}(\Omega)$$

利用 Fourier 变换的互易对称特性 $\mathrm{sign}(t) \leftrightarrow \dfrac{2}{\mathrm{j}\Omega}$，可得

$$\frac{2}{\mathrm{j}t} \leftrightarrow 2\pi\,\mathrm{sign}(-\Omega) = -2\pi\,\mathrm{sign}(\Omega)$$

进而可得 $\dfrac{1}{\pi t} \leftrightarrow -\mathrm{j}\,\mathrm{sign}(\Omega)$，所以，$h(t) = \dfrac{1}{\pi t}$

（2）正弦信号的 Fourier 变换：$F(\mathrm{j}\Omega) = \mathrm{j}\pi[\delta(\Omega + \Omega_0) - \delta(\Omega - \Omega_0)]$

$$Y(\mathrm{j}\Omega) = H(\mathrm{j}\Omega)F(\mathrm{j}\Omega)$$

$$= [-\mathrm{j}\,\mathrm{sign}(\Omega)]\{\mathrm{j}\pi[\delta(\Omega + \Omega_0) - \delta(\Omega - \Omega_0)]\} = -\pi[\delta(\Omega + \Omega_0) + \delta(\Omega - \Omega_0)]$$

所以，$y(t) = -\cos\Omega_0 t,\ -\infty < t < \infty$

（3）任意信号 $f(t)$ 通过 Hilbert 变换器的输出为

$$y(t) = f(t) * h(t) = f(t) * \frac{1}{\pi t} = \frac{1}{\pi} \int_{-\infty}^{\infty} \frac{f(\tau)}{(t - \tau)} \mathrm{d}\tau$$

第 6 章　信号的复频域分析

一、单项选择题

1. C	2. A	3. B	4. A	5. B	6. C	7. B
8. C	9. A	10. A	11. B	12. C	13. C	14. D

二、填空题

1. $\dfrac{1}{s^2} - \dfrac{1}{s}$　　　 2. $\dfrac{F(s)}{s}\mathrm{e}^{-s}$　　　 3. 收敛域

4. $u[k]$　　　 5. $|z| \geqslant 0$　　　 6. $|z| > |a|$

三、判断题

1. ×　　 2. ×　　 3. ×　　 4. √　　 5. √　　 6. √　　 7. √

四、综合题

1. 解：（1）$\cos(\Omega_0 t + \theta)u(t) = (\cos\Omega_0 t \cos\theta - \sin\Omega_0 t \sin\theta)u(t)$

利用正弦信号的单边 Laplace 变换及线性特性可得

$$F(s) = \cos\theta \frac{s}{s^2 + \Omega_0^2} - \sin\theta \frac{\Omega_0}{s^2 + \Omega_0^2}, \quad \text{Re}(s) > 0$$

（2）利用指数信号的单边 Laplace 变换及线性加权特性可得

$$F(s) = \frac{5!}{(s+2)^6} = \frac{120}{(s+2)^6}, \quad \text{Re}(s) > -2$$

（3）利用 $u(t)$ 的单边 Laplace 变换及时移特性可得

$$F(s) = \frac{A(1 - e^{-2s})}{s}, \quad \text{Re}(s) > -\infty$$

（4）$e^{-2t}u(t-1) = e^{-2}e^{-2(t-1)}u(t-1)$

利用 $e^{-2t}u(t)$ 的单边 Laplace 变换及时移特性可得

$$F(s) = \frac{e^{-(s+2)}}{s+2}, \quad \text{Re}(s) > -2$$

2. 解：（1）$f_1(t) = f(2t-2) = f(2(t-1))$

利用展缩特性和时移特性可得：$F_1(s) = \frac{1}{2}F\left(\frac{s}{2}\right)e^{-s} = \frac{e^{-s}}{2}\frac{s/2}{(s/2+4)^2}, \quad \text{Re}(s) > -8$

（2）由 Laplace 变换的指数加权特性可得：$F_2(s) = F(s+1) = \frac{s+1}{(s+5)^2}, \quad \text{Re}(s) > -5$

3. 解：（1）将 $F(s)$ 展开为部分分式之和

$$F(s) = \frac{3s+1}{s^2+4s+3} = \frac{k_1}{s+1} + \frac{k_2}{s+3}$$

$$k_1 = (s+1)F(s)\big|_{s=-1} = \frac{3s+1}{s+3}\bigg|_{s=-1} = -1$$

$$k_2 = (s+3)F(s)\big|_{s=-3} = \frac{3s+1}{s+1}\bigg|_{s=-3} = 4$$

所以，$f(t) = (4e^{-3t} - e^{-t})u(t)$

（2）$F(s)$ 有二阶重极点，部分分式展开为

$$F(s) = \frac{1}{(s+1)(s+2)^2} = \frac{k_1}{s+1} + \frac{k_2}{s+2} + \frac{k_3}{(s+2)^2}$$

$$k_1 = (s+1)F(s)\big|_{s=-1} = \frac{1}{(s+2)^2}\bigg|_{s=-1} = 1$$

$$k_3 = (s+2)^2 F(s)\big|_{s=-2} = \frac{1}{s+1}\bigg|_{s=-2} = -1$$

$$k_2 = \frac{d[(s+2)^2 F(s)]}{ds}\bigg|_{s=-2} = \frac{d}{ds}\left(\frac{1}{s+1}\right)\bigg|_{s=-2} = -1$$

所以，$f(t) = (e^{-t} - e^{-2t} - te^{-2t})u(t)$

4. 解：（1）$F(z) = \sum_{k=0}^{\infty} f[k]z^{-k} = 1 + 2z^{-1} + 3z^{-2} + 4z^{-3} + 5z^{-4}$, $|z| > 0$

（2）$F(z) = \sum_{k=0}^{\infty} f[k]z^{-k} = \sum_{k=0}^{N-1} z^{-k} = \frac{1 - z^{-N}}{1 - z^{-1}}$, $|z| > 0$

5. 解：（1）根据时移特性，$F(z) = z^{-N}$, $|z| \geqslant 0$

（2）根据时移特性，$F(z) = \frac{z^{-N}}{1 - z^{-1}}$, $|z| > 1$

（3）因为，$a^k u[k] \leftrightarrow \frac{1}{1 - az^{-1}}$, $|z| > |a|$

根据微分特性，$F(z) = -z \frac{\mathrm{d}}{\mathrm{d}z}\left(\frac{1}{1 - az^{-1}}\right) = \frac{az^{-1}}{(1 - az^{-1})^2}$, $|z| > |a|$

6. 解：（1）利用因果序列的位移特性，可得 $f_1[k] = f[k-N] = a^{k-N} u[k-N]$

（2）利用指数加权特性，可得 $f_2[k] = \left(\frac{1}{2}\right)^k f[k] = \left(\frac{a}{2}\right)^k u[k]$

7. 解：（1）利用 $(k+1)a^k u[k] \leftrightarrow \frac{1}{(1 - az^{-1})^2}$, 当 $a = 1$ 时，即得

$$f[k] = (k+1)u[k]$$

（2）将 $F(z)$ 展开为：$F(z) = \left(1 + \frac{1}{4}z^{-2}\right)^2 = 1 + \frac{1}{2}z^{-2} + \frac{1}{16}z^{-4}$

再利用 $\delta[k] \leftrightarrow 1$ 可得，$f[k] = \delta[k] + \frac{1}{2}\delta[k-2] + \frac{1}{16}\delta[k-4]$

第7章　系统的复频域分析

一、单项选择题

1. B　2. A　3. A　4. C　5. C　6. C　7. C　8. A　9. C　10. C

二、填空题

1. $\frac{1}{j\Omega + 2}$, $e^{-2t}u(t)$　2. 左半平面　3. $a < 0$　4. $-1 < k < 1$　5. $-\frac{3}{4} < k < \frac{3}{4}$

三、判断题

1. $\sqrt{}$　　　　2. ×　　　　3. $\sqrt{}$　　　　4. ×　　　　5. $\sqrt{}$

四、综合题

1. 解：$F(s) = \frac{1}{s+3}$

$$Y(s) = F(s)H(s) = \frac{s+1}{(s+2)(s+3)^2}$$

$$= \frac{2}{(s+3)^2} + \frac{1}{s+3} - \frac{1}{s+2}$$

所以 $y(t) = (2te^{-3t} + e^{-3t} - e^{-2t})u(t)$

2. 解：根据系统函数的定义，可求出

$$H(s) = \frac{Y_1(s)}{F(s)} = \frac{\dfrac{1}{s+2}}{\dfrac{1}{s}} = \frac{s}{s+2}$$

$f_2(t)$ 激励下的零状态响应 $y_2(t)$ 的 s 域表达式为

$$Y_2(s) = F_2(s)H(s) = \frac{s}{(s+3)(s+2)} = \frac{-2}{s+2} + \frac{3}{s+3}$$

对上式进行拉普拉斯反变换可得

所以 $y_2(t) = -2e^{-2t}u(t) + 3e^{-3t}u(t)$

3. 解：在初始状态为零的条件下，对差分方程进行 z 变换，得

$$z^2 Y(z) + 6zY(z) + 8Y(z) = z^2 F(z) + 5zF(z) + 12F(z)$$

故 $\quad H(z) = \dfrac{Y(z)}{F(z)} = \dfrac{z^2 + 5z + 12}{z^2 + 6z + 8} = \dfrac{z^2 + 5z + 12}{(z+2)(z+4)}$

由于极点 $p_1 = -2, p_2 = -4$ 在单位圆外，故系统不稳定。

4. 解：对差分方程两边进行 z 变换，有

$$Y(z) - \frac{3}{4}z^{-1}Y(z) + \frac{1}{8}z^{-2}Y(z) = F(z)$$

由系统函数的定义可得

$$H(z) = \frac{Y(z)}{F(z)} = \frac{1}{1 - \dfrac{3}{4}z^{-1} + \dfrac{1}{8}z^{-2}} = \frac{2}{1 - \dfrac{1}{2}z^{-1}} + \frac{-1}{1 - \dfrac{1}{4}z^{-1}}$$

进行 z 反变换得

$$h[k] = \left[2\left(\frac{1}{2}\right)^k - \left(\frac{1}{4}\right)^k \right] u[k]$$

阶跃响应的 z 变换式为

$$G(z) = H(z) \cdot Z\{u[k]\} = \frac{1}{1 - \dfrac{3}{4}z^{-1} + \dfrac{1}{8}z^{-2}} \cdot \frac{1}{1 - z^{-1}} = \frac{\dfrac{8}{3}}{1 - z^{-1}} + \frac{-2}{1 - \dfrac{1}{2}z^{-1}} + \frac{\dfrac{1}{3}}{1 - \dfrac{1}{4}z^{-1}}$$

进行 z 反变换得

$$g[k] = \left[\frac{8}{3} - 2\left(\frac{1}{2}\right)^k + \frac{1}{3}\left(\frac{1}{4}\right)^k \right] u[k]$$

参考文献

[1] 陈后金，胡健，薛健. 信号与系统[M]. 3 版. 北京：北京交通大学出版社，2017.

[2] 严国志，杨玲君，王静，冉晓洪. 信号与系统[M]. 北京：电子工业出版社，2018.

[3] 郑君里，应启珩，杨为理. 信号与系统[M]. 3 版. 北京：高等教育出版社，2011.

[4] 吴大正. 信号与线性系统分析[M]. 4 版. 北京：高等教育出版社，2005.

[5] 管致中，夏恭恪，孟桥. 信号与线性系统[M]. 5 版. 北京：高等教育出版社，2011.

[6] A V OPPENHEIM. Signals and Systems[M]. 2 版. 北京：电子工业出版社，2013.

[7] 程佩青. 数字信号处理教程[M]. 3 版. 北京：清华大学出版社，2007.

[8] 高西全，丁玉美. 数字信号处理[M]. 3 版. 西安 ：西安电子科技大学出版社，2008.

[9] 李敏.《信号与系统及 MATLAB 实现》实验指导书[OL]. https://wenku.baidu.com/view/
        2a8e891ada38376bae1faec1.html.